基礎 情報伝送工学

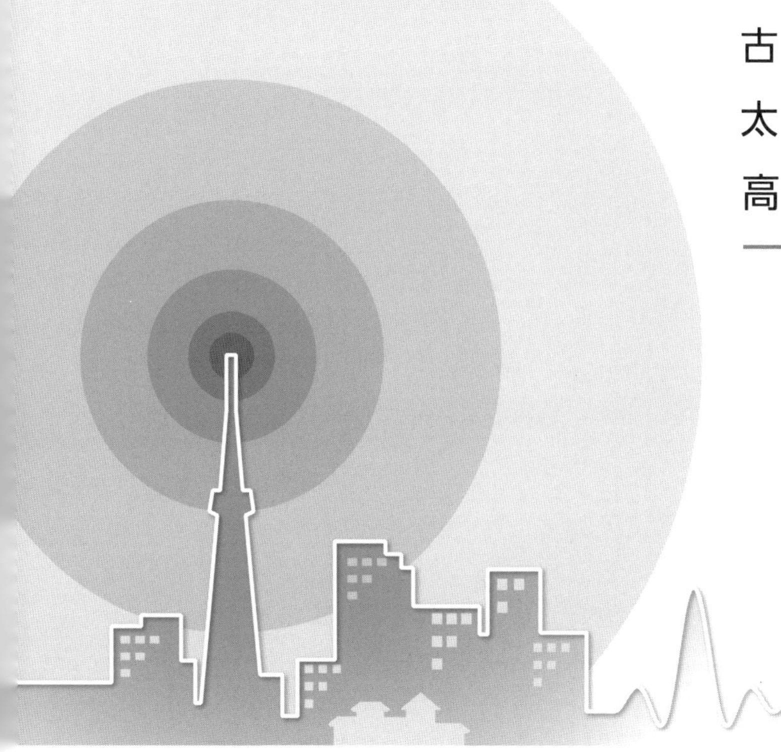

古賀　正文
太田　　聡
高田　　篤
著

共立出版

まえがき

紀元前3世紀に建設が始まった万里の長城には匈奴の襲来に備えて数十km おきに烽火台が備えてあって，情報を2000 km の彼方へ一日で伝達したという．これは古代における通信インフラストラクチャの例であるけれども，人々は古来様々な手段を用いて，できるだけ速やかに，遠くへ何かを知らせたり，遠くで起きた出来事を知ろうとしたりしてきた．文字を運搬容易な木簡や紙に記せば，手紙とすることができる．手紙も情報を伝える手段として古くから使われてきた．手紙が伝える情報の量は，烽火台よりは多くできそうだが，現代の基準からすれば「速やかに」とは到底いえない．烽火台や手紙に比べ革命的な速度で情報を伝達する知恵を人類が獲得するまでに，万里の長城の建設から2000年を越える時間が必要だった．

電気を使えば一瞬にしてメッセージを伝えることができる，というアイディアの始まりは1753年2月，Scots' Magazine 誌に送られたC. M.という匿名の人物のレターに遡るといわれている[1)]．電気を使った文字情報の伝達に関しては，18世紀後半以降，活発に実験されており，1830年代には「電信」のデモンストレーションがいくつも行われるようになった．その1つとして1830年代後半にカール・アウグスト・フォン・シュタインハイルが作成した電信システムがある．このシステムは，1分間に40個の文字または数字を伝送できたというから，数 bit/s くらいの速度は実現できたことになる．

1840年代には電信が実用に供されるようになったが，その頃，画像電信，すなわち今日でいうファクシミリが相次いで開発される．スコットランドのアレグザンダー・ベインが1843年に出した特許が古いようであるが，実用性あるファクシミリはイタリア人ジョバンニ・カセリが1850年代に開発している．また，電話のアイディアはベルギー生まれのフランス人チャールズ・ブールサールが1854年に公表しており，ドイツ人フィリップ・ライスが1860年に実験している．有名なアレ

[1)] 本項の記述は主に Laszlo Solymar, Getting the Message-A History of Communications, Oxford University Press, 1998, および Anton A. Huurdeman, The Worldwide History of Telecommunications, John Wiley & Sons, 2003 に負っている．

グザンダー・グレアム・ベルが実用性ある電話を開発したのは1870年代後半のことである．このように，19世紀半ばを過ぎた頃，文字，画像，音声という人類にとって有為な3種類の情報を，電気信号の形式で電線を通じて，一瞬にして遠隔へ送る技術が確立されている．

モールス符号を使った電信は，1分間に最大45単語を伝送できるそうだが，電信が普及するにつれて，限られた電線で，より多くの電文を送りたいという要求が発生する．この要求を満たすための技術開発も19世紀後半には始まっている．1858年には，フランスではJ・A・C・ルーヴィエという人が1本の電線で複数の電信の信号を送る，今日の時分割多重のルーツにあたるものを考案している．1872年にはベルンハルト・マイヤーの多重伝送電信がパリ～リヨン間に導入され，少し遅れて米国の発明王トーマス・エジソンも多重伝送電信を発明している．これらの試みこそ情報伝送工学の嚆矢といえるだろう．

より多くの情報を，より遠くへ，より速く伝達するという要求に答えるため構築された技術体系が情報伝送工学である．その情報伝送工学に基づいて構築される通信システムへの要求は，19世紀でも，今日でも，あるいは将来でも，電気通信が続く限り基本的には変わらないようである．遠隔の様子を高い臨場感で映し出すには，高精細な映像が使われるが，これは単位時間あたり極めて大量の情報の伝送を必要とするものである．また，インターネットは，経済や産業など，人類の生活全般を支えるものとなりつつあり，それに伴いインターネットを通じて伝送される情報の量は増加の一途を辿っている．さらに，今日ではIoT (Internet of Things) の概念が提唱され，普及が予想されている．IoTでは，身の回りのあらゆるモノが情報伝送の機能を持ち，個々のモノが発生する情報は少量でも，モノの数が膨大であるから，情報伝送には複雑で難易度の高い設計条件が課せられる．

情報伝送の速度に着目すれば，1830年代の数bit/sから，現在の光通信技術で記録されている1 Tbit/s（1光搬送波あたり）を超える伝送速度まで，情報伝送技術は大きな発展を遂げてきたといえる．しかし，上に述べたように社会環境の変化とともに発展を遂げる情報伝送技術には，なお克服すべき高度な技術課題が多く課せられていると考えられる．

本書『基礎 情報伝送工学』は，情報を表現する電圧パルスを，電線を通じて正確に遠くへ送るということの実現に，どのような電気的，数学的知見が必要になるのか，明らかにしていく．電線をつなげば電圧が伝わるのは当然のように思えても，大量の情報を長い距離を通じて送るためには知恵が必要なことを，本書を通じて知って欲しい．

情報伝送システムは数多くの知恵が組み合わされて構築された複雑なシステムである．そこで発生する現象をしっかり理解してシステム設計を行うには，電子工学で学ぶ多くの基礎的知識を必要とする．したがって，情報伝送工学を学べば，基礎的知識を有機的に結びつけて実践へ展開する力を培うことにつながる．この意味で，情報伝送工学は習得する価値が高い学問分野と言える．

本書では，大学工学部2年生程度の知識を持つ読者が，情報伝送システムの基礎を独学で学ぶための教科書となることを目指した．また，既に情報伝送について知識がある大学院生や通信技術の初学者が，あらためてこの技術を学習したとき，理解を深めてシステム設計へ応用するためにも十分に役立つ内容まで踏み込んで説明した．

構成は次のようになっている．第1章では，第2章以降を読み解くのに必要な数学的基礎を工学的見地から易しく解説し，情報伝送に用いる信号について，性質と解析手法を明らかにしている．第2章では情報伝送システムの様々な局面を考察する上で基礎モデルとなる線形時不変システムの特性を説明する．第3章では高速・広帯域な情報伝送を行う通信システムの解析・設計に必要とされる分布定数回路論を説明している．第4章では高度な理論に裏付けされた通信システムを第2章，第3章の内容に基づいて平易に技術解説している．また，第3章，第4章には，導体ケーブルと光ファイバとの初等的特性比較も含めている．

工学的に正確な記述を行うため，数学を用いているが，式の導出に関し省略を可能な限り排し，大学工学部の学生が持つ初等的な数学知識だけで理解が進むように配慮した．また，電磁気学から回路理論への橋渡し的な内容を含めた．電磁気学を含む箇所は読み飛ばしても内容は理解できるが，電磁気学を少し異なる角度から復習するのにも活用できる．

さらに，読者がシステムの理論を自らの手で確かめられるように，演習問題を豊富に用意した．これらを解いて巻末の解答例と比較すれば，独学で深く情報伝送システムの基礎を身に付けることが可能であろう．本文中には例題や図面も多用し，理解を容易にしている．第3章の群速度や第4章の符号間干渉の無い波形の理論は初心者には難解な概念かもしれないが，これらを第1章，第2章との連携で基礎から理解できるようにしている．とは言え，なにぶん浅学非才であるので，考え間違い，技術的誤り，表現の拙さなどが含まれていることを恐れている．ご指摘いただければ幸いである．

最後に，参考にさせていただいた国内外の多くの本の著者に深く感謝するとともに，出版の機会を与えていただいて手助けいただいた共立出版社の藤本公一氏ならびに杉野良次氏に心より御礼申し上げる．

2016 年　夏
著者一同

目　次

第1章　信号

第2章　線形時不変システム

第3章 分布定数回路の基礎

第4章 通信システム

第1章 信号

通信システムにおいて，情報は電気または電磁波の信号の形で表現され，遠隔地に送られる．したがって，情報伝送工学を学ぶためには，まず信号について理解し，工学的に便利な信号の数学的表現を知る必要がある．本章では，信号の定義，信号の強度の尺度，信号の正弦波成分による表現など，情報伝送工学の基礎となる信号の諸性質について説明する．

1.1 信号の表現

1.1.1 信号とは

通信システムのある2点間の電圧 v が，時刻 t に対して変化するとき，この電圧 v を信号という．ここで t は実数，v は現実のシステムでは実数である．ただし，理論的な解析では v を複素数と仮定することも多い．なお，本項の以下の議論は，電圧を電流，あるいは電磁波における電界または磁界，と読み替えても同じである．

電圧 v が信号であるとき，その時刻 t に対する変化は，次式のように t の関数 $f(t)$ で表される．

$$v = f(t) \tag{1.1}$$

時刻 t を横軸にして，関数 $f(t)$ のとる値を縦軸にプロットすれば，図1.1のように信号を図示することができる．このような信号の時間に対する変化を波形と呼ぶ．現実のシステムにおいては，オシロスコープ (oscilloscope) を使うことで波形を観測することができる．

信号は周期波形 (periodic signal) を持つものと非周期波形 (aperiodic signal) を持つものに分類される．周期波形とは，任意の時刻から，ある一定の時間 T ($T>0$) が経過すると，再び同じ値をとる信号の波形である．すなわち，ある一定の T の値と任意の時刻 t に対し，次式が成立する信号の波形である．

$$f(t) = f(t-T) \tag{1.2}$$

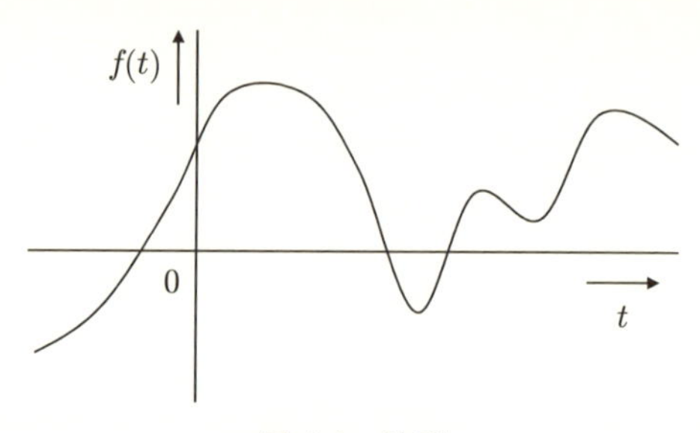

図 1.1　波形

周期波形において，式 (1.2) を満たす最小の時間 T を基本周期 (fundamental period) と呼んでいる．基本周期の整数倍の時間が経過した場合も周期波形は同じ値をとる．周期波形は図 1.2(a) に示すように基本周期 T ごとに同じ形を繰り返す．周期波形とその基本周期の考え方は次の例題で理解されるであろう．

【例題 1.1】 次の信号 $f(t)$ において，基本周期 T はいくつか？

$$f(t) = \sin t + \cos 2t$$

解答　三角関数は 2π を周期とするので，上式右辺の第 1 項は時刻が $2\pi, 4\pi, \ldots$ に変化するたびに同じ値をとり，第 2 項は時刻が $\pi, 2\pi, \ldots$ に変化するたびに同じ値をとる．時間 π の経過では右辺第 1 項は同じ値をとらない．一方，時間が 2π 経過すると右辺第 1 項，第 2 項とも同じ値をとる．したがって $T = 2\pi$ と考えられる．

一方，どのような T の値を持ってきても，ある t について式 (1.2) が成立しないならば，信号の波形は非周期波形である．非周期波形では図 1.2(b) のように繰り返しが見られない．通信システムでは周期波形と非周期波形の両方が重要な役割を果たしている．

例題 1.1 が示すように，三角関数で表される信号が周期波形を示すことは多いが，三角関数を含む信号がいつでも周期波形であるということではない．これは次の例題を見れば明らかであろう．

【例題 1.2】 次の関数 $f(t)$ で定義される信号の波形は周期波形か，それとも非周期波形か？

$$f(t) = \sin t^2$$

解答 非周期波形である．例えば $f(t)$ が値 1 をとる t は $\sqrt{\pi/2}$，$\sqrt{5\pi/2}$，$\sqrt{9\pi/2}, \ldots$ のようになるが，これらの間隔は一定にならない．

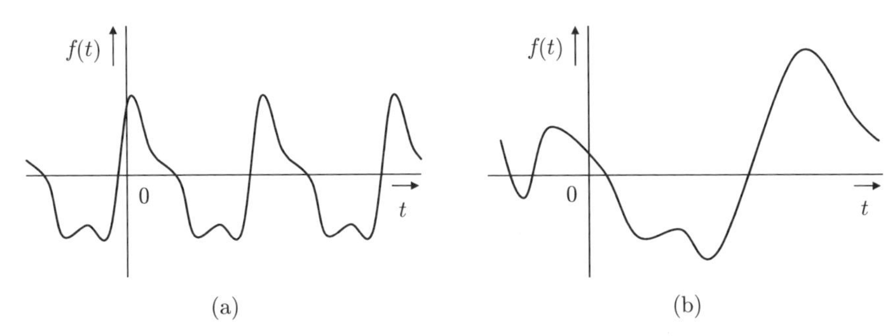

図 1.2 (a) 周期波形と (b) 非周期波形

1.1.2 正弦波信号とその複素数表現

周期波形を持つ信号の中で，特に重要なのは正弦波 (sinusoid) 信号である．これは 1.3 節以降で明らかになるように，あらゆる信号は正弦波信号の重ね合わせで表されるからである．このため，通信システムの信号に対する特性は，正弦波信号に対する振る舞いさえ調べれば明らかにできるのである．また，通信システムにおいて正弦波そのものが搬送波やクロック信号として利用される場合もある．

正弦波信号は，次式で定義される．

$$f(t) = A_{\mathrm{M}} \sin(\omega t + \phi) \tag{1.3}$$

式 (1.3) で A_{M}，ω，ϕ は実数の定数であり，A_{M} を振幅 (amplitude)，ω を角周波数 (radian frequency)，ϕ を位相角 (phase) と呼ぶ．位相角 ϕ の単位は rad，時刻の単位が s ならば角周波数 ω の単位は rad/s である．時刻の初期値を $t = 0$ と考えれば，ϕ は正弦関数の時刻初期値における位相を表していると解釈できるから，初期位相という呼び方もある．正弦波信号の性質はこれら 3 つの定数により決定される．正弦波信号の波形を図 1.3 に示す．

式 (1.3) は三角関数の性質により ωt が 2π だけ変化すると同じ値をとるから，正弦波信号の基本周期 T は，次式で求められる．

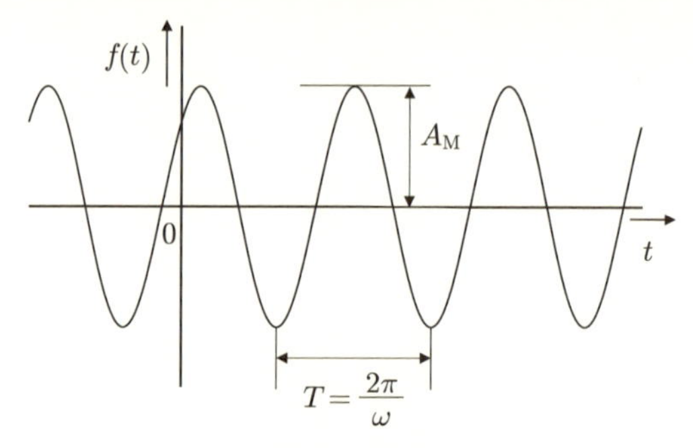

図 1.3　正弦波

$$T = \frac{2\pi}{\omega} \tag{1.4}$$

また，角周波数，周期と共に，周波数 f もよく使われるパラメータである．周波数 f は単位時間の間に周期が何回繰り返されるかを表す数値であり，次式で表される．

$$f = \frac{\omega}{2\pi} = \frac{1}{T} \tag{1.5}$$

周期の単位が s（秒）であるとき，周波数 f の単位は Hz（ヘルツ）である．式 (1.4) と式 (1.5) から分かるように，周期，角周波数，周波数は 1 つが決まれば他の 2 つも決まる関係にある．言い換えると，正弦波信号を数式で表すためには，これら 3 つのうちどれか 1 つがあれば十分なのであり，他の 2 つは冗長とも言える．しかし，状況に応じて周期，角周波数，周波数を使い分けることで数式表現が簡潔になる場合や，物理的意味を把握しやすくなる場合があるので，これら 3 つの数値はいずれもよく使われている．そこで，これらの関係と，その違いをよく理解しておく必要がある．

式 (1.3) と同じことを，余弦関数を用いて次のように書いてもよい．

$$f(t) = A_\mathrm{M} \cos(\omega t + \phi') \tag{1.6}$$

式 (1.6) において $\phi' = \phi - \pi/2$ とすれば，三角関数の性質から式 (1.3) と一致することは明らかであろう．

さらに，式 (1.3) および式 (1.6) と等価なものとして，次のように複素数の関数で表した信号が便利である．

$$f(t) = A_{\mathrm{M}} e^{j(\omega t + \phi)} = A e^{j\omega t} \tag{1.7}$$

ここで j は虚数単位 (imaginary unit) であり，

$$j^2 = -1$$

である．また複素数 A は複素振幅であり，

$$A = A_{\mathrm{M}} e^{j\phi}$$

である．式 (1.7) と式 (1.3) および式 (1.6) の関係は，式 (1.7) にオイラーの関係を適用すれば明らかである．すなわち，式 (1.7) は

$$f(t) = A_{\mathrm{M}} e^{j(\omega t + \phi)} = A_{\mathrm{M}} \cos(\omega t + \phi) + j A_{\mathrm{M}} \sin(\omega t + \phi) \tag{1.7$'$}$$

と書き直せるから，式 (1.7) の虚部をとれば式 (1.3) に，ϕ を ϕ' に置き換えて実部をとれば式 (1.6) に一致することになる．

重要なことは，式 (1.7) に対しある種の演算を施して得られる値の虚部，または実部をとったものと，式 (1.3) または式 (1.6) に同じ演算を施して得られる値は，一致するということである．ここでいう「ある種の演算」には次のものが含まれる．

- ・定数倍
- ・同じ角周波数を持つ正弦波同士の加算，減算
- ・時刻 t に関する微分，積分
- ・一定の時間または一定の位相の遅れ，進み

式 (1.7) が示す値は虚部を含む複素数であるから，現実のシステムにおいて電圧，電流（あるいは電界，磁界）として実現できるわけではない．しかし，システムの正弦波信号に対する振る舞いを知りたい場合，信号に対して行われる処理が上の 4 つの演算の組み合わせである限り，式 (1.3) や式 (1.6) に基づいて解析しても，式 (1.7) に基づいて解析して最後に虚部または実部をとっても，結果は同じなのである．例として，上の 4 つの演算のうち，時刻 t に関する微分について式 (1.3) と式 (1.7) を比較してみよう．式 (1.3) を t で微分すると次のようになる．

$$\frac{df(t)}{dt} = \omega A_{\mathrm{M}} \cos(\omega t + \phi) \tag{1.8}$$

一方，式 (1.7) を t で微分すると次の通りである.

$$\frac{df(t)}{dt} = j\omega A_{\mathrm{M}} e^{j\omega t} \tag{1.9}$$

式 (1.9) の右辺の虚部を求めると，

$$\mathrm{Im}\, j\omega A_{\mathrm{M}} e^{j\omega t} = \mathrm{Im}\, j\omega A_{\mathrm{M}} e^{j(\omega t+\phi)} = \omega A_{\mathrm{M}} \cos(\omega t + \phi) \tag{1.10}$$

となって，式 (1.8) と一致することが確かめられる.

微分のような頻繁に使用する演算に関し，式 (1.3) が式 (1.7) と等価であるとすると，そのどちらを使うべきだろうか？　式 (1.8) を観察すると，元の関数が正弦関数 (sine function) の定数倍で表されたのに，導関数 (derivative) は余弦関数 (cosine function) で表されており，異なる関数が現れている．このように，正弦波を式 (1.3) や式 (1.6) で表してシステムを解析すると，システム中の微分や積分によって，正弦関数と余弦関数の両方が式中に混在するようになり，解析は極めて面倒なことになる．一方，式 (1.9) では微分前も微分後も指数関数 (exponential function) の定数倍の形式であり，微分は単に定数 $j\omega$ を乗算したもののように見える．言い換えると，正弦波信号を式 (1.7) のように複素数表示すれば，微分を含む演算があっても，式中の関数の種類は増えず，微分を特に意識する必要もなく，定数 $j\omega$ の乗算と同じものとして扱うことができるのである．積分についても同様に定数 $1/j\omega$ の乗算と同じになるのである．この性質によって，式 (1.7) の複素数表示によって正弦波信号の振る舞いを著しく容易に解析できる．したがって，正弦波信号に関するシステムの性質を知りたければ，現実の電圧／電流ではないけれども，式 (1.7) の複素数表示を仮定して，より少ない労力で解析するべきなのである．現実の電圧／電流を知りたければ，複素数による解析結果が得られた後，その虚部（あるいは実部）を悠々と求めればよいのである.

例えば，複素数表示を使えば微分と加算が含まれる計算が次の例題のようにたやすく実行できる.

【例題 1.3】 関数 $g(t)$ は，関数 $f(t)$ によって，

$$g(t) = \frac{d^2 f(t)}{dt^2} + \frac{df(t)}{dt} + 2f(t)$$

で表される．$f(t) = \sin t$ として $g(t)$ を求めなさい.

解答 $\sin t$ の代わりに e^{jt} を使い，微分の代わりに j の乗算を使い，虚部をとれば次のように $g(t)$ を求められる．

$$g(t) = \mathrm{Im}\, j^2 e^{jt} + je^{jt} + 2e^{jt} = \mathrm{Im}(1+j)e^{jt} = \mathrm{Im}\,\sqrt{2}e^{jt+\pi/4}$$
$$= \sqrt{2}\sin\left(t + \frac{\pi}{4}\right)$$

微分，積分と共に遅延，すなわち時間軸上の移動もよく使われる演算である．

【例題 1.4】 式 (1.7) の信号波形より τ 秒遅れて同じ波形を示す信号を式で記述しなさい．

解答 式 (1.7) と比べ時刻が τ 秒進んだときに同じ値になればよいので，次のようになる．

$$f(t) = A_{\mathrm{M}} e^{j\{\omega(t-\tau)+\phi\}}$$

例題 1.4 の結果から分かるように，正弦波の複素数表示では τ 秒の遅延は $e^{-j\omega\tau}$ の乗算で表すことができる．

以上のように，三角関数で表される正弦波に対してあるクラスの演算を施した結果は，複素数表示した正弦波に同じ演算を施して虚部，または実部をとった結果と同じである．ところが，ありふれた演算で，この性質が成立しないものもあるので，注意が必要である．例えば，演算として信号 $f(t)$ の 2 乗を考える．すると式 (1.3) の 2 乗は

$$f^2(t) = {A_{\mathrm{M}}}^2 \sin^2(\omega t + \phi) = \frac{{A_{\mathrm{M}}}^2}{2}\{1 - \cos(2\omega t + 2\phi)\}$$

であるけれども，これは式 (1.7) の 2 乗の虚部

$$\mathrm{Im}\, {A_{\mathrm{M}}}^2 e^{2j(\omega t+\phi)} = {A_{\mathrm{M}}}^2 \sin(2\omega t + 2\phi)$$

とは一致しない．このように，複素数表示した正弦波の虚部または実部をとる手法はいつでも正しいわけではない．言い換えると，定数倍，同じ角周波数を持つ正弦波の加算，微分，積分，時間・位相の進み／遅れ以外の演算が行われる場合は，この手法を使うべきではない．

一方，任意の演算が行われる場合に，正弦波信号を，三角関数を使わず指数関数だけで正確に表すことも可能である．オイラーの関係を使えば，式 (1.6) は，

$$f(t) = A_{\rm M}\cos(\omega t + \phi') = \frac{1}{2}A_{\rm M}e^{j(\omega t+\phi')} + \frac{1}{2}A_{\rm M}e^{-j(\omega t+\phi')}$$

と書き直すことができる．上式の等号は厳密に成立するから，余弦関数の代わりに右辺を使えば，どのような演算を行っても正しい結果が得られる．このとき，三角関数よりは指数関数の計算の方が簡潔になるので，上式右辺の形式を使えば計算が容易になる利点がある．なお，上式で，右辺第2項は第1項の共役複素数となっている．この第2項を短く標記するため，本書では必要に応じて次の標記を用いることにする．

$$f(t) = A_{\rm M}\cos(\omega t + \phi') = \frac{1}{2}Ae^{j\omega t} + c.c. \tag{1.6'}$$

ただし $A = A_{\rm M}e^{j\phi'}$ であり，$c.c.$ とは複素共役 (complex conjugate) の意味である．

1.1.3 単位インパルス

正弦波信号と同じくらい重要な信号は，単位インパルス (unit impulse) である．単位インパルスは，理論物理学者ディラック (Paul A. M. Dirac) が導入したデルタ関数 (delta function)$\delta(t)$ で表される信号である．ディラックのデルタ関数 $\delta(t)$ は次のように定義される．

$$\delta(t) = 0, \quad t \neq 0 \tag{1.11}$$

$$\int_{-\infty}^{\infty} \delta(t)dt = 1 \tag{1.12}$$

上の2式から分かるように，$\delta(t)$ は特異な性質を持っている．時刻 t が0以外で0なのに積分すると0でないのだから，$t = 0$ では $\delta(t)$ は0でない値をとるはずである．また，積分は面積を表すものなのに，$\delta(t)$ が0でない t の範囲は $t = 0$ の一点だけである．ということは $\delta(t)$ の $t = 0$ における値は無限に大きくなければ辻褄が合わない．この信号の重要性は後の節や章で明らかにされるであろう．

時間軸に対して正弦波信号と単位インパルスを表示すると，これらは正反対な性質を持つように見える．正弦波信号の値は無限の過去から永遠の未来までのあらゆる時刻で，$-A_{\rm M}$ から $A_{\rm M}$ の決まった範囲で，いつでも変化し続けている．これに

対し，単位インパルスの値が変化するのは時間軸上でただ1点，$t = 0$ に集中し，それ以外の時刻ではいつでも値が0に張り付いている．このように時間軸上に一様に分布した性質を持つ正弦波信号と，集中した性質を持つ単位インパルスであるが，1.6.2 項で述べるように実は互いに関連がある．

単位インパルスは，特定の時刻 $t = 0$ における信号の値を取り出すことに利用できる．ある信号 $f(t)$ があったとき，時刻 $t = 0$ 以外では $\delta(t)$ は0なので，どのような値を乗算しても0である．この性質によって，

$$f(t)\delta(t) = f(0)\delta(t) \tag{1.13}$$

であることが分かる．また，上の式から直ちに，

$$\int_{-\infty}^{\infty} f(t)\delta(t)dt = f(0)\int_{-\infty}^{\infty} \delta(t)dt = f(0) \tag{1.14}$$

であることが分かる．すなわち $f(t)$ に $\delta(t)$ を乗算して得られる関数の面積は $f(0)$ なのである．同じように，任意の時刻 T における $f(t)$ の値を取り出すには，次のように時間軸で T だけ移動したデルタ関数を $f(t)$ に乗算すればよい．

$$f(t)\delta(t-T) = f(T)\delta(t-T) \tag{1.15}$$

上の式が成立することは，$t - T = 0$ 以外で $\delta(t-T)$ が0であることから明らかである．この場合も $f(t)$ と $\delta(t-T)$ の積の面積が T における $f(t)$ の値である．

$$\int_{-\infty}^{\infty} f(t)\delta(t-T)dt = f(T)\int_{-\infty}^{\infty} \delta(t-T)dt = f(T) \tag{1.16}$$

このように $\delta(t)$ には，信号の特定の時刻を取り出す標本化 (sampling) の機能がある．この標本化の機能により，次の例題も理解されるであろう．

【例題 1.5】 次のことを証明しなさい．

$$(e^{2t} + 2e^{3t})\delta(t) = 3\delta(t)$$

解答　式 (1.13) より直ちに，

$$(e^{2t} + 2e^{3t})\delta(t) = (e^0 + 2e^0)\delta(t) = 3\delta(t)$$

1.1.4　単位ステップ関数

次のように定義される関数を単位ステップ関数 (unit step function) と呼ぶ.

$$u(t) = \begin{cases} 1, & t \geq 0 \\ 0, & t < 0 \end{cases} \tag{1.17}$$

単位ステップ関数を使えば，様々な不連続な関数を表現できる.

【例題 1.6】 図 1.4 の波形を持つ次の信号 $f(t)$ を，単位ステップ関数を使って表しなさい.

$$f(t) = \begin{cases} 1, & 1 \leq t < 3 \\ 0, & t < 1 \text{ and } t \geq 3 \end{cases}$$

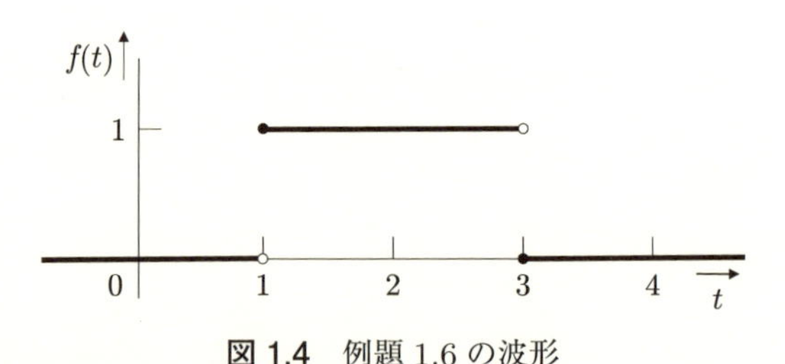

図 1.4　例題 1.6 の波形

解答　次の通り.

$$f(t) = u(t-1) - u(t-3)$$

単位ステップ関数 $u(t)$ は単位インパルスと関係がある．いま積分

$$\int_{-\infty}^{t} \delta(\tau) d\tau$$

を考えると，$t < 0$ であれば積分範囲 $\pi < t$ で $\delta(\tau)$ は 0 であるから,

$$\int_{-\infty}^{t} \delta(\tau) d\tau = 0, \quad t < 0 \tag{1.18}$$

また，$t \geq 0$ であれば $t < \tau$ の範囲で $\delta(\tau)$ は 0 なので,

$$\int_{-\infty}^{t} \delta(\tau) d\tau = \int_{-\infty}^{\infty} \delta(\tau) d\tau = 1, \quad t \geq 0 \tag{1.19}$$

式 (1.17)-(1.19) を見比べれば次の関係があることが直ちに分かる.

$$u(t) = \int_{-\infty}^{t} \delta(\tau) d\tau \tag{1.20}$$

したがって, 次式のように単位ステップ関数の導関数が単位インパルスとなる.

$$\frac{du(t)}{dt} = \delta(t) \tag{1.21}$$

この関係を使えば, 次の例題のように不連続な関数でもその導関数を表すことができる.

【例題 1.7】 次の関数は図 1.5 のように, $t = 0$ で不連続である. この関数の導関数を求めなさい.

$$f(t) = \begin{cases} t^2 \quad , & t < 0 \\ t^2 + 1, & t \geq 0 \end{cases}$$

解答 この関数は単位ステップ関数を使えば次のように表される.

$$f(t) = t^2 + u(x)$$

式 (1.21) が成立するので, 導関数 $f'(t)$ は,

$$f'(t) = 2t + \delta(t)$$

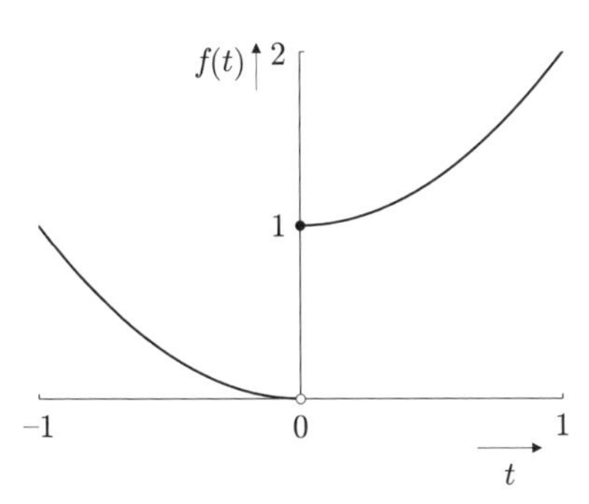

図 1.5 例題 1.7 の関数

例題 1.7 が示すように, 信号を表す関数がある時刻 t_0 で不連続に変化するなら, その導関数にはデルタ関数 $\delta(t - t_0)$ が現れる. また $n - 1$ 次導関数 $f^{(n-1)}(t)$ が不

連続ならば，n 次導関数 $f^{(n)}(t)$ はデルタ関数を含むものとなる．

1.2 信号の強度

1.2.1 信号の電力

通信システムの設計や性能評価では信号の強度が重要な尺度となる．信号の強度は電力 (power) で表す．システムの 2 点間に負荷抵抗 R_{L} を接続し，その両端に信号として電圧 $v = f(t)$ が発生したとする．このとき負荷抵抗で消費される電力の瞬時値 (instantaneous power)p は，

$$p = \frac{f(t)^2}{R_{\mathrm{L}}} \tag{1.22}$$

である．電圧の単位が V（ボルト），抵抗の単位が Ω（オーム）のとき，電力の単位は W（ワット）である．この瞬時値は時刻と共に変動する特性量である．一方，信号強度の減衰や増幅の程度を表すには，ある時間範囲における電力の平均値が必要である．時刻 $t = -T/2$ から $t = T/2$ の間の長さ T の時間範囲における平均電力 (average power)P は次式で表される．

$$P = \frac{1}{T}\int_{-T/2}^{T/2} \frac{f(t)^2}{R_{\mathrm{L}}} dt \tag{1.23}$$

負荷抵抗が 1 [Ω] と仮定すれば，

$$P = \frac{1}{T}\int_{-T/2}^{T/2} f(t)^2 dt \tag{1.23$'$}$$

が電力である．通信システムの理論的な解析では，信号 $f(t)$ として複素数の値をとる関数を想定することが多い．そのような状況に対応できるように，$[-T/2, T/2]$ の平均電力の定義として，式 (1.23′) の代わりに次式を用いることにする．

$$P = \frac{1}{T}\int_{-T/2}^{T/2} |f(t)|^2 dt \tag{1.24}$$

式 (1.24) を使った例を次に示す．

【例題 1.8】 図 1.6 に示す三角波信号の 1 周期あたり平均電力 P を求めなさい.

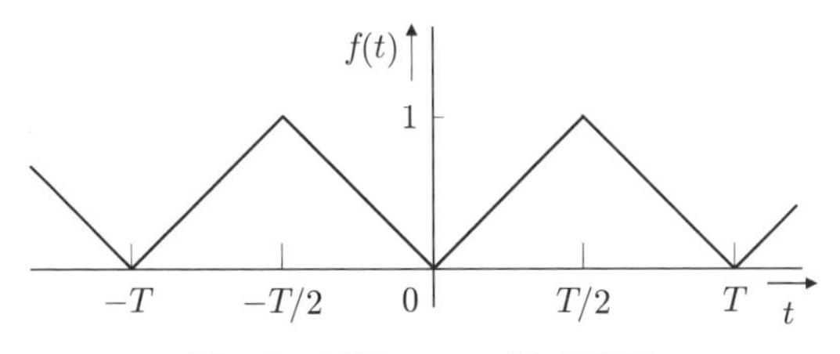

図 1.6 例題 1.8 の三角波信号

解答 この波形は, $n = 0, \pm 1, \pm 2, \ldots$ として,

$$f(t) = \begin{cases} 2(t - nT)/T\ , & nT \le t < T/2 + nT \\ -2(t - nT)/T, & -T/2 + nT \le t < nT \end{cases}$$

と表される. また基本周期は T である. これらを式 (1.24) に適用すると,

$$\begin{aligned} P &= \frac{1}{T}\int_{-T/2}^{0} (-2t/T)^2 dt + \frac{1}{T}\int_{0}^{T/2} (2t/T)^2 dt \\ &= \frac{1}{T}\left[\frac{4t^3}{3T^2}\right]_{-T/2}^{0} + \frac{1}{T}\left[\frac{4t^3}{3T^2}\right]_{0}^{T/2} \\ &= \frac{1}{3} \end{aligned}$$

例題 1.8 のように周期波形の場合, 式 (1.24) で T を基本周期 (fundamental period) に選ぶことで全時間での平均電力となる. 一方, 非周期波形で, 全時間にわたる平均電力を求めるには, 次のように時間の範囲 T を無限に大きくすることが必要となる.

$$P = \lim_{T \to \infty} \frac{1}{T}\int_{-T/2}^{T/2} |f(t)|^2 dt \tag{1.25}$$

式 (1.22) の瞬時電力を積分すると, 負荷抵抗で消費されたエネルギー (energy) となる. 負荷抵抗が 1 [Ω] で, $f(t)$ が複素数の場合があるとすると, 全時間のエネルギー E は

$$E = \int_{-\infty}^{\infty} |f(t)|^2 dt \tag{1.26}$$

と表される．エネルギー E の単位は J（ジュール）である．

非周期波形を持つ信号で，ある時刻を過ぎてから有限の振幅を持つ電圧が発生し，その後ある時刻でこの電圧の発生が終了して，以後電圧 0 になるようなものは，式 (1.25) の積分が有限の値になる．この場合，式 (1.25) で $T \to \infty$ とすると P は 0 になり，平均電力を強度の尺度として利用できない．この種の信号でも式 (1.26) のエネルギーは定義することができる．逆に全時間の平均電力が 0 でない信号の場合，全時間のエネルギーは無限大に発散し，定義できない．エネルギーを定義できる信号はエネルギー信号 (energy signal)，全時間の平均電力が 0 ではない信号は電力信号 (power signal) と呼ばれている．信号を表す関数が与えられれば，次の例題のようにエネルギーを計算することで，エネルギー信号と電力信号を見分けることができる．

【例題 1.9】 次の信号はエネルギー信号と電力信号のどちらか？

$$f(t) = \begin{cases} 0\ , & t < 0 \\ e^{-t}, & t \geq 0 \end{cases}$$

解答　信号のエネルギー E を計算すると，

$$E = \int_{-\infty}^{\infty} |f(t)|^2 dt = \int_{0}^{\infty} e^{-2t} dt = \left[-\frac{1}{2} e^{-2t} \right]_0^{\infty} = \frac{1}{2}$$

エネルギー E が有限の値なので，エネルギー信号である．

1.2.2 デシベルとネーパ

信号の強度を評価するための必須のツールはデシベル (decibel) である．いま，2 つの信号 A，B があるとする．信号 A の強度は電力 P_{A}，信号 B の強度は電力 P_{B} で表されるとする．このとき，信号 A の強度を基準として，信号 B の強度を次の数値 a で表し，信号 B は信号 A に対し a デシベル（dB）であるという．

$$a = 10 \log_{10} \frac{P_{\mathrm{B}}}{P_{\mathrm{A}}} \tag{1.27}$$

例えば，P_{B} が P_{A} の 10 倍，2.0 倍，0.1 倍であれば，信号 B は信号 A に対しそ

れぞれ 10 dB，3.0 dB，−10 dB である．

電力の比を使えば2つの信号の強度を比較することは可能なのであるが，対数関数を使うことにより，デシベル表現は電力の比そのものより便利な数値になる．デシベルの第一の特徴は，電力の比が極めて大きい，または小さい場合でも，桁数の少ない数で表現できることである．例えば電力の比が 1,000,000 倍でもデシベルならば 60 dB である．通信システムの中では強度が大きく異なる信号が混在するが，そのような状況でもデシベルならば数値の桁が少なく，見誤りを避けることができる．第二の特徴は，対数の性質により，電力の比の積がデシベルでは和になることである．例えば，3つの信号があって，その電力が P_1，P_2，P_3 であるとする．いま P_3 は P_2 に対し a dB，P_2 は P_1 に対し b dB であるとする．P_3 と P_1 の比は，

$$\frac{P_3}{P_1} = \frac{P_3}{P_2}\frac{P_2}{P_1}$$

となって P_3 と P_2 の比と P_2 と P_1 の比の積になるのであるが，これをデシベルで表すと $a + b$ dB となるのである．これは次のように容易に確かめられる．

$$\begin{aligned} 10\log_{10}\frac{P_3}{P_1} &= 10\log_{10}\frac{P_3}{P_2}\frac{P_2}{P_1} = 10\log_{10}\frac{P_3}{P_2} + 10\log_{10}\frac{P_2}{P_1} \\ &= a + b \end{aligned}$$

また対数の性質により，ある一定の電力比の x 乗は，デシベル値では x 倍の値で表される．

$$10\log_{10}\left(\frac{P_2}{P_1}\right)^x = 10x\log_{10}\frac{P_2}{P_1}$$

上の性質があるので，伝送媒体における信号の減衰をデシベルでは見積もりやすくなる．このことは次の例で理解されるであろう．ある伝送路は，信号を 1 km の距離送ると強度が 10 分の 1 に減衰する．この伝送路で 2 km の距離にわたり信号を送ると，信号強度は最初の 1 km で 1/10，さらに次の 1 km でその 1/10 の強度になるから，信号強度は $1/10^2$ になる．同じように 3 km になれば信号強度は $1/10^3$ になる．これをデシベルで表現するなら，1 km では −10 dB，2 km で −20 dB，3 km で −30 dB というように，1 km のときのデシベル値に距離を乗算すれば強度減少の程度が分かるのである．この伝送路で 1.4 km の距離だけ信号を送ったら，強度はどれだけ減衰するだろうか？　デシベルで考えれば $-10 \times 1.4 = -14$ dB であることが直ちに分かる．一方，デシベルを使わないと $1/10^{1.4}$ という数値を計算

する必要があるから，見通しを付けにくい．

デシベルは電力だけでなく，信号の電圧の比較にも利用される．いま2つの信号の電圧を V_1，V_2 とするとき，V_1 を基準として V_2 を表す電圧比のデシベルは次式の値 b である．

$$b = 20 \log_{10} \frac{V_2}{V_1} \tag{1.28}$$

電圧比のデシベルで，2つの信号の負荷抵抗が同じで，電圧の値が実効値で表されていれば，電圧比のデシベルは電力比のデシベルと一致する．これは電圧の実効値 V_{e}，平均電力 P，負荷抵抗 R_{L} の間に成立する関係

$$P = \frac{{V_{\mathrm{e}}}^2}{R_L}$$

を式 (1.27) に当てはめれば容易に確かめることができる．

信号強度の比較尺度として，デシベルに関連するものがいくつかある．基準の電力 P_1 に対し電力 P_2 を

$$\log_{10} \frac{P_2}{P_1}$$

で表すものをベル（B）という．デシベルはこれを10倍した値であるが，ベルに 10^{-1} を表す接頭語の「デシ」を付け，デシベルと呼んでいるのである．

デシベルやベルでは対数の底が10であるが，次のように自然対数で信号強度を比較する方法がある．

$$\log_e \frac{P_2}{P_1} \tag{1.29}$$

この値の単位はネーパ（Np）と呼ばれる．ネーパで表した数値はデシベルに容易に変換できる．すなわち x Np は電力比が e^x であることを意味しているから，デシベルでは

$$10 \log_{10} e^x = 10x \log_{10} e = 4.342945x \text{ [dB]}$$

となる．

デシベルは，2つの信号強度を比較する尺度であるが，基準となる信号強度としてシステム中の信号の強度ではなく，特定の一定値を使う場合がある．よく見かけるのは 1 mW を基準とする場合で，これは記号 dBm で表記する．また電圧比のデシベルで，1 V を基準とする場合，dBs と標記している．

【例題 1.10】 10 μW を dBm で表すといくつか？

解答 10 μW は 10^{-2} mW なので，$10\log_{10} 10^{-2} = -20$ [dBm] である．

1.3 直交関数

数学で学ぶ「直交 (orthogonal)」の概念について理解を深めると，工学に対する洞察力を高めることができる．これは，工学で扱うシステムの様々な属性が，互いに直交な関係にある要素を持つ集合と，その集合要素の線形結合で構成される空間によって数学的に扱えるからである．例えば，n 次元のベクトルは工学のあらゆる分野で現れるが，任意の n 次元のベクトルは，n 個の互いに直交なベクトルの線形結合で構成されるベクトル空間に属している．また工学上重要な関数は，互いに直交な関数の線形結合 (linear combination) で構成される直交関数空間に属している．時刻の関数である信号も直交関数の線形結合で表される．この表現を使えば，通信システムにおける信号の性質に関して有用な知見を得ることができる．

集合要素間の直交は次のように定義される．n 次元ベクトルの場合，2 つのベクトル，

$$\mathbf{x} = (x_1, x_2, \ldots, x_n), \quad \mathbf{y} = (y_1, y_2, \ldots, y_n)$$

の内積 (inner product) が 0，すなわち，

$$\sum_{i=1}^{n} x_i y_i = 0 \tag{1.30}$$

であれば，$\mathbf{x}$ と $\mathbf{y}$ は直交しているという．

実数関数の場合，区間 $[a, b]$ において定義された関数 $u_1(t)$, $u_2(t)$, $u_3(t)$,$\ldots$ の間に次の性質が成立しているとき，関数は互いに直交しているという．

$$\int_a^b u_m(t)u_n(t)dt = 0 \tag{1.31}$$

かつ，

$$\int_a^b u_n(t)^2 dt \neq 0 \tag{1.32}$$

ここで m と n は $m \neq n$ の自然数，a，b は実数である．式 (1.31) の左辺を関数 $u_m(t)$ と $u_n(t)$ の内積と定義すれば，直交の概念は n 次元ベクトルの場合と変わるところはない．

直交関数の線形結合によって，任意の関数 $f(t)$ を範囲 $[a, b]$ において次のように展開することを考える．

$$f(t) = C_1 u_1(t) + C_2 u_2(t) + C_3 u_3(t) + \cdots \tag{1.33}$$

ここで $C_1, C_2, \ldots$ は定数である．式 (1.33) で $f(t)$ を表すためには，同式が成立するような定数 $C_1, C_2, \ldots$ が存在する必要がある．直交性が成立していれば，このような定数は容易に決定できる．いま n を任意の自然数として，$f(t)$ に $u_n(t)$ を乗算し，範囲 $[a, b]$ で積分した値を考える．式 (1.33) が成立するならば次式も成り立つ．

$$\begin{aligned}\int_a^b f(t)u_n(t)dt = C_1 &\int_a^b u_1(t)u_n(t)dt \\ &+ C_2 \int_a^b u_2(t)u_n(t)dt + C_3 \int_a^b u_3(t)u_n(t)dt + \cdots\end{aligned} \tag{1.34}$$

ところが，式 (1.31)，式 (1.32) が成立しているため，式 (1.34) の右辺は，第 n 番目の項以外はすべて 0 になる．したがって，式 (1.34) は次のように書き直すことができる．

$$\int_a^b f(t)u_n(t)dt = C_n \int_a^b u_n(t)^2 dt \tag{1.35}$$

式 (1.35) において両辺の積分の値を求め，C_n について解けば C_n の値を決定でき，結果として式 (1.33) の展開ができる．

実変数 t の関数 $u_1(t)$, $u_2(t)$, $u_3(t)$,... が値として複素数をとる場合は，次式が成立するとき，範囲 $[a, b]$ で関数は互いに直交するという．

$$\int_a^b u_m(t)u_n^*(t)dt = 0 \tag{1.36}$$

かつ，

$$\int_a^b u_m(t)u_m^*(t)dt \neq 0 \tag{1.37}$$

ここで m と n は $m \neq n$ の自然数，$u_n^*(t)$ は $u_n(t)$ の共役複素数 (conjugate complex number) である．また式 (1.36) の左辺は複素数の関数の内積である．

実数関数の場合と同じように，複素数の直交関数 (orthogonal functions) でも任意の関数 $f(t)$ を区間 $[a, b]$ で次のように展開できる．

$$f(t) = C_1 u_1(t) + C_2 u_2(t) + C_3 u_3(t) + \cdots \tag{1.38}$$

係数 C_n は次式を解くことで求められる．

$$\int_a^b f(t) u_n^*(t) dt = C_n \int_a^b u_n(t) u_n^*(t) dt \tag{1.39}$$

実数関数 $f(t)$ は，実数の直交関数の系列を使っても，複素数の直交関数の系列を使っても式 (1.33) の形式で展開できる．このことは 1.4 節と 1.5 節を通じて明らかになるであろう．

1.4 直交関数の例と周期波形信号のフーリエ級数展開

ある変数の区間において，関数を直交関数の線形結合により式 (1.33) や式 (1.38) のように表現したものを，その関数のフーリエ級数 (Fourier series) 展開という．直交関数の系列にはいろいろなものが存在するので，それらを用いて任意の関数を様々な形式で表現することができる．直交関数の系列の例を示すと，n を自然数として，三角関数の系列，

$$\cos nt, \quad \sin nt$$

は範囲 $[0, 2\pi]$ で直交関数であるし，同じ範囲で指数関数，

$$e^{jnt}$$

も直交関数である．さらにルジャンドル多項式，

$$P_n(x) = \frac{1}{2^n} \sum_{k=0}^{n} \binom{n}{k}^2 (x-1)^{n-k} (x+1)^k$$

は範囲 $[-1, 1]$ で直交性を示すし，ヤコビ多項式も直交関数として知られている．実はよく知られたテイラー展開も直交関数による展開と解釈できるのである．このことを知るため，次に示す複素関数のテイラー展開を考えよう．

$$f(z) = \sum_{n=0}^{\infty} C_n (z - z_0)^n \tag{1.40}$$

ただし，

$$C_n = \frac{f^{(n)}(z_0)}{n!} \tag{1.41}$$

である．式 (1.41) で，実数 $r(r \geq 0)$ と $\theta(0 \leq \theta < 2\pi)$ を使って

$$z - z_0 = re^{j\theta} \tag{1.42}$$

と置けば，テイラー展開は

$$f(z) = f(re^{j\theta} + z_0) = \sum_{n=0}^{\infty} C_n r^n e^{jn\theta} \tag{1.43}$$

となるから，関数を直交関数 $r^n e^{jn\theta}$ の線形結合，すなわちフーリエ級数展開で表していることが分かる．

それでは，三角関数の系列を使い具体的にフーリエ級数展開を試みよう．いま $u_1(t)$, $u_2(t)$, $u_3(t)$,... として，次の系列を考える．

$$\begin{aligned} u_1(t) &= \frac{1}{2}, \\ u_2(t) &= \sin\frac{2\pi t}{T}, \\ u_3(t) &= \cos\frac{2\pi t}{T}, \\ u_4(t) &= \sin\frac{4\pi t}{T}, \\ u_5(t) &= \cos\frac{4\pi t}{T}, \ldots \end{aligned} \tag{1.44}$$

この関数の系列では範囲 $[-T/2,\ T/2]$ で直交性が成立する．例えば，$u_{2m}(t)$ と $u_{2n+1}(t)$ の間で直交性を調べてみると，

$$\int_{-T/2}^{T/2} \sin\frac{2\pi mt}{T}\cos\frac{2\pi nt}{T}dt$$
$$= \frac{1}{2}\int_{-T/2}^{T/2}\left\{\sin\frac{2\pi(m+n)t}{T} + \sin\frac{2\pi(m-n)t}{T}\right\}dt$$
$$= \frac{1}{2}\left[-\frac{T}{2\pi(m+n)}\cos\frac{2\pi(m+n)t}{T} - \frac{T}{2\pi(m-n)}\cos\frac{2\pi(m-n)t}{T}\right]_{-T/2}^{T/2}$$
$$= 0$$

となり，直交性があることが分かる．演習問題 1.9 で分かるように他の組み合わせでも同様である．

式 (1.44) の系列は直交関数であるから，関数 $f(t)$ はこの系列を使って式 (1.33) の形式で表すことができる．いま式を簡潔にするため，定数 ω_0 を

$$\omega_0 = \frac{2\pi}{T} \tag{1.45}$$

と定義して，C_1, C_3, C_5,... を a_0, a_1, a_2,..., C_2, C_4,... を b_1, b_2,... と書き換えると，$f(t)$ は範囲 $[-T/2, T/2]$ において次式で表される．

$$f(t) = \frac{a_0}{2} + \sum_{n=1}^{\infty} a_n \cos n\omega_0 t + \sum_{n=1}^{\infty} b_n \sin n\omega_0 t \tag{1.46}$$

式 (1.46) はフーリエ級数展開としてはもっとも一般的に知られており，18 世紀から 19 世紀にかけて活動したフランスの学者ジョゼフ・フーリエ（Joseph Fourier）が提唱したものである．定数 a_0, a_n, b_n はフーリエ係数 (Fourier coefficient) と呼ばれ，次のように求められる．まず，式 (1.35) の右辺の積分の項を計算すると，

$$\int_{-T/2}^{T/2}\left(\frac{1}{2}\right)^2 dt = \left[\frac{1}{4}t\right]_{-T/2}^{T/2} = \frac{T}{4}$$

$$\int_{-T/2}^{T/2} \cos^2 n\omega_0 t dt = \frac{1}{2}\int_{-T/2}^{T/2} \{\cos 2n\omega_0 t + 1\} dt$$
$$= \frac{1}{2}\left[\frac{1}{2n\omega_0}\sin 2n\omega_0 t + t\right]_{-T/2}^{T/2} = \frac{T}{2}$$
$$\int_{-T/2}^{T/2} \sin^2 n\omega_0 t dt = \frac{1}{2}\int_{-T/2}^{T/2} \{1 - \cos 2n\omega_0 t\} dt$$
$$= \frac{1}{2}\left[t - \frac{1}{2n\omega_0}\sin 2n\omega_0 t\right]_{-T/2}^{T/2} = \frac{T}{2}$$

である．これらを式 (1.35) に代入して，a_0, a_n, b_n について解くことで次式が得られる．

$$a_0 = \frac{2}{T}\int_{-T/2}^{T/2} f(t) dt \tag{1.47}$$

$$a_n = \frac{2}{T}\int_{-T/2}^{T/2} f(t)\cos n\omega_0 t dt \tag{1.48}$$

$$b_n = \frac{2}{T}\int_{-T/2}^{T/2} f(t)\sin n\omega_0 t dt \tag{1.49}$$

ところで，式 (1.46) の右辺は t の範囲が $[-T/2,\ T/2]$ 以外の場合，どのような値をとるだろうか？　右辺の三角関数の項に着目すると，$n\omega_0 T$ は $2\pi n$ であることから，どの項も t が T だけ変化すれば同じ値をとることが分かる．したがって，$f(t)$ が基本周期 T の周期波形を示す関数ならば，$[-T/2,\ T/2]$ 以外のあらゆる t においても，$f(t)$ は式 (1.46) で表されることになる．

式 (1.46) の右辺の意味を解釈すると，基本周期 T の周期波形は，値が一定の項と，周期 T/n（角周波数 $n\omega_0$）の余弦波および正弦波が加算されたものである，ということが分かる．これらを直流成分 (direct current component)，余弦波成分 (cosine wave component)，正弦波成分 (sine wave component) と呼ぶ．また，周期 T の余弦波成分と正弦波成分を基本波，n が 2 以上のとき周期 T/n の余弦波成分と正弦波成分を高調波 (higher harmonic) という．特に周期 $T/2$, $T/3$,... の高調波を 2 次高調波，3 次高調波 ... と呼ぶ．

フーリエ係数 a_n, b_n は，角周波数 $n\omega_0$ の余弦波および正弦波成分の振幅を表しており，角周波数の値 $\omega = n\omega_0$ に対して一意に決まる値である．また a_0 も周波数 0 の成分の振幅であるから，フーリエ係数は角周波数の関数であると言える．一方，これらの値と基本周期 T が分かれば信号は決定できることを式 (1.46) は意味している．この性質を見れば，フーリエ係数を使うことで，信号について時刻の関数という側面とはまったく別の見方ができることが分かる．すなわち，周期波形信号は角周波数の関数である a_0, a_n, b_n を使って表せるのである．ここで，角周波数は周波数と言い換えても，両者には定数倍の違いしかないから差し支えない．信号を周波数領域 (frequency domain) において周波数の関数として表したものをスペクトル (spectrum) と呼ぶ．周期波形の場合，フーリエ係数 a_0, a_n, b_n がスペクトルを表している．

時間の関数である周期波形 $f(t)$ は，周波数の関数であるスペクトル a_0, a_n, b_n が分かれば式 (1.46) によって求められる．逆に $f(t)$ が与えられればスペクトルを式 (1.47)-(1.49) によって求めることができる．このように，時間領域 (time domain) の特性である波形と，周波数領域の特性であるスペクトルは，どちらも特定の信号を決定するものであり，波形とスペクトルの一方が決まれば他方も決まるという関係にある．

フーリエ係数で表されるスペクトルは，波形とは異なる信号の表し方である．波形とスペクトルは，いずれも特定の 1 つの信号を表す方法なのであるが，信号の見方を変えることで，信号の異なる性質を明らかにでき，様々な役に立つことができるようになる．通信システムの解析や設計では，波形とスペクトルという信号に関する 2 つの異なる見方を最大限に活用するのである．

角周波数を横軸，成分の振幅を縦軸として，周期波形を持つ信号のスペクトルをプロットすると図 1.7 のようになる．同図が示すようにスペクトルは離散的な角周

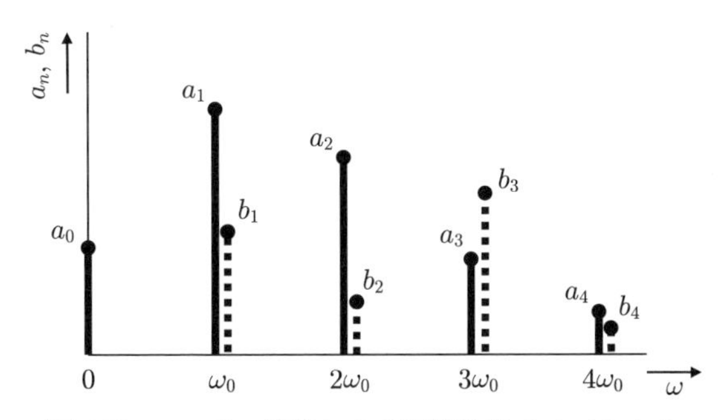

図 1.7　フーリエ係数による周期波形のスペクトル

波数で線状に現れる．このため，周期波形信号のスペクトルを線スペクトル (line spectrum) または離散スペクトル (discrete spectrum) と呼んでいる．

1.4.1　線スペクトルの振幅と位相

線スペクトルの2つの要素 a_n と b_n の意味をもう少し吟味しよう．スペクトルの n 次高調波成分を取り出して，$f_n(t)$ と置くことにする．

$$f_n(t) = a_n \cos n\omega_0 t + b_n \sin n\omega_0 t \tag{1.50}$$

これを変形すると，

$$f_n(t) = \sqrt{{a_n}^2 + {b_n}^2}\left(\frac{a_n}{\sqrt{{a_n}^2 + {b_n}^2}}\cos n\omega_0 t + \frac{b_n}{\sqrt{{a_n}^2 + {b_n}^2}}\sin n\omega_0 t\right)$$

上の式は，

$$\cos\theta = \frac{a_n}{\sqrt{{a_n}^2 + {b_n}^2}} \quad \text{かつ} \quad \sin\theta = \frac{b_n}{\sqrt{{a_n}^2 + {b_n}^2}} \tag{1.51}$$

を満たす角 θ が存在することと，三角関数の公式を使えば，

$$f_n(t) = \sqrt{{a_n}^2 + {b_n}^2}\cos(n\omega_0 t - \theta) \tag{1.52}$$

となる．すなわち，n 次高調波の余弦波成分と正弦波成分の重ね合わせは，振幅が $\sqrt{{a_n}^2 + {b_n}^2}$，位相角が $-\theta$ の余弦波なのである．これは2つの要素 a_n と b_n を通じて1つの余弦波（または正弦波）の振幅と位相という2つの特性量を表現していると解釈することができる．

波形 $f(t)$ は時刻 t の値が1つ決まると，値が1つ決まる1価関数であるのに対し，スペクトルは1つの角周波数 ω（周波数 f と言い換えても同じ）の値に対して余弦波成分と正弦波成分，あるいは振幅と位相角という2つの値が決まる2価関数であるという点に特徴がある．信号のスペクトルが与えられれば，波形も決定するのであるが，このスペクトルには必ず振幅と位相，または正弦波成分と余弦波成分という2つの数値が必要となる．たとえ高調波成分の振幅が同じ信号であっても，高調波の位相が異なれば同じ波形にはならない．これを数値例によって示そう．

いま，次の2つの周期信号 $f_1(t)$ と $f_2(t)$ を考える．

$$f_1(t) = \sin(2\pi t) + \frac{1}{3}\sin(6\pi t)$$
$$f_2(t) = \sin(2\pi t) + \frac{1}{3}\sin\left(6\pi t - \frac{\pi}{2}\right)$$

これらの信号の波形を図 1.8 に示す．同図 (a) が $f_1(t)$ の波形，同図 (b) が $f_2(t)$ の波形である．図が示す通り，波形は明らかに異なっている．これらの信号はどちらも基本周期 T が 1 で，基本波成分の振幅が 1，3 次高調波成分の振幅が 1/3 であり，一致している．異なるのは 3 次高調波の位相角だけである．しかし，図 1.8 が示すように，この位相角のみの違いによって，異なる波形となるのである．信号を伝送あるいは処理するときに，波形の形状が重要であるならば，高調波の振幅だけでなく，位相角も同じくらい重要なのである．

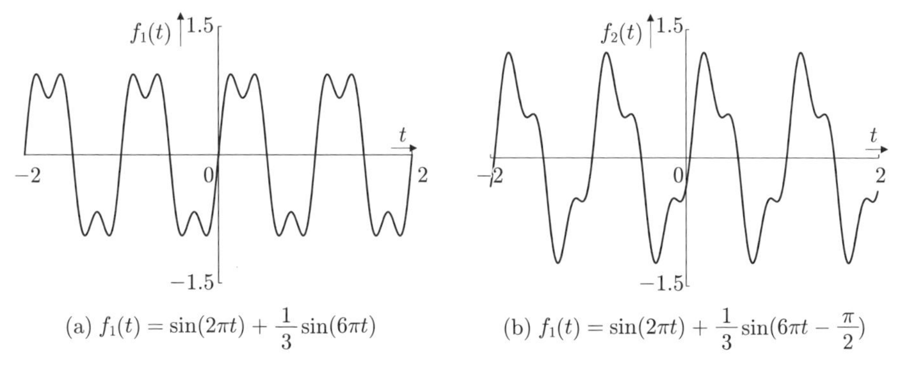

(a) $f_1(t) = \sin(2\pi t) + \frac{1}{3}\sin(6\pi t)$　(b) $f_1(t) = \sin(2\pi t) + \frac{1}{3}\sin(6\pi t - \frac{\pi}{2})$

図 1.8　振幅が同じで位相が異なる高調波成分を持つ 2 つの波形

1.4.2 不連続な関数のフーリエ級数

フーリエ級数展開で注意が必要なことは，任意の周期関数を式 (1.46) でいつでも厳密に表現できるとは限らないことである．関数によっては級数が収束しない場合もあるし，収束してもすべての t で式 (1.46) の等号が成立するとは限らない[1]．いま，周期内のある時刻 t_0 で不連続に値が跳躍する関数 $f(t)$ を考える．三角関数は連続であるから，その和によってこの関数の不連続部分を表すことが不可能であることを容易に予想できる．

しかし，このような不連続点が周期中に有限個しかなければ，フーリエ係数を求めることができ，級数は収束する．そのとき，式 (1.46) の右辺は不連続な点で，どのように振る舞うだろうか．いま，t_0 の直前を t_0-，直後を t_0+ と書くことに

する．このとき時刻 t_0 における級数の和を，$\hat{f}(t_0)$ と書くと，

$$\hat{f}(t_0) = \frac{f(t_0-) + f(t_0+)}{2}$$

となることが知られている[1]．この値は $f(t_0)$ と同じではない．したがって，級数は収束するとしても不連続点では式 (1.46) の等号は成立しない．

このように，周期関数の中にはフーリエ級数で表せないものもある．しかし，たとえ不連続な関数に対してでも，周期内の無数の時刻の中で，不連続な点を除けば級数の和は $f(t)$ と一致するのであるから，フーリエ級数は良い近似を与えると考えられる．実用上は不連続な信号のフーリエ係数を求め，それをスペクトルと考えて問題ない．

【例題 1.11】 図 1.9 の波形を持つ次の信号 $f(t)$ の線スペクトルを求めなさい．また信号の不連続点 $t = 0$ におけるフーリエ級数の値を求めなさい．

$$f(t) = \begin{cases} 0, & -\dfrac{T}{2} + nT \leq t < nT \\ 1, & nT \leq t < \dfrac{T}{2} + nT \end{cases}, \quad n = 0,\ \pm 1,\ \pm 2, \ldots$$

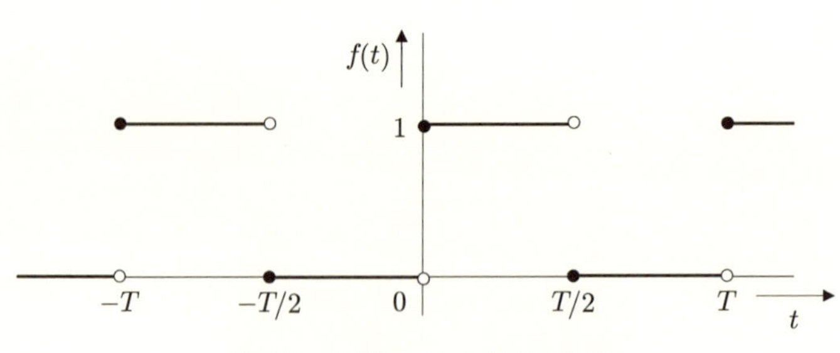

図 1.9　例題 1.11 の信号の波形

解答　線スペクトルはフーリエ係数であり，

$$a_0 = \frac{2}{T}\int_0^{T/2} 1dt = \frac{2}{T}[t]_0^{T/2} = 1$$

$$a_n = \frac{2}{T}\int_0^{T/2} \cos\frac{2n\pi t}{T}dt = \frac{2}{T}\left[\frac{T}{2n\pi}\sin\frac{2n\pi t}{T}\right]_0^{T/2} = 0$$

$$b_n = \frac{2}{T}\int_0^{T/2} \sin\frac{2n\pi t}{T}dt = \frac{2}{T}\left[-\frac{T}{2n\pi}\cos\frac{2n\pi t}{T}\right]_0^{T/2}$$

$$= \begin{cases} \dfrac{2}{n\pi}, & n = 1, 3, 5, \dots \\ 0, & n = 2, 4, 6, \dots \end{cases}$$

である．$t = 0$ のときの級数の和 $\hat{f}(0)$ は，$a_0 = 1, a_n = 0, \sin 0 = 0$ であるから，

$$\hat{f}(0) = \frac{a_0}{2} = \frac{1}{2}$$

1.5 周期波形信号の複素フーリエ級数展開

式 (1.46) のフーリエ級数は複素数を使うとより簡潔な形式になる．オイラーの関係 (Euler's formula) を使えば，余弦関数と正弦関数は次のように表される．

$$\cos x = \frac{e^{jx} + e^{-jx}}{2} \tag{1.53}$$

$$\sin x = \frac{e^{jx} - e^{-jx}}{2j} \tag{1.54}$$

これらを式 (1.46) に代入して書き換えると，

$$\begin{aligned} f(t) &= \frac{a_0}{2} + \sum_{n=1}^{\infty} a_n \frac{e^{jn\omega_0 t} + e^{-jn\omega_0 t}}{2} + \sum_{n=1}^{\infty} b_n \frac{e^{jn\omega_0 t} - e^{-jn\omega_0 t}}{2j} \\ &= \frac{a_0}{2} + \sum_{n=1}^{\infty} \frac{a_n - jb_n}{2} e^{jn\omega_0 t} + \sum_{n=1}^{\infty} \frac{a_n + jb_n}{2} e^{-jn\omega_0 t} \end{aligned} \tag{1.55}$$

ここで，a_{-1}, a_{-2}, a_{-3},... および b_0, b_{-1}, b_{-2},... を次のように定義する．

$$a_{-n} = a_n \tag{1.56}$$

$$b_0 = 0 \tag{1.57}$$

$$b_{-n} = -b_n \tag{1.58}$$

ただし，$n = 1, 2, 3, \ldots$ である．このように係数を定義すると，式 (1.46) は次のように書ける．

$$f(t) = \sum_{n=-\infty}^{\infty} \frac{a_n - jb_n}{2} e^{jn\omega_0 t} \tag{1.59}$$

さらに係数 c_n $(-\infty < n < \infty)$ を

$$c_n = \frac{a_n - jb_n}{2} \tag{1.60}$$

と定義すれば，$f(t)$ は次のように書ける．

$$f(t) = \sum_{n=-\infty}^{\infty} c_n e^{jn\omega_0 t} \tag{1.61}$$

係数 c_n を複素フーリエ係数 (complex Fourier coefficient) と呼び，式 (1.60) から明らかなように複素数である．また，式 (1.61) を複素フーリエ級数 (complex Fourier series) 展開という．複素フーリエ級数の各項は先に述べた複素数表示された正弦波の形式になっている．複素フーリエ係数 c_n は式 (1.47)-(1.49)，式 (1.56)-(1.58)，式 (1.60) から求められる．いま $n > 0$ の場合を考えると，式 (1.48)，式 (1.49)，式 (1.60) から，

$$c_n = \frac{a_n - jb_n}{2} = \frac{1}{T}\int_{-T/2}^{T/2} f(t)(\cos n\omega_0 t - j\sin n\omega_0 t)dt$$

となる．また $n = 0$ でも，$n < 0$ でも c_n は上式と同じ式で表すことができる．上の式にオイラーの関係を適用すると，$-\infty < n < \infty$ の n について次式が成立する．

$$c_n = \frac{1}{T}\int_{-T/2}^{T/2} f(t)e^{-jn\omega_0 t}dt \tag{1.62}$$

式 (1.46) の代わりに式 (1.61) の複素フーリエ級数を使うことは利点がある．式 (1.46) の方法では，ある角周波数の成分として余弦波成分と正弦波成分の両方を考える必要がある．余弦波成分と正弦波成分の重ね合わせは，ある振幅と位相を持った正弦波信号であるが，a_n と b_n はその振幅と位相を直接表すわけではない．一方，複素フーリエ級数ならば，1 つの複素数を通じ，ある角周波数の正弦波成分を簡潔に表すことができる．さらに，その正弦波の振幅は c_n の絶対値，位相角は偏角で直ちに知ることができる．これは複素フーリエ係数 c_n の絶対値 $|c_n|$ を 2 倍すると 1.4 節で求めた振幅 $\sqrt{a_n{}^2 + b_n{}^2}$ となり，偏角 $\arg c_n$ が位相角 $-\theta$ に一致することから理解されるであろう．

【例題 1.12】 例題 1.11 の複素フーリエ係数を求めなさい．

解答　式 (1.62) にしたがって，$n = 0$ では

$$c_0 = \frac{1}{T}\int_0^{T/2} 1 \cdot e^{-0} dt = \frac{1}{T}[t]_0^{T/2} = \frac{1}{2}$$

また $n \neq 0$ ならば

$$c_n = \frac{1}{T}\int_0^{T/2} 1 \cdot e^{-\frac{2jn\pi t}{T}} dt = \frac{1}{T}\left[-\frac{T}{2jn\pi}e^{-\frac{2jn\pi t}{T}}\right]_0^{T/2} = \frac{-e^{jn\pi}+1}{2jn\pi}$$

$$= \begin{cases} \dfrac{1}{jn\pi}, & n = \pm 1,\ \pm 3, \ldots \\ 0, & n = \pm 2,\ \pm 4, \ldots \end{cases}$$

である．

さて，現実の通信システムの中に発生する信号は実数関数で表される．これらの実数関数も複素フーリエ級数展開できる．一方，式 (1.61) の右辺の各項は複素数である．複素数を足し合わせて実数関数になるのだろうか？　この疑問に対しては，もともと式 (1.46) の書き方を変えたものなので級数の和が実数なのは当然であると答えることができる．別の説明として，級数の $-n$ 番目の項と n 番目 ($n > 0$) の項の和を考えると，

$$
\begin{aligned}
&c_{-n}e^{-jn\omega_0 t}+c_n e^{jn\omega_0 t}\\
&=\left(\frac{a_n+jb_n}{2}+\frac{a_n-jb_n}{2}\right)\cos n\omega_0 t\\
&\quad +j\left(\frac{a_n-jb_n}{2}-\frac{a_n+jb_n}{2}\right)\sin n\omega_0 t\\
&=a_n\cos n\omega_0 t+b_n\sin n\omega_0 t
\end{aligned}
$$

となり，$f(t)$ が実数関数のとき，a_n と b_n も実数なので，虚数部は消えてしまう．これがすべての n について成立するので級数の和は実数になるということもできる．

複素フーリエ級数の n 番目の項は角周波数 $n\omega_0$ の正弦波成分に関する情報を与えている．すると，$-n$ 番目の項は，角周波数 $-n\omega_0$ の成分を表すことになる．ところが，現実の正弦波においては角周波数や周波数として負の値は意味を持たない．つまり，複素フーリエ級数では現実には存在しない負の角周波数を仮定することで，実数の周期波形を持つ信号を矛盾無く簡潔に表すことができるのである．

見方を変えると，$f(t)$ が実数関数であれば a_n と b_n も実数なので，式 (1.56)，式 (1.58)，式 (1.60) は，c_n と c_{-n} が互いに共役複素数の関係

$$
c_n=c_{-n}^* \tag{1.63}
$$

にあることを意味しているとも言える．

なお，複素フーリエ級数展開の項 $c_n e^{jn\omega}$ は，1.1 節で述べた正弦波の複素数表示と形は同じだが意味は異なるので混同してはならない．複素フーリエ級数展開では上に述べたように角周波数 $n\omega_0$ と $-n\omega_0$ の成分により実数関数を表しているので，各成分の虚部や実部だけをとっても正しいスペクトルにはならない．このことには十分注意する必要がある．

1.6 フーリエ変換と非周期波形信号のスペクトル

周期波形を持つ信号のスペクトルはフーリエ係数で表されるが，非周期波形を持つ信号のスペクトルはどのように表されるだろうか．これは複素フーリエ級数展開を出発点とすることで導くことができる．

式 (1.61) は t の範囲が $[-T/2, T/2]$ の範囲内で周期性に関わらず成立するので

あるから，その T を無限に大きくした状況を考えれば，周期性のない信号に関しても同様の関係が成立するであろう．その場合，複素フーリエ係数に相当するものがスペクトルを表すと考えられる．

式 (1.62) を式 (1.61) に代入すれば次式を得る．

$$f(t) = \sum_{n=-\infty}^{\infty} \left(\frac{1}{T} \int_{-T/2}^{T/2} f(t) e^{-jn\omega_0 t} dt \right) e^{jn\omega_0 t} \tag{1.64}$$

いま，

$$\omega_n = n\omega_0$$

と書くことにすると，式 (1.45) の ω_0 と T の関係から，

$$\frac{1}{T} = \frac{\omega_0}{2\pi} = \frac{\omega_{n+1} - \omega_n}{2\pi}$$

である．上の式から明らかなように，T を無限に大きくすれば，$\omega_{n+1} - \omega_n$ は 0 に近づく．この表記を使って式 (1.64) を書き直すと，

$$f(t) = \sum_{n=-\infty}^{\infty} \frac{1}{2\pi} \left(\int_{-T/2}^{T/2} f(t) e^{-j\omega_n t} dt \right) e^{j\omega_n t} (\omega_{n+1} - \omega_n) \tag{1.65}$$

式 (1.65) で T を無限に大きくすれば，加算の部分が積分の定義そのものなので，次式が得られる．

$$f(t) = \frac{1}{2\pi} \int_{-\infty}^{\infty} \left(\int_{-\infty}^{\infty} f(t) e^{-j\omega t} dt \right) e^{j\omega t} d\omega \tag{1.66}$$

上の式は，

$$F(\omega) = \int_{-\infty}^{\infty} f(t) e^{-j\omega t} dt \tag{1.67}$$

とおくと，次のように書くことができる．

$$f(t) = \frac{1}{2\pi} \int_{-\infty}^{\infty} F(\omega) e^{j\omega t} d\omega \tag{1.68}$$

式 (1.67) はフーリエ変換 (Fourier transform)，式 (1.68) はフーリエ逆変換 (inverse Fourier transform) と呼ばれるものである．上の導出方法から明らかなように，フーリエ変換は複素フーリエ級数展開と密接に関係しており，T が無限に大きくなった極限を考えているので非周期波形信号にも適用できる．式 (1.67) で定

義される $F(\omega)$ は角周波数 ω の関数であり，t を含まない．また，$F(\omega)$ が決まれば式 (1.68) によって信号の波形も決まる性質を持っている．すなわち，$F(\omega)$ もフーリエ係数と同様に，周波数の関数によって信号を規定しているものと言える．このことから，非周期波形を持つ信号のスペクトルはフーリエ変換 $F(\omega)$ であると考えることができる．

【例題 1.13】 次の関数 $f(t)$ のフーリエ変換 $F(\omega)$ を求めなさい．なお $u(t)$ は単位ステップ関数である．

$$f(t) = (e^{-t} - e^{-2t})u(t)$$

解答 式 (1.67) と $t < 0$ で $u(t) = 0$ であることから，

$$\begin{aligned} F(\omega) &= \int_0^\infty (e^{-t} - e^{-2t})e^{-j\omega t}dt \\ &= \left[-\frac{1}{1+j\omega}e^{-(1+j\omega)t} + \frac{1}{2+j\omega}e^{-(2+j\omega)t}\right]_0^\infty \\ &= \frac{1}{-\omega^2 + 3j\omega + 2} \end{aligned}$$

例題 1.13 の結果から分かるように，関数 $f(t)$ が実数関数であっても，そのフーリエ変換 $F(\omega)$ は一般には複素数であり，実部と虚部，あるいは絶対値と偏角で表される．複素フーリエ係数の絶対値は特定の角周波数における正弦波の振幅を表していたが，フーリエ変換 $F(\omega)$ の絶対値は角周波数 ω の正弦波の振幅を表すものではない．式 (1.68) が意味しているのは，微小な角周波数の区間 $[\omega, \omega + d\omega]$ の成分の振幅が $|F(\omega)|d\omega/(2\pi)$ ということである．このことから明らかなように，角周波数 ω の正弦波の振幅の周波数あたりの分布密度 (distribution density) が $|F(\omega)|$ なのであり，$F(\omega)$ は振幅を周波数で割った次元を持っている．

非周期波形信号のスペクトルを図示すると，図 1.10 のようになる．同図において，$F(\omega)$ は複素数であるから絶対値と偏角で表すべきものであるが，同図では 2 軸で表す都合上縦軸は $F(\omega)$ の絶対値をプロットしている．図 1.10 が示すように，非周期波形のスペクトルは絶対値，偏角共に角周波数に対し連続な値を示す．この性質があるので非周期波形信号のスペクトルを連続スペクトルと呼んでいる．

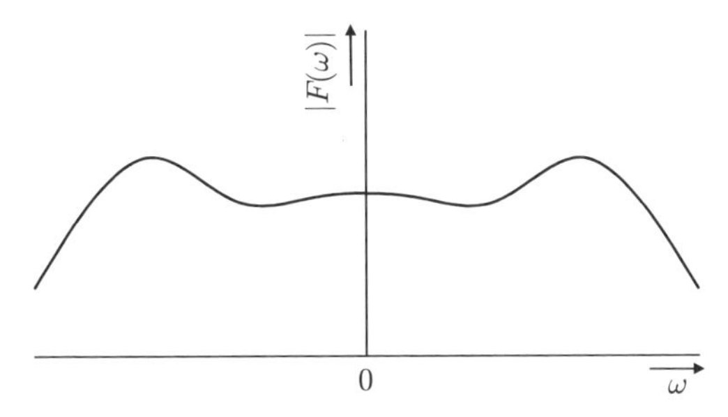

図 1.10 フーリエ変換による非周期波形信号のスペクトル

1.6.1 フーリエ変換の基本的性質

フーリエ変換の性質として線形性 (linearity) がある．いま 2 つの関数 $f_1(t)$ と $f_2(t)$ があって，そのフーリエ変換を $F_1(\omega)$ と $F_2(\omega)$ とする．また，a，b を定数とする．線形性とは，$f_1(t)$ を a 倍した関数のフーリエ変換は $F_1(\omega)$ を a 倍したものとなり，$f_1(t)$ と $f_2(t)$ を足し合わせた関数のフーリエ変換は $F_1(\omega)$ と $F_2(\omega)$ を足し合わせたものになることである．これらをまとめると次のようになる．

【フーリエ変換の性質 1】

$$f(t) = af_1(t) + bf_2(t) \tag{1.69}$$

のとき，$f(t)$ のフーリエ変換 $F(\omega)$ は，

$$F(\omega) = aF_1(\omega) + bF_2(\omega) \tag{1.70}$$

になる．

式 (1.70) が成立することはフーリエ変換の定義と積分の線形性から明らかであろう．

積分の線形性によれば，フーリエ変換に関しもう 1 つの性質を導くことができる．いま実数 $\Delta\omega$ を 0 でない値とする．積分は線形な演算なので，$f(t)$ とそのフーリエ変換 $F(\omega)$ の間に次の関係が成立する．

$$\frac{1}{\Delta\omega}F(\omega+\Delta\omega)-\frac{1}{\Delta\omega}F(\omega)$$

$$=\frac{1}{\Delta\omega}\int_{-\infty}^{\infty}f(t)e^{-j(\omega+\Delta\omega)t}dt-\frac{1}{\Delta\omega}\int_{-\infty}^{\infty}f(t)e^{-j\omega t}dt$$

$$=\int_{-\infty}^{\infty}f(t)\frac{e^{-j(\omega+\Delta\omega)t}-e^{-j\omega t}}{\Delta\omega}dt \tag{1.71}$$

式 (1.71) は $\Delta\omega$ を 0 に近づけても成立するので，次の関係があることが分かる．

$$\frac{dF(\omega)}{d\omega}=-j\int_{-\infty}^{\infty}tf(t)e^{-j\omega t}dt \tag{1.72}$$

フーリエ逆変換では，次の式が成立する．

$$\frac{df(t)}{dt}=\frac{j}{2\pi}\int_{-\infty}^{\infty}\omega F(\omega)e^{j\omega t}d\omega \tag{1.73}$$

これらを言葉で説明すると，次のようになる．

【フーリエ変換の性質 2】

関数 $f(t)$ のフーリエ変換が $F(\omega)$ のとき，関数 $-jtf(t)$ のフーリエ変換は $F(\omega)$ の導関数 $F'(\omega)$ である．また $f(t)$ の導関数 $f'(t)$ のフーリエ変換は $j\omega F(\omega)$ である．

次の例題では，関数のフーリエ変換を式 (1.67) の定義から直接求めるのは非常に困難である．ところがフーリエ変換の性質 2 を使えば求めることができる．

【例題 1.14】 関数 $f(t)$ を次のように定義されるガウス型関数とする．

$$f(t)=e^{-\frac{t^2}{2a^2}} \tag{1.74}$$

ただし定数 a は $a>0$ とする．この関数を t に対しプロットすると図 1.11 のようになる．この関数 $f(t)$ のフーリエ変換 $F(\omega)$ を求めなさい．

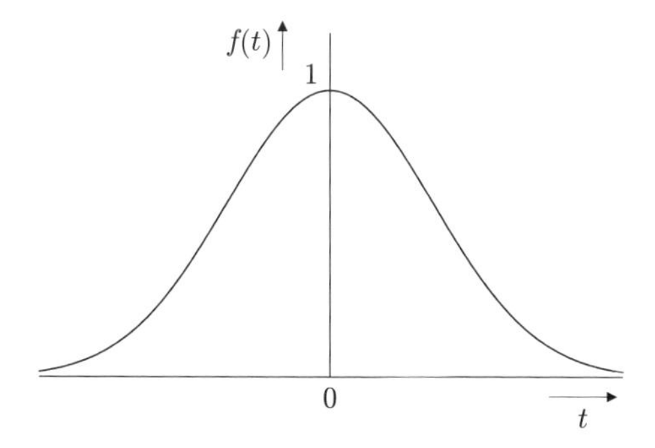

図 1.11 ガウス型関数で表される波形

解答 式 (1.72) によって,

$$\frac{dF(\omega)}{d\omega} = -j\int_{-\infty}^{\infty} te^{-\frac{t^2}{2a^2}}e^{-j\omega t}dt \tag{1.75}$$

ところが，式 (1.74) の両辺を微分すると,

$$\frac{df(t)}{dt} = -\frac{t}{a^2}e^{-\frac{t^2}{2a^2}} \tag{1.76}$$

式 (1.76) を使うと，式 (1.75) は次のように書き直せる.

$$\frac{dF(\omega)}{d\omega} = ja^2\int_{-\infty}^{\infty} \frac{df(t)}{dt}e^{-j\omega t}dt \tag{1.77}$$

式 (1.77) の右辺を部分積分によって求めると,

$$\frac{dF(\omega)}{d\omega} = ja^2\left[e^{-\frac{t^2}{2a^2}}e^{-j\omega t}\right]_{-\infty}^{\infty} - ja^2(-j\omega)\int_{-\infty}^{\infty} f(t)e^{-j\omega t}dt$$

$$\therefore F'(\omega) = -\omega a^2 F(\omega) \tag{1.78}$$

式 (1.78) の微分方程式を解けば，$F(\omega)$ は次の関数であることがわかる.

$$F(\omega) = Ae^{-\frac{a^2\omega^2}{2}} \tag{1.79}$$

ここで A は定数である．定数 A は次のように求められる．まず式 (1.79) より,

$$F(0) = A \tag{1.80}$$

一方，式 (1.67) から,

$$F(0)=\int_{-\infty}^{\infty}e^{-\frac{t^2}{2a^2}}e^{-j\cdot 0\cdot t}dt=\int_{-\infty}^{\infty}e^{-\frac{t^2}{2a^2}}dt \tag{1.81}$$

式 (1.81) に関し，付録 A1. に示すように，

$$\int_{-\infty}^{\infty}e^{-\frac{t^2}{2a^2}}dt=a\sqrt{2\pi} \tag{1.82}$$

であることが分かっている．したがって，求めるフーリエ変換は次の通りである．

$$F(\omega)=a\sqrt{2\pi}e^{-\frac{a^2\omega^2}{2}} \tag{1.83}$$

現実の通信システムでは信号は実数の関数である．実数関数 $f(t)$ のフーリエ変換にはどのような性質があるだろうか？　オイラーの関係を使えば式 (1.67) のフーリエ変換は次のように書き換えられる．

$$F(\omega)=\int_{-\infty}^{\infty}f(t)\cos\omega tdt-j\int_{-\infty}^{\infty}f(t)\sin\omega tdt \tag{1.67$'$}$$

実数関数 $f(t)$ に $\cos\omega t$ や $\sin\omega t$ を掛けて積分しても，結果は実数である．したがって式 (1.67′) の右辺第 1 項は複素数 $F(\omega)$ の実数部分，第 2 項は虚数部分に $-j$ を掛けたものを示していると考えられる．式 (1.67′) で ω を $-\omega$ に置き換えると，$\cos\omega t$ は ω に関し偶関数 (even function)，$\sin\omega t$ は ω に関し奇関数 (odd function) であるから，

$$F(-\omega)=\int_{-\infty}^{\infty}f(t)\cos\omega tdt+j\int_{-\infty}^{\infty}f(t)\sin\omega tdt \tag{1.84}$$

これを式 (1.67′) と比較すれば $f(t)$ が実数のとき，$F(\omega)$ と $F(-\omega)$ は共役 (conjugate) の関係にあることが分かる．

$$F(-\omega)=F^*(\omega) \tag{1.85}$$

式 (1.85) は，式 (1.63) で示した実数関数の複素フーリエ係数 c_n と c_{-n} の間に成り立つ関係と同様の関係が，フーリエ変換についても $F(\omega)$ と $F(-\omega)$ の間で成立することを示している．複素数とその共役複素数の間の絶対値と偏角の関係から，実数関数のフーリエ変換について次のことが分かる．

$$|F(\omega)| = |F(-\omega)| \tag{1.86}$$

$$\arg F(\omega) = -\arg F(-\omega) \tag{1.87}$$

【フーリエ変換の性質 3】

実数関数のフーリエ変換の絶対値は偶関数であり，偏角は奇関数である．

この性質により，実数関数のフーリエ変換では，絶対値を周波数軸に対しプロットすると，図 1.10 のように必ず $\omega = 0$ を中心に左右対称な形状を示すことになる．

例題 1.13 で分かるように，関数 $f(t)$ が実数であっても，そのフーリエ変換 $F(\omega)$ は一般には複素数である．しかし，次の例のように，フーリエ変換 $F(\omega)$ が実数になる場合がある．

【例題 1.15】 次の関数 $f(t)$ のフーリエ変換 $F(\omega)$ を求めよ．

$$f(t) = e^{-|t|}$$

解答　式 (1.67) にしたがい，

$$\begin{aligned} F(\omega) &= \int_{-\infty}^{\infty} e^{-|t|} e^{-j\omega t} dt = \int_{-\infty}^{0} e^{(1-j\omega)t} dt + \int_{0}^{\infty} e^{-(1+j\omega)t} dt \\ &= \left[\frac{1}{1-j\omega} e^{(1-j\omega)t} \right]_{-\infty}^{0} + \left[-\frac{1}{1+j\omega} e^{-(1+j\omega)t} \right]_{0}^{\infty} \\ &= \frac{1}{1-j\omega} + \frac{1}{1+j\omega} = \frac{2}{\omega^2+1} \end{aligned}$$

例題 1.15 だけでなく，例題 1.14 のフーリエ変換も実数である．例題 1.13 のようにフーリエ変換に虚数部が発生する場合と，例題 1.14 や 1.15 のようにフーリエ変換が実数になる場合では何が違っているのだろうか？　例題 1.14 と 1.15 で共通な性質はあるだろうか？　この疑問に対する回答は次の通りである．

【フーリエ変換の性質 4】

関数 $f(t)$ が実数でかつ偶関数，

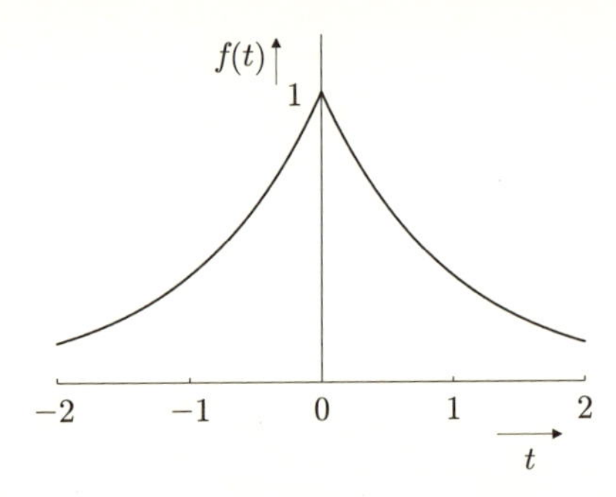

図 1.12 フーリエ変換が実数になる関数 $f(t)$ の例

$$f(t) = f(-t) \tag{1.88}$$

の場合，そのフーリエ変換 $F(\omega)$ は実数となる．

この性質を確かめるには，次のように式 (1.67′) 右辺の虚数部分の計算に式 (1.88) の関係を適用すればよい．

$$\int_{-\infty}^{\infty} f(t)\sin\omega t dt = \int_{-\infty}^{0} f(t)\sin\omega t dt + \int_{0}^{\infty} f(t)\sin\omega t dt$$

$f(t)$ が偶関数であれば，上の式の右辺第 1 項で $x = -t$ とおくと，

$$\begin{aligned} & -\int_{\infty}^{0} f(-x)\sin(-\omega x)dx + \int_{0}^{\infty} f(t)\sin\omega t dt \\ & = -\int_{0}^{\infty} f(x)\sin\omega x dx + \int_{0}^{\infty} f(t)\sin\omega t dt = 0 \end{aligned}$$

となって虚数部分が 0 となることが分かる．例題 1.15 の関数 $f(t)$ を t に対してプロットすれば，図 1.12 のように $t = 0$ を中心として対称な形状をしており，偶関数であることが分かる．また例題 1.14 の関数の波形（図 1.11）も偶関数である．

1.6.2 単位インパルスと正弦波のスペクトル

時間軸上で時間 t_0 だけ移動した単位インパルス $\delta(t - t_0)$ のフーリエ変換 $D(\omega)$ を求めてみよう．

$$D(\omega) = \int_{-\infty}^{\infty} \delta(t - t_0)e^{-j\omega t}dt \tag{1.89}$$

$D(\omega)$ は，式 (1.16) より直ちに次のように求められる．

$$D(\omega) = e^{-jt_0\omega} \tag{1.90}$$

上の式が示すように，$\delta(t-t_0)$ のフーリエ変換 $D(\omega)$ は，角周波数 $-t_0$ の複素数正弦波なのである．逆に，周波数領域で $\delta(\omega-\omega_0)$ というデルタ関数で表されるスペクトルを持つ信号 $d(t)$ は，フーリエ逆変換と式 (1.16) により，

$$d(t) = \frac{1}{2\pi}\int_{-\infty}^{\infty} \delta(\omega-\omega_0)e^{j\omega t}d\omega = \frac{1}{2\pi}e^{j\omega_0 t} \tag{1.91}$$

となって角周波数 ω_0 の複素数正弦波である．このように時間領域で見ると正反対の性質に見える正弦波と単位インパルスであるが，これらはフーリエ変換と逆変換で結びついているのである．

上の性質を使えば周期信号と非周期信号が混在した信号のスペクトルをフーリエ変換で求めることができる．信号 $f(t)$ が次式のように周期波形信号 $f_p(t)$ と非周期波形信号 $f_n(t)$ の和で表されるとする．

$$f(t) = f_p(t) + f_n(t) \tag{1.92}$$

現実にディジタル通信システムで伝送される信号には，周期波形信号であるクロック信号と非周期波形信号である情報信号とが混在しており，信号はこのような形で表される．信号 $f(t)$，$f_p(t)$，$f_n(t)$ のフーリエ変換を $F(\omega)$，$F_p(\omega)$，$F_n(\omega)$ とすると，式 (1.70) で示したフーリエ変換の線形性により，

$$F(\omega) = F_p(\omega) + F_n(\omega) \tag{1.93}$$

一方，$f_p(t)$ は周期波形なので複素フーリエ級数で次のように表すことができる．

$$f_p(t) = \sum_{n=-\infty}^{\infty} c_n e^{jn\omega_0 t} \tag{1.94}$$

式 (1.91) の $d(t)$ と $\delta(\omega-\omega_0)$ の関係から，$e^{jn\omega_0 t}$ のフーリエ変換は $2\pi\delta(\omega-n\omega_0)$ である．したがって，

$$F_p(\omega) = 2\pi \sum_{n=-\infty}^{\infty} c_n \delta(\omega-n\omega_0) \tag{1.95}$$

となって，$f(t)$ のスペクトル $F(\omega)$ を，次のようにインパルスを含む関数によって表すことができる．

$$F(\omega) = 2\pi \sum_{n=-\infty}^{\infty} c_n \delta(\omega - n\omega_0) + F_n(\omega) \tag{1.96}$$

式 (1.96) が成立するので，周期信号と非周期信号が混在した信号のスペクトルの振幅特性は図 1.13 のように周期的に無限に大きな線状の値が発生する形状となる．

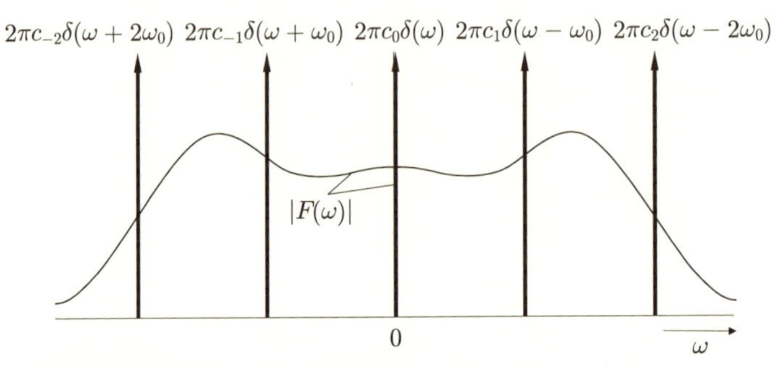

図 1.13 周期信号と非周期信号が混在した信号のスペクトル

1.6.3 畳み込みとフーリエ変換

2 つの関数 $f_1(t)$ と $f_2(t)$ があったとき，次のように関数 $g(t)$ を定義する．

$$g(t) = \int_{-\infty}^{\infty} f_1(\tau) f_2(t-\tau) d\tau \tag{1.97}$$

上式の右辺は畳み込み (convolution) と呼ばれる演算である．この演算が信号の伝送や処理に関してどのような役割を果たすかは第 2 章で明らかになるであろう．畳み込みで定義された関数 $g(t)$ のフーリエ変換には次の性質が成り立つ．

定理 1.1（畳み込み定理）

式 (1.74) で関数 $g(t)$ が定義されるとき，$f_1(t)$，$f_2(t)$，$g(t)$ のフーリエ変換を $F_1(\omega)$，$F_2(\omega)$，$G(\omega)$ とすると次の関係が成立する．

$$G(\omega) = F_1(\omega) F_2(\omega) \tag{1.98}$$

証明 $G(\omega)$ を求めると，

$$G(\omega) = \int_{-\infty}^{\infty} \left[\int_{-\infty}^{\infty} f_1(\tau) f_2(t-\tau) d\tau \right] e^{-j\omega t} dt$$
$$= \int_{-\infty}^{\infty} f_1(\tau) \left[\int_{-\infty}^{\infty} f_2(t-\tau) e^{-j\omega t} dt \right] d\tau$$

ここで内側の積分で $x = t - \tau$ とすると，

$$G(\omega) = \int_{-\infty}^{\infty} f_1(\tau) \left[e^{-j\omega\tau} \int_{-\infty}^{\infty} f_2(x) e^{-j\omega x} dx \right] d\tau$$
$$= F_2(\omega) \int_{-\infty}^{\infty} f_1(\tau) e^{-j\omega\tau} d\tau = F_1(\omega) F_2(\omega)$$

（証明終り）

1.6.4 関数の積とフーリエ変換

時間領域における畳み込みのフーリエ変換と同じことが，周波数領域での畳み込みのフーリエ逆変換についても成立する．この結果，2 つの関数の積のフーリエ変換に関する次の関係が得られる．

定理 **1.2**（逆畳み込み定理）

関数 $g(t)$ が次式のように関数 $f_1(t)$，$f_2(t)$ の積で定義されているとする．

$$g(t) = f_1(t) f_2(t) \tag{1.99}$$

このとき $g(t)$，$f_1(t)$，$f_2(t)$ のフーリエ変換 $G(\omega)$，$F_1(\omega)$，$F_2(\omega)$ の間に次の関係が成り立つ．

$$G(\omega) = \frac{1}{2\pi} \int_{-\infty}^{\infty} F_1(x) F_2(\omega - x) dx \tag{1.100}$$

証明　式 (1.86) の右辺のフーリエ逆変換を計算すると，

$$\frac{1}{2\pi} \int_{-\infty}^{\infty} \left[\frac{1}{2\pi} \int_{-\infty}^{\infty} F_1(x) F_2(\omega - x) dx \right] e^{j\omega t} d\omega$$
$$= \frac{1}{2\pi} \int_{-\infty}^{\infty} F_1(x) \left[\frac{1}{2\pi} \int_{-\infty}^{\infty} F_2(\omega - x) e^{j\omega t} d\omega \right] dx$$
$$= \frac{1}{2\pi} \int_{-\infty}^{\infty} F_1(x) e^{jxt} \left[\frac{1}{2\pi} \int_{-\infty}^{\infty} F_2(y) e^{jyt} dy \right] dx = f_1(t) f_2(t)$$

（証明終り）

1.6.5　パーセバルの定理

複素数の値をとる関数 $f(t)$ があって，そのフーリエ変換を $F(\omega)$ とする．$F(-\omega)$ は，式 (1.67) の ω を $-\omega$ で置き換えて，

$$F(-\omega) = \int_{-\infty}^{\infty} f(t)e^{j\omega t}dt \tag{1.101}$$

である．この両辺の共役複素数を考えると次式が得られる．

$$F^*(-\omega) = \int_{-\infty}^{\infty} f^*(t)e^{-j\omega t}dt \tag{1.102}$$

上の式は $f^*(t)$ のフーリエ変換が $F^*(-\omega)$ であることを示している．この性質と定理 1.2 から，パーセバルの定理 (Parseval's theorem) と呼ばれる関係を導くことができる．

定理 1.3（パーセバルの定理）

関数 $f(t)$ とそのフーリエ変換 $F(\omega)$ の間に次の関係が成立する．

$$\int_{-\infty}^{\infty} |f(t)|^2 dt = \frac{1}{2\pi}\int_{-\infty}^{\infty} |F(\omega)|^2 d\omega \tag{1.103}$$

証明　定理 1.2 で，$f_1(t) = f(t)$，$f_2(t) = f^*(t)$ とすると，式 (1.100) と (1.102) を使って，

$$\int_{-\infty}^{\infty} f(t)f^*(t)e^{-j\omega t}dt = \frac{1}{2\pi}\int_{-\infty}^{\infty} F(x)F^*(-\omega + x)dx$$

上の式は $\omega = 0$ でも成立するので，

$$\int_{-\infty}^{\infty} f(t)f^*(t)dt = \frac{1}{2\pi}\int_{-\infty}^{\infty} F(x)F^*(x)dx$$

複素数 z に関し，$zz^* = |z|^2$ なので定理は証明される．

（証明終り）

実数は複素数の特別な場合なので，定理 1.3 は実数の $f(t)$ についても成り立つ．式 (1.103) の左辺はエネルギーの定義式（式 (1.26)）そのものであり，式 (1.102) はエネルギーに関する時間領域と周波数領域の関係を示すものと解釈できる．

1.6.6　時間と周波数における移動

ある波形と形は同じで，時間位置だけが異なった信号のスペクトルに関し，次の定理が成立する．

定理 1.4（時間移動定理）

信号 $f(t)$ のフーリエ変換を $F(\omega)$，$f(t)$ に対し，時間軸上で T（T は実数）だけ移動した信号 $f(t-T)$ のフーリエ変換を $F_{\mathrm{shift}}(\omega)$ とすると，

$$F_{\mathrm{shift}}(\omega) = e^{-j\omega T} F(\omega) \tag{1.104}$$

証明 $F_{\mathrm{shift}}(\omega)$ は

$$F_{\mathrm{shift}}(\omega) = \int_{-\infty}^{\infty} f(t-T)e^{-j\omega t}dt$$

右辺の積分で $x = t - T$ とおくことで，

$$F_{\mathrm{shift}}(\omega) = \int_{-\infty}^{\infty} f(x)e^{-j\omega x - j\omega T}dx = e^{-j\omega T}\int_{-\infty}^{\infty} f(x)e^{-j\omega x}dx$$

上式により定理は証明される．

（証明終り）

定理が示すように，時間軸上での波形の移動はスペクトルの絶対値には影響せず，位相角のみが ωT だけ変化する．同様のことが周波数領域でのスペクトルの移動に関しても成り立つ．

定理 1.5（周波数移動定理）

信号 $f(t)$ のフーリエ変換を $F(\omega)$ として，角周波数軸上で $F(\omega)$ から W（W は実数）だけ移動したフーリエ変換 $F(\omega - W)$ を持つ信号を $f_{\mathrm{shift}}(t)$ とする．このとき，

$$f_{\mathrm{shift}}(t) = e^{jWt} f(t) \tag{1.105}$$

証明 $f_{\mathrm{shift}}(t)$ を逆フーリエ変換で求めると，

$$f_{\mathrm{shift}}(t) = \frac{1}{2\pi}\int_{-\infty}^{\infty} F(\omega - W)e^{j\omega t}d\omega$$

右辺の積分で $y = \omega - W$ とすると，

$$f_{\mathrm{shift}}(t) = \frac{1}{2\pi}\int_{-\infty}^{\infty} F(y)e^{jyt + jWt}dy = \frac{e^{jWt}}{2\pi}\int_{-\infty}^{\infty} F(y)e^{jyt}dy$$

上式により定理は証明される．

（証明終り）

1.7 ラプラス変換

信号を表す関数 $f(t)$ として，$t < 0$ の範囲で $f(t) = 0$ となるようなものを考えよう．この関数に $e^{-\sigma t}$（σ は実定数）を掛け，そのフーリエ変換を求めると，

$$F(\omega) = \int_0^\infty f(t)e^{-\sigma t}e^{-j\omega t}dt \tag{1.106}$$

である．実数 σ が正の値であれば，$e^{-\sigma t}$ は t の増加に対し小さくなるから，$f(t)$ のフーリエ変換が発散して存在しない場合でも，式 (1.106) の積分は σ の値によっては存在する場合がある．ここで複素数 s を

$$s = \sigma + j\omega$$

と定義し，式 (1.106) の $F(\omega)$ の値が ω だけでなく σ にも依存することに注意すると，次のように書き直すことができる．

$$F(s) = \int_0^\infty f(t)e^{-st}dt \tag{1.107}$$

式 (1.107) は関数 $f(t)$ のラプラス変換 (the Laplace transform) と呼ばれるものである．この積分変換は 1779 年にフランスの数学者ピエール・シモン・ラプラス (Marquis Pierre-Simon Laplace) が発表したものである．ラプラス変換 $F(s)$ が与えられれば，$f(t)$ は次のラプラス逆変換 (the inverse Laplace transform) によって求めることができる．

$$f(t) = \frac{1}{2\pi j}\int_{\sigma-j\infty}^{\sigma+j\infty} F(s)e^{st}ds \tag{1.108}$$

上のラプラス変換・ラプラス逆変換の定義で，σ は積分が収束する値に選ぶ必要がある．この条件を満たす s の領域を収束領域 (region of conversion) と呼ぶことにする．s を収束領域内の値に選べば，$t < 0$ の範囲で $f(t) = 0$ となる関数のうち，フーリエ変換が存在しない関数であってもラプラス変換は存在するかもしれない．この性質により，信号を時間軸以外の軸で解析する方法として，ラプラス変換はフーリエ変換よりも広い範囲の信号を扱うことができる利点がある．ラプラス変換 $F(s)$ は，信号 $f(t)$ を複素数 s の軸で表すものであるが，複素数 s は角周波数 ω と関係があり，複素周波数 (complex frequency) の呼び名もある．

フーリエ変換とラプラス変換には明らかに関係がある．ある関数 $f(t)$ が $t < 0$

の範囲で $f(t)=0$ であって，収束領域に $\sigma=0$ が含まれていれば，ラプラス変換 $F(s)$ の s として $s=j\omega$ を代入することができる．式 (1.107) を見ればこれが $f(t)$ のフーリエ変換と一致することが明らかである．この結果，多くの関数において，ラプラス変換で s を $j\omega$ に置き換えればフーリエ変換に，フーリエ変換で $j\omega$ を s に置き換えればラプラス変換になる．ただし，この関係は収束領域が $\sigma=0$ を含まない関数 $f(t)$ では成立しないので，その点には十分に注意が必要である．

フーリエ変換で成立するいくつかの性質と同様のものがラプラス変換においても成立する．これには次のものがある．

【ラプラス変換の性質 1】

信号 $f(t)$ が関数 $f_1(t)$，$f_2(t)$ と定数 a, b によって，

$$f(t) = af_1(t) + bf_2(t) \tag{1.109}$$

と表されるとき，$f(t)$ のラプラス変換 $F(s)$ は，$f_1(t)$，$f_2(t)$ のラプラス変換 $F_1(s)$，$F_2(s)$ によって

$$F(s) = aF_1(s) + bF_2(s) \tag{1.110}$$

となる．

証明　積分の線形性より明らか．

（証明終り）

【ラプラス変換の性質 2】

信号 $f(t)$ のラプラス変換が $F(s)$ のとき，導関数 $f'(t)$ のラプラス変換は，

$$sF(s) - f(0) \tag{1.111}$$

である．

証明　部分積分によって，

$$\int_0^\infty f'(t)e^{-st}dt = [f(t)e^{-st}]_0^\infty - (-s)\int_0^\infty f(t)e^{-st}dt$$

右辺第二項は $sF(s)$，収束領域で $t\to\infty$ のとき $f(t)e^{-st}\to 0$ であるとするなら右辺第一項は $f(0)$ なので，

$$\int_0^{\infty} f'(t)e^{-st}dt = sF(s) - f(0)$$

同様にして，$f(t)$ の n 次導関数 $f^{(n)}(t)$ のラプラス変換は，

$$s^nF(s) - s^{n-1}f(0) - s^{n-2}f'(0) - \cdots - f^{(n-1)}(0)$$

であることを証明できる．

（証明終り）

【ラプラス変換の性質 3】

信号 $g(t)$ が，式 (1.97) のように2つの関数 $f_1(t)$，$f_2(t)$ の畳み込みによって表されるとき，$g(t)$, $f_1(t)$, $f_2(t)$ のラプラス変換を $G(s)$, $F_1(s)$, $F_2(s)$ とすると，

$$G(s) = F_1(s)F_2(s) \tag{1.112}$$

証明　定理 1.1 の証明と同様にして，

$$\begin{aligned} G(s) &= \int_0^{\infty}\int_{-\infty}^{\infty} f_1(\tau)f_2(t-\tau)d\tau e^{-st}dt \\ &= \int_{-\infty}^{\infty} f_1(\tau)\int_0^{\infty} f_2(t-\tau)e^{-st}dtd\tau \end{aligned}$$

ここで $x = t - \tau$ とおき，$f_1(t)$ と $f_2(t)$ が共に $t < 0$ で 0 であることに注意すると，

$$\begin{aligned} G(s) &= \int_{-\infty}^{\infty} f_1(\tau)e^{-s\tau}\int_{-\tau}^{\infty} f_2(x)e^{-sx}dxd\tau \\ &= \int_0^{\infty} f_1(\tau)e^{-s\tau}d\tau\int_0^{\infty} f_2(x)e^{-sx}dx \\ &= F_1(s)F_2(s) \end{aligned}$$

となって性質を証明できる．

（証明終り）

【ラプラス変換の性質 4】

信号 $f(t)$ のラプラス変換が $F(s)$ のとき，$f(t)$ を時間軸で T（ただし $T > 0$）だけ移動した関数 $f(t-T)$ のラプラス変換 $F_{\mathrm{shift}}(s)$ は，

$$F_{\mathrm{shift}}(s) = e^{-sT}F(s) \tag{1.113}$$

証明　定理 1.4 の証明と同様に $x = t - T$ とおくことで，

$$F_{\text{shift}}(s) = \int_0^{\infty} f(t-T)e^{-st}dt = e^{-sT}\int_{-T}^{\infty} f(x)e^{-sx}dx$$

ここで $T > 0$ を仮定したことと $f(t)$ が $t < 0$ で 0 であることから，次の通り性質を証明できる．

$$F_{\text{shift}}(s) = e^{-sT}\int_0^{\infty} f(x)e^{-sx}dx = e^{-sT}F(s)$$

（証明終り）

【ラプラス変換の性質 5】

信号 $f(t)$ のラプラス変換が $F(s)$ のとき，ラプラス変換が $F(s)$ を S だけ移動した関数 $F(s-S)$ である関数を $f_{\text{shift}}(t)$ とする．この関数は，

$$f_{\text{shift}}(t) = e^{St}f(t) \tag{1.114}$$

証明　関数 $e^{St}f(t)$ のラプラス変換を求めると，

$$\int_0^{\infty} e^{St}f(t)e^{-st}dt = \int_0^{\infty} f(t)e^{-(s-S)t}dt = F(s-S)$$

となる．

（証明終り）

1.8 標本化定理

1.8.1 スペクトルと帯域

自然界に存在する情報を電気信号で表したとき，多くの場合，スペクトルの振幅が存在する周波数の範囲は有限と見なせる．ある信号について，振幅が 0 でない周波数範囲の大きさを帯域 (bandwidth) と呼んでいる．例えば，非周期波形信号のスペクトル $F(\omega)$ が，$0 \leq f_1 < f_2$ を満たす定数 f_1，f_2 に対し，

$$|F(\omega)| = 0, \quad |\omega| < 2\pi f_1 \quad \text{or} \quad |\omega| > 2\pi f_2 \tag{1.115}$$

であれば，帯域は $f_2 - f_1$ であると考えられる．信号において，この周波数範囲の幅が大きければ帯域が広い，または広帯域 (broadband) といい，幅が小さければ帯域が狭い，または狭帯域 (narrowband) であるという．

低い周波数の正弦波では，高い周波数の正弦波に比べ，時刻に対し電圧はゆっくりと変化する．したがって，時間に対し急激に変化する箇所のある波形は，低い周波数の正弦波成分だけでは表せず，必然的に高い周波数成分を含むことになる．このことから，時間に対し急激に変化する波形では，上の式における f_2 の値が大きくなり，帯域が広くなることが予想される．逆に，時間に対しなめらかに変化する波形ならば，低い周波数の正弦波成分だけでも表現できるであろうから，帯域は狭くなると予想される．

通信システムにおいては，帯域の広い信号ほど伝送が困難である．一方，大量の情報を表す信号は広帯域なものであり，安価に広帯域な信号の伝送を実現することは通信システムの重要な目標である．百数十年に及ぶ通信システムの開発の歴史の中で，伝送可能な信号の帯域をいかに増大させるか，ということは常に主要な技術的課題であり，そのことは今日でも変わっていない．

1.8.2 アナログ情報とディジタル情報

信号により表された情報は，アナログ情報 (analog information) とディジタル情報 (digital information) に大別される．アナログ情報においては，信号は振幅方向にも時間方向にも連続である．これに対しディジタル情報では，信号は振幅方向にも時間方向にも離散的である．この違いを図示すると図 1.14 のようになる．

通信システムの都合からいうと，ディジタル情報はアナログ情報よりも情報伝送上都合が良い．これは，ディジタル情報では時間軸でも振幅軸でも離散的な信号を，パルス (pulse) 信号の有無で 2 進数表示することで，いくつかの重要な利点が得られるからである．これらの利点を列挙すると，次のようになる．

(1) ディジタル情報では，伝送中に信号波形が劣化したり，雑音が混入したりしても，情報を表すパルスを再生することで，その影響を排除できる．

(2) ディジタル情報では，情報源符号化 (source coding) による情報の圧縮が容易である．

(3) ディジタル情報では，誤り訂正符号 (error correcting code) により伝送路の能力を最大限発揮できる．

(4) ディジタル情報では，帯域などの性質が異なる情報を同時に 1 つの伝送路に多重化して送ることができる．

以上の利点があるので，今日の多くの通信システムはディジタル情報を伝送するように設計されている．一方，自然界にある情報を電気信号に変換したとき，往々

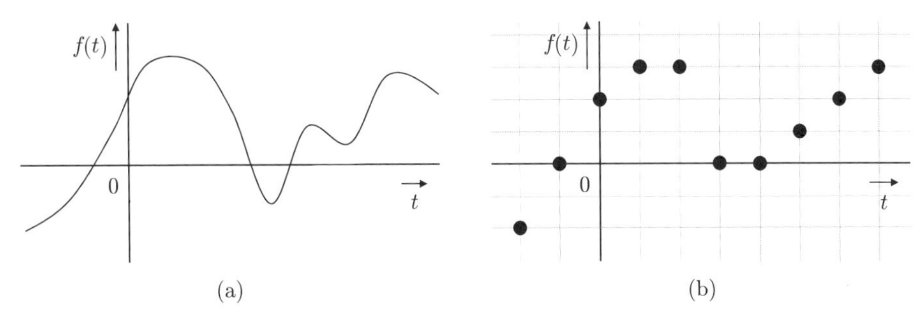

図 1.14 (a) アナログ情報と (b) ディジタル情報の信号波形

にしてその形態はアナログ情報である．例えば音声情報はマイクロフォンで電気信号に変換されるが，これはアナログ情報である．また近年はセンサ技術が発達しているが，サーミスタや熱電対などの温度センサ[2]やフォトダイオードなどの光センサ[2]が出力する信号もアナログ情報である．このように，自然界の情報を電気信号に変換したときにはアナログ情報であることは珍しくない．しかし，アナログ情報を伝送する場合でも，ディジタル情報で得られる通信上の利点は重要なので，多くの通信システムで信号をディジタル情報に変換して伝送する．

ディジタル情報は振幅に関しても時間に関しても離散的であるから，連続的なアナログ情報をディジタル化するには，振幅と時間の両方について信号を離散化する必要がある．振幅に関する離散化を量子化 (quantization)，時間に関する離散化を標本化 (sampling) という．

量子化では，ある時刻における信号の電圧を，有限の個数のあらかじめ決められた数値の 1 つで近似する．通信システムは近似された数値を 2 進数で表現し，伝送する．この過程で，アナログ情報の信号電圧は連続的に無数の値をとり得るのに対し，それを有限個数の離散的な値で表すのであるから，近似誤差が発生することは避けられない．量子化で発生するこの近似誤差は量子化雑音 (quantization noise) として知られている．高い品質でアナログ情報をディジタル情報に変換するには，量子化雑音を無視できるほど小さな値に抑える必要がある．量子化雑音は，近似する離散的な数値の間の間隔を狭め，数値の個数を増やせば減らすことができる．しかし，これは数値を 2 進数で表したときのデータ長を増加させ，通信システムの負担を増大させる．すなわち，量子化雑音の大きさとデータ長の間にはトレードオフの関係がある．

標本化は，時間軸方向に連続的に変化する信号電圧に対し，間隔 T の離散的な

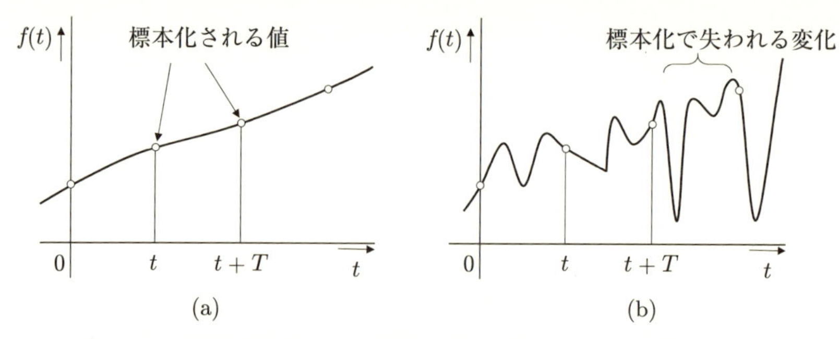

図 1.15　信号と標本化：(a) 帯域が狭い場合，(b) 帯域が広い場合

時刻 $t, t+T, t+2T, \ldots$ における値を標本として取り出し，この標本値 (sampled signal) によって信号電圧を表す処理である．標本値を取り出す間隔 T の逆数 $f_\mathrm{s} = 1/T$ を「標本化周波数 (sampling frequency)」と呼ぶ．

アナログ情報を標本化するとき，標本値を取り出す時刻 $t, t+T$ の間も刻々と信号電圧は変化しているが，この間の電圧の値は使われず，捨てられる．もし，時刻 $t, t+T$ の間の電圧変化によって重要な情報が表されていれば，標本化によってこの情報は消える．時間間隔を短く，すなわち標本化周波数を高くすればその可能性は減るけれども，単位時間あたりの標本値の数が増えるから，送るべきデータ量が増える．データ量の増加は通信システムの負担になるから，標本化周波数は必要以上に高くするべきでない．

適切な標本化周波数は，アナログ情報の帯域によって左右される．帯域の狭い信号は，標本化の時間間隔に比べ，ゆっくりと電圧が変化するから，標本値の間をなめらかにつなげば，元の信号の時刻 t と $t+T$ の間の電圧も分かりそうである．そうであれば，情報の欠落も無い．この様子を図 1.15(a) に示す．これに対し，帯域の広い信号では，時間に対し急速に電圧が変化し，時刻 t と $t+T$ の間で頻繁に電圧が増減するかもしれない．すると，標本値だけが与えられても，その間の電圧変化まで分からないと予想される．これは図 1.15(b) で示すような状況である．広帯域の信号に対し情報が欠落しないようにするには，標本化周波数を高くして，標本の間隔を狭くする必要がある．

以上の考え方によれば，帯域が広く，スペクトルに高い周波数の成分が含まれていれば標本化周波数を高くする必要があり，帯域が狭く，スペクトルが低い周波数の成分だけならば低い標本化周波数でよいことが推測される．理論的には，帯域が有限の値に制限された信号では，ある標本化周波数で取得した標本値があれば，標本間の値も含め歪み無く信号波形を復元できることが分かっている．これを実現する標本化周波数と，帯域の関係は，次の定理で明らかにされる．

定理 1.6（標本化定理：**the sampling theorem**）
信号 $f(t)$ のスペクトル $F(\omega)$ が，ある一定値 ω_{m} 以上の角周波数の成分を含まない，すなわち

$$F(\omega) = 0, \quad |\omega| \geq \omega_{\mathrm{m}} \tag{1.116}$$

であれば

$$f_{\mathrm{m}} = \frac{\omega_{\mathrm{m}}}{2\pi} \tag{1.117}$$

の 2 倍以上の標本化周波数で信号を標本化した標本値によって，元の信号 $f(t)$ を復元できる．

証明　時間間隔 T で発生するインパルス列 (impulse train)$\delta_T(t)$ を次のように定義する．

$$\delta_T(t) = \sum_{n=-\infty}^{\infty} \delta(t - nT) \tag{1.118}$$

$\delta_T(t)$ は基本周期 T の周期関数なので複素フーリエ級数に展開できる．その複素フーリエ係数 c_n を求めると，積分範囲 $[-T/2,\ T/2]$ では $n = 0$ 以外の項は 0 だから，

$$c_n = \frac{1}{T}\int_{-T/2}^{T/2} \delta_T(t) e^{-j2\pi nt/T} dt = \frac{1}{T}\int_{-T/2}^{T/2} \delta(t) e^{-j2\pi nt/T} dt = \frac{1}{T}$$

したがって，$\delta_T(t)$ は次式で表される．

$$\delta_T(t) = \frac{1}{T} \sum_{n=-\infty}^{\infty} e^{j2\pi nt/T} \tag{1.119}$$

式 (1.15) によれば，単位インパルスと関数の積で，ある時刻の関数の値を標本化できる．したがって次式のように $f(t)$ と $\delta_T(t)$ の積をとれば，時間間隔 T で標本化した値 $f(nT)(n = 0,\ \pm 1,\ \pm 2, \ldots)$ を得ることになる．

$$f(t)\delta_T(t) = \sum_{n=-\infty}^{\infty} f(nT)\delta(t-nT) \tag{1.120}$$

ここで

$$x(t) = f(t)\delta_T(t) \tag{1.121}$$

として，そのフーリエ変換 $X(\omega)$ を求める．$\delta_T(t)$ の複素フーリエ級数で $x(t)$ を書き直すと，

$$x(t) = \frac{1}{T}\sum_{n=-\infty}^{\infty} e^{j2\pi nt/T} f(t) \tag{1.122}$$

ところが，定理 1.5 によれば関数 $e^{jWt}f(t)$ のフーリエ変換は $F(\omega - W)$ であるから，$W = 2\pi n/T$ とすることで，$X(\omega)$ は次のように書ける．

$$X(\omega) = \frac{1}{T}\sum_{n=-\infty}^{\infty} F(\omega - 2\pi n/T) \tag{1.123}$$

上式右辺は，$f(t)$ のフーリエ変換 $F(\omega)$ を，ω 軸上で $2\pi/T$ だけ移動しながら無数に複製して足し合わせ，定数 $1/T$ を掛けたものである．この $F(\omega)$ と $X(\omega)$ の関係を図 1.16 に示す．

いま式 (1.123) の $n=0$ の項と $n=1$ の項に着目する．ω 軸上でこれらの項は隣接するが，式 (1.116) の条件により，$n=0$ の項 $F(\omega)$ は $\omega > \omega_{\mathrm{m}}$ の範囲で 0 である．また $n=1$ の項 $F(\omega - 2\pi/T)$ は $\omega < 2\pi/T - \omega_{\mathrm{m}}$ の範囲で 0 である．もし

$$\frac{2\pi}{T} > 2\omega_{\mathrm{m}}$$

$$\therefore \frac{1}{T} > 2f_{\mathrm{m}} \tag{1.124}$$

となるように T を選べば，$n=0$ の項 $F(\omega)$ が存在する範囲で，$n=1$ の項 $F(\omega - 2\pi/T)$ は 0 である．また $n=0$ と $n=-1$ の項についても同様である．したがって，式 (1.124) が成立すれば，$X(\omega)$ から ω が $[-\omega_{\mathrm{m}}, \omega_{\mathrm{m}}]$ の範囲の成分を抽出することでスペクトルが $F(\omega)$ の信号が得られる．

以上のように，標本値 $f(nT)$ があれば $x(t)$ が得られる．そのスペクトルは $X(\omega)$ であるが，周期 T が式 (1.124) を満たすなら，$x(t)$ から角周波数範囲が $[-\omega_{\mathrm{m}}, \omega_{\mathrm{m}}]$

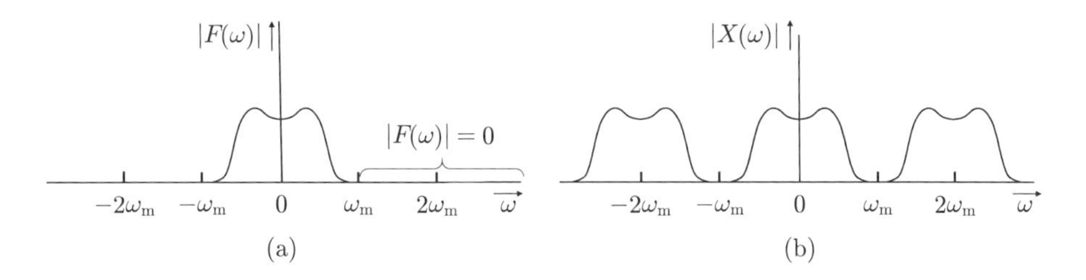

図 1.16 (a) 信号のスペクトル $F(\omega)$ と (b) その標本値から得られるスペクトル $X(\omega)$

の成分のみを取り出すことでスペクトル $F(\omega)$ を持つ信号が得られる．このスペクトルを持つ信号は元の信号 $f(t)$ である．ここで T の逆数は標本化周波数なので定理は証明される．

（証明終り）

標本化定理 (the sampling theorem) は，連続時間情報を離散時間情報に変化する処理を設計する際，必ず考慮される．この定理にしたがって，現実のシステムでは信号の帯域の上限の 2 倍より大きく，かつ過大にならないようにサンプリング周波数を選んでいる．例えば，電話は 300 Hz から 3.4 kHz の間に帯域制限されたアナログ音声信号を伝送する通信システムであるが，サンプリング周波数としては 3.4 kHz の 2 倍よりもやや大きい 8 kHz を選び，信号をディジタル化している．また，人の耳が聴くことのできる帯域は 20 Hz から 20 kHz と言われているが，音楽信号を記録するコンパクトディスク (CD) ではサンプリング周波数を 20 kHz の 2 倍よりやや大きい 44.1 kHz としている．

このように標本化定理は実用性の高い定理である．この定理は 1949 年 1 月に情報理論の偉大な創始者であるクロウド・E・シャノン (Claude E. Shannon) が発表したものであり[3]，シャノンの定理 (Shannon's Theorem) との呼び方もある．シャノンとは独立に，日本では染谷勲もこの定理を導き，同じ 1949 年に発表している[4]．このため日本では染谷・シャノンの定理と呼ばれることがある．なお，標本化定理のルーツはロシアの技術者ウラジミール・コテルニコフ (Vladimir Kotelnikov) の 1930 年代の業績に遡るとも言われ[5]，ロシアではコテルニコフの定理と呼ばれるそうである．

ディジタル情報で，単位時間に発生，または伝送するデータの量はビットレート (bit rate) である．ビットレートの単位は b/s（bits/s，bps などとも書かれる）である．標本化定理は，アナログ情報信号の帯域と，それをディジタル情報に変換したときのビットレートには比例関係があることを示唆している．いまアナログ情報信号の帯域が式 (1.116) のように角周波数 ω_{m} で制限されているとする．すると，定理によれば標本化周波数 f_{s} が次式を満たす必要がある．

$$f_{\mathrm{s}} \geq \frac{\omega_{\mathrm{m}}}{\pi} \tag{1.125}$$

量子化において，信号電圧を q ビットの 2 進数で表したとする．このとき，1 秒間に f_{s} 回，q ビットのデータが発生することになるから，ビットレートを R とすると次の関係が成り立つ．

$$R = qf_{\mathrm{s}} \geq \frac{q\omega_{\mathrm{m}}}{\pi} \tag{1.126}$$

式 (1.126) が示す通り，アナログ情報信号の帯域 ω_{m} が広くなれば，それをディジタル情報に変換したときのビットレート R も高くなる．そこで，ディジタル情報信号において，ビットレートを帯域と呼ぶことも多い．

****** 演習問題 ******

問題 1.1　次の正弦波信号 $f(t)$ がある．

$$f(t) = \sin\omega t + \sin\left(\omega t + \frac{\pi}{2}\right)$$

この信号は次の形でも表すことができる．

$$f(t) = A\sin(\omega t + \theta)$$

このとき定数 A，θ を次の (1)，(2) の方法で求めなさい．

(1)　三角関数の加法定理を使って求める．
(2)　複素数表現を使って求める．

問題 1.2　次の 2 つの正弦波について (1)〜(3) に答えなさい．

$$a(t) = A\cos(\omega t + \theta_a)$$
$$b(t) = B\cos(\omega t + \theta_b)$$

(1)　これらの積 $a(t)b(t)$ を基本周期 $T = 2\pi/\omega$ の間で時間平均した値 $\overline{a(t)b(t)}$ を

求めなさい.

(2) 2 つの正弦波を次のように指数関数表示しても (1) と同じ結果が得られることを示しなさい.

$$a(t) = \frac{1}{2}A'e^{j\omega} + c.c.$$
$$b(t) = \frac{1}{2}B'e^{j\omega} + c.c.$$

ただし, A' と B' は複素振幅

$$A' = Ae^{j\theta_a}$$
$$B' = Be^{j\theta_b}$$

である.

(3) 正弦波を次のように指数関数表示して, 積をとってから実部 $\mathrm{Re}\ a(t)b(t)$ を求め, 時間平均した場合, 同じ結果が得られるか？

$$a(t) = A'e^{j\omega t}$$
$$b(t) = B'e^{j\omega t}$$

問題 1.3 単位インパルス $\delta(t)$ について (1)〜(3) に答えなさい.

(1) 次の値を定数と $\delta(t)$ の積で表しなさい.

$$2^{t+2}\delta(t)$$

(2) 次の積分を求めなさい.

$$\int_{-\infty}^{\infty} 2^t\delta(t-2)dt$$

(3) 次の積分を求めなさい.

$$\int_{-\infty}^{\infty} e^t\delta(1-t)dt$$

問題 1.4 次の関数は $t = 0$ で不連続である.

$$f(t) = \begin{cases} e^{-t}, & t \geq 0 \\ 0\ , & t < 0 \end{cases}$$

この関数の導関数を求めなさい．

問題 1.5　負荷抵抗 $R_{\rm L}$ が $1\,\Omega$ のとき，次の電圧 $f(t)$ が発生している．時刻 $t = -T/2$ から $t = T/2$ の間の平均電力 P を求めなさい．

$$f(t) = \cos\frac{2\pi t}{T}$$

問題 1.6　負荷抵抗 $R_{\rm L}$ が $1\,\Omega$ のとき，電圧が次の $f(t)$ で表される信号のエネルギー E を求めなさい．

$$f(t) = \begin{cases} e^{-t}, & t \geq 0 \\ -e^{t}, & t < 0 \end{cases}$$

問題 1.7　1 km で信号の強度が 1/10 に減衰する伝送路 X と 1/20 (−13 dB) に減衰する伝送路 Y がある．X で 2.5 km の距離にわたり信号を伝送したときと，Y で 2 km の距離にわたり信号を伝送したときで，信号がより減衰するのはどちらか？　(1) デシベルを使った比較と，(2) デシベルを使わない比較を行いなさい．

問題 1.8　式 (1.43) の展開で，直交関数 $r^n e^{jn\theta}$ と式 (1.39) を使って係数 C_n を求めたとき，式 (1.41) のテイラー展開の各項の係数と一致することを示しなさい．

問題 1.9　式 (1.44) のように関数 $u_n(t)$ を定義したとき $u_{2m}(t)$ と $u_{2n}(t)$ の間の直交性，$u_{2m+1}(t)$ と $u_{2n+1}(t)$ の間の直交性を確認しなさい．ただし $0 \leq m < n$ とする．

問題 1.10　次の周期関数 $f(t)$ について (1)〜(3) に答えなさい．

$$f(t) = \begin{cases} 1, & 2n + 0.5 \leq t < 2n + 1 \\ 0, & 2n - 1 \leq t < 2n + 0.5 \end{cases}$$

ただし，$n = 0,\ \pm 1,\ \pm 2, \ldots$ とする．

(1)　この関数の基本周期 T はいくつか？

(2)　この関数を複素フーリエ級数に展開しなさい．

(3)　この関数の 2 次高調波成分の振幅は，基本波成分の振幅の何倍か？

問題 1.11　次の関数 $f(t)$ のフーリエ変換 $F(\omega)$ を求めなさい．

$$f(t) = \begin{cases} 0 \quad , & t < 0 \\ 2e^{-t}\cos t, & t \geq 0 \end{cases}$$

問題 1.12　フーリエ変換について (1)〜(3) に答えなさい．

(1)　次の関数 $f(t)$ のフーリエ変換 $F(\omega)$ を求めなさい．

$$f(t) = \begin{cases} 0\ , & t < 0 \\ e^{-t}, & t \geq 0 \end{cases}$$

(2)　次の関数 $g(t)$ のフーリエ変換 $G(\omega)$ を，(1) の結果と 1.6.1 項で述べたフーリエ変換の性質 1，2 を使って求めなさい．

$$g(t) = \begin{cases} 0\ , & t < 0 \\ te^{-t}, & t \geq 0 \end{cases}$$

(3)　(1) で求めたフーリエ変換 $F(\omega)$ に対し，関数 $H(\omega)$ を

$$H(\omega) \triangleq j\omega F(\omega)$$

とする．$H(\omega)$ の逆フーリエ変換 $h(t)$ を 1.6.1 項で述べたフーリエ変換の性質 2 を使って求め，式で書き表しなさい．

問題 1.13　次の非周期信号 $f(t)$ のスペクトルについて (1) と (2) に答えなさい．

$$f(t) = e^{-|t|} + \cos t + \sin\sqrt{2}t$$

(1)　線スペクトルが発生する ω を示しなさい．

(2)　スペクトル $F(\omega)$ を求めなさい．

問題 1.14　次の波形の連続スペクトル $F(\omega)$ を求めなさい．ただし T は定数である．

$$f(t) = e^{-|t-T|}$$

問題 1.15 ラプラス変換に関し，(1) と (2) に答えなさい．

(1) 単位ステップ関数 $u(t)$ のラプラス変換 $U(s)$ を求めなさい．

(2) 次の関数 $f(t)$ のラプラス変換を求めなさい．

$$f(t) = \begin{cases} 1, & 1 \leq t < 2 \\ 0, & t < 1 \text{ or } 2 \leq t \end{cases}$$

問題 1.16 あるアナログ情報信号は 100 Hz 以上の周波数範囲にスペクトルが存在しない．この信号を歪が発生しない標本化周波数を使い，16 ビットで量子化すると，ビットレートが（少なくとも）いくつのディジタル情報信号が発生するか？

参考文献

[1] 水本哲弥，フーリエ級数・変換/ラプラス変換，オーム社，2010.

[2] 松井邦彦，センサ活用 141 の実践ノウハウ，CQ 出版社，2001.

[3] C. E. Shannon, "Communication in the presence of noise," Proceedings of IRE, 37, 1, pp.10–21, Jan. 1949.

[4] 小川英光，"標本化定理と染谷勲"，電子情報通信学会誌，89, 8, pp.771–773, Aug. 2006.

[5] C. Bissel, "Vladimir Aleksandrovich Kotelnikov: pioneer of the sampling theorem, cryptography, optimal detection, planetary mapping...," IEEE Communications Magazine, 47, 10, pp.24–32, Oct. 2009.

第2章 線形時不変システム

通信システムは，何らかの入力信号を受け取って，地理的に離れた地点へ搬送し，信号を出力する機能を，様々な構成要素を組み合わせて実現している．これらの構成要素には，導体ケーブル (conductor cable)，光ファイバケーブル (optical fiber cable)，電波伝搬空間 (radio wave propagation space) といった伝送路，信号成分をスペクトルによって選り分けるフィルタ (filter)[1]，信号波形を整形する等化器 (equalizer)，などがある．これら構成要素の動作を抽象化する概念は線形時不変システム (linear time-invariant system) である．厳密には，上の構成要素はいつでも正確に線形時不変システムで表されるとは限らない．例えば，光ファイバケーブルは厳密な線形時不変システムではない．しかし入力信号強度が小さい場合に限れば線形時不変のシステムと考えてよい．同じようにトランジスタなど増幅素子を含む回路は，厳密には線形時不変ではないが，信号の振幅がある範囲内にあるときは線形時不変システムと考えてよい場合がある．通信システム構成要素は，線形時不変システムにモデル化することで，その振る舞いを数学的に見通しよく明らかにできる．

2.1 線形時不変システムとは

図 2.1 に示すように，信号電圧を加える 1 組の入力端子 1, 1′ と，出力が発生する発生する 1 組の出力端子 2, 2′ を備えた系を考える．この系の入力端子に加える入力信号を関数 $f(t)$ で表す．また出力端子に現れる出力信号を関数 $g(t)$ で表す．ここで，出力信号 $g(t)$ は入力信号 $f(t)$ と関係していて，入力信号に何らかの演算を施したものが出力信号として端子 2, 2′ に現れる．この演算の内容を記号 $\mathcal{L}(\cdot)$ で表す．すなわち，$f(t)$ と $g(t)$ の関係を，

$$g(t) = \mathcal{L}(f(t)) \tag{2.1}$$

と書くことにする．演算 $\mathcal{L}(\cdot)$ としては様々なものが考えられる．しかし，特に重要なものは，この演算 $\mathcal{L}(\cdot)$ が，線形性 (linearity) と時不変性 (time-invariance) という 2 つの性質を同時に満たす場合である．

図 2.1 1入力，1出力のシステム

線形性とは，2つの信号を重ね合わせて入力端子に加えたとき，出力信号は，それぞれの入力信号に対する出力信号を重ね合わせたものになる性質である．また，線形性が成立する演算では出力信号の大きさが入力信号の大きさに比例することも必要である．これらの条件は，数学的には次のように定義される．

【定義：線形性】

2つの信号 $f_1(t)$ と $f_2(t)$ があって，a，b を定数としたとき，関係

$$\mathcal{L}(af_1(t) + bf_2(t)) = a\mathcal{L}(f_1(t)) + b\mathcal{L}(f_2(t)) \tag{2.2}$$

があれば，演算 $\mathcal{L}(\cdot)$ は線形性を満たすという．

次の2つの例題が示す通り，ありふれた電気回路で構成されるシステムで，線形性を満たすものも，満たさないものもある．本章で扱うのは線形性を満たすシステムである．

【例題 2.1】 利得が無限大と見なせて，出力電圧の範囲に制約が無いと見なせる演算増幅器[2]と2つの抵抗 R_1，R_2 で構成された図 2.2 の回路は線形性を満たすか？

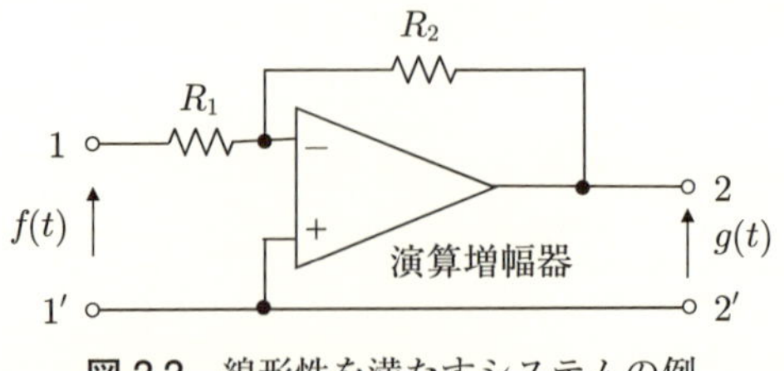

図 2.2 線形性を満たすシステムの例

解答 この回路の演算 $\mathcal{L}(\cdot)$ は，入力を $f(t)$ としたとき，

$$\mathcal{L}(f(t)) = -\frac{R_2}{R_1}f(t)$$

というものである．したがって，

$$\begin{aligned}\mathcal{L}(af_1(t)+bf_2(t)) &= -\frac{R_2}{R_1}(af_1(t)+bf_2(t)) \\ &= a\left(-\frac{R_2}{R_1}f_1(t)\right)+b\left(-\frac{R_2}{R_1}f_2(t)\right) \\ &= a\mathcal{L}(f_1(t))+b\mathcal{L}(f_2(t))\end{aligned}$$

という関係が成立するので線形性は満たされる．

【例題 2.2】 図 2.3 は入力された信号の絶対値を出力するシステム（全波整流回路）である．このシステムは線形性を満たすか？

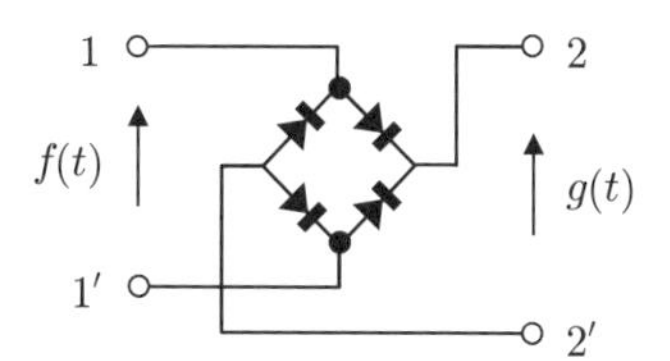

図 2.3 線形性が満たされないシステムの例

解答　このシステムでは，入力信号 $f(t)$ に対する出力は $|f(t)|$ であるが，$f(t)$ を -1 倍して入力として与えたときの出力も $|f(t)|$ であり，$|f(t)|$ の -1 倍の出力が発生されないので線形性は満たされない．

時不変性は，時間が経過しても演算の内容は変化しないという性質である．したがって時不変性があれば，形が同じで一定の時間だけ遅れた波形が入力されたとき，出力に現れる波形も形が同じで一定時間遅れたものになる．数式を用いて書くと次の通りである．

【定義：時不変性】

入力信号 $f(t)$ と出力信号 $g(t)$ の間に式 (2.1) の関係があるとき，任意の実数 τ に関して関係

$$g(t-\tau) = \mathcal{L}(f(t-\tau)) \tag{2.3}$$

が成立するとき，演算 $\mathcal{L}(\cdot)$ は時不変性を満たすという．

次の例が示すように，単純な演算でも時不変性が満たされない場合がある．

【例題 2.3】 図 2.4 に示すように，入力信号 $f(t)$ に対して，$t = 0$ を中心として時間軸を反転させた信号を出力するシステムを考える．このシステムでは出力 $g(t)$ が

$$g(t) = f(-t)$$

となる．このシステムで，時不変性は成り立つか？

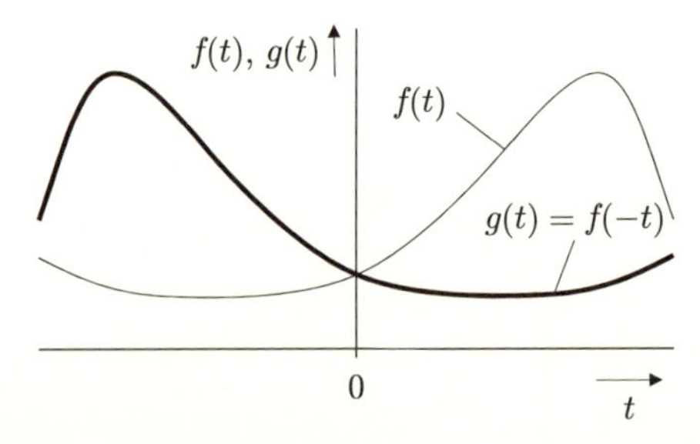

図 2.4　時間軸を反転するシステムの入力と出力

解答　入力 $f(t-\tau)$ に対する出力は $f(-t+\tau)$ であり，一定時間 τ だけ遅れた入力に対して τ だけ進んだ波形が出力されるので，式 (2.3) は満たされず，時不変性は成立しない．なお，このシステムは，2.3 節で説明する因果律を満たさないので，t を時刻とする限り現実には存在し得ない．

入力信号と出力信号の間の演算に線形性と時不変性が成立するならば，系は線形時不変システムであるという．線形時不変の性質を満たす演算には次のものがある．

・定数倍

$$g(t) = af(t),\quad a \text{ は定数}$$

・一定時間の遅延

$$g(t) = f(t - \tau), \ \tau \text{ は実数定数}$$

・時間に関する微分と積分,

$$g(t) = \frac{df(t)}{dt}, \text{ および } g(t) = \int_{-\infty}^{t} f(\tau)d\tau$$

・上の演算を行った入力・出力信号同士の加算, 減算

線形時不変なシステムはインダクタ, キャパシタ, 抵抗器で構成された電気回路や, 遅延素子と加算回路で構成した回路などで実現できる. インダクタやキャパシタは電圧と電流の間に微分または積分の関係があるから, これらの素子を使うことで微分や積分を含む演算を実現できる. 例題 2.1 のようにトランジスタや演算増幅器など能動素子を含む回路でも, 扱う電圧の振幅の範囲を限れば線形時不変システムと見なせる場合がある. また, 遅延素子 (delay element) と, 定数倍の減衰・増幅処理, 加算処理でも線形時不変システムを実現できる. 遅延素子を用いた線形時不変システムの実現法としては, 光通信で使われる波長フィルタがあり, この場合, 遅延を実現する素子として光信号の導波路が使われる. これ以外にもトランスバーサル型フィルタ (transversal filter)[3] という名称で, 様々な遅延素子を用いたシステムが実現されている. 第 3 章で解析される導体ケーブルも信号を遅延させる性質があるので, 遅延素子として利用できる.

1.7 節で説明した量子化と標本化の過程を経て作られたディジタル情報に対し, コンピュータのソフトウェアにより線形時不変システムに相当する処理も行うこともできる. この場合は標本化した信号をメモリに蓄積できるので, 遅延をたやすく実現できる. ただし, この処理は離散時間 (discrete-time) 系の線形時不変システムであって, 電気回路で実現される連続時間 (continuous-time) 系のシステムと扱いが少し異なる点がある. 本書ではまず連続時間系の線形時不変システムについて説明し, 最後に 2.8 節で離散時間系のシステムについて説明する. 連続時間系のシステムに関する知識があれば離散時間系のシステムについて理解することは容易である.

通信システムにおいては無線, 有線の伝送路の送信信号と受信信号の関係を線形時不変システムと捉えることができる. また, 伝送によって変形した信号波形を整形する目的で, 等化と呼ばれる処理が行われるが, 等化を行う等化器も線形時不変システムである. 通信システムでは様々な場面で, 信号の特定のスペクトル成分だ

けを通過または遮断するフィルタ回路が用いられる．このフィルタ回路も線形時不変システムである．このように，通信システムの必須構成要素が線形時不変システムなのである．

通信システムのあらゆる構成要素がいつでも線形時不変システムであるわけではない．無線伝送路においては往々にしてフェージング (fading) が発生する[4]．この場合，伝送路の特性は時間と共に変化し，時不変性は成立しない．光ファイバ伝送路も厳密には時変のシステムである．光ファイバは，入力光強度によって伝達特性が変化するパラメトリック過程を示す．この過程は光入力光強度が強いほど顕在化する[5]．結果として，伝送路の特性が時間と共に変化する．その減衰特性の補償のため，特性が変化する適応等化器が使われる場合もあり，これも時変のシステムである．さらに，ディジタル情報伝送では値の判定や波形整形の目的で，電圧を比較するコンパレータ (comparator)[2]，電圧の振幅を一定値以内に制限するリミッタ (limiter)[2] などの非線形回路も使われる．

本書では，図 2.1 に示す通り，入力端子と出力端子が 1 組ずつあるシステムのみについて性質を説明する．しかし，近年の通信システムでは，入力端子と出力端子が複数組ある多入力・多出力のシステム (Multiple-Input, Multiple-Output: MIMO) も利用されている[4]．具体的には，複数の送信アンテナで送信した信号を複数の受信アンテナで受信する無線通信路は多入力・多出力のシステムである．このように，時変，非線形のシステムや多入力・多出力のシステムも通信では利用されるのであるが，それらのシステムを理解するためには，基礎として 1 入力，1 出力 (Single-Input, Single-Output: SISO) の線形時不変システムに関する知識が必須となる．

2.1.1 0 入力と 0 状態

定数倍，時刻に関する微分と積分，加算で構成される線形時不変システムでは，入力 $f(t)$ と出力 $g(t)$ の間に次の微分方程式が成立する．

$$\frac{d^N g(t)}{dt^N} + a_1 \frac{d^{N-1} g(t)}{dt^{N-1}} + \cdots + a_N g(t) = b_{N-M} \frac{d^M f(t)}{dt^M} + \cdots + b_N f(t) \tag{2.4}$$

実際に電気回路で構成されたシステムで，入力と出力の関係が微分方程式で表されることは次の例題や演習問題 2.2 で理解されるであろう．

【例題 2.4】図 2.5 の回路で構成されるシステムで，入力 $f(t)$ と出力 $g(t)$ の間に成立する微分方程式を示しなさい．

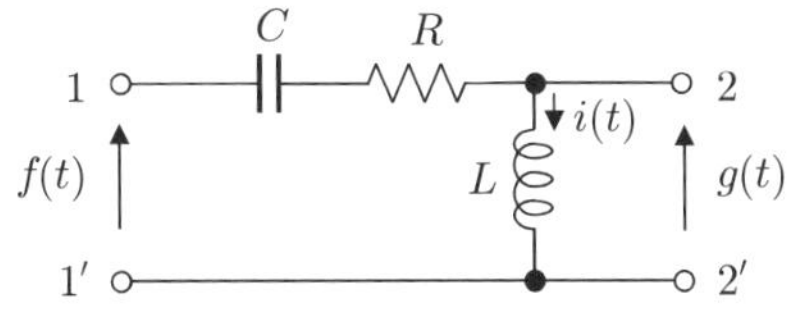

図 2.5　例題 2.4 の回路

解答　L に流れる電流を $i(t)$ とすると，

$$g(t) + Ri(t) + \frac{1}{C}\int_{-\infty}^{t} i(\tau)d\tau = f(t)$$

この式の両辺を 2 回微分して

$$\frac{d^2g(t)}{dt^2} + R\frac{d^2i(t)}{dt^2} + \frac{1}{C}\frac{di(t)}{dt} = \frac{d^2f(t)}{dt^2}$$

一方，関係

$$L\frac{di(t)}{dt} = g(t)$$

を使って $i(t)$ を消去すると，次の微分方程式が得られる．

$$\frac{d^2g(t)}{dt^2} + \frac{R}{L}\frac{dg(t)}{dt} + \frac{1}{LC}g(t) = \frac{d^2f(t)}{dt^2}$$

遅延と定数倍，加算で構成される線形時不変システムでは入力と出力の間に次のような差分方程式が成立する．

$$\begin{aligned} &g(t+N\tau) + a_1 g(t+(N-1)\tau) + \cdots + a_N g(t) \\ &\quad = b_{N-M} f(t+M\tau) + \cdots + b_N f(t) \end{aligned} \tag{2.5}$$

遅延，定数倍，加算で構成される演算が，式 (2.5) の差分方程式で表されることは次の例により確認できる．

【例題 2.5】信号を τ 秒遅延させる素子 2 つと，信号を a_1 倍，a_2 倍する回路，および加算回路を使って，図 2.6 のブロック図で表されるシステムがある．入力 $f(t)$ と出力 $g(t)$ の関係を示しなさい．

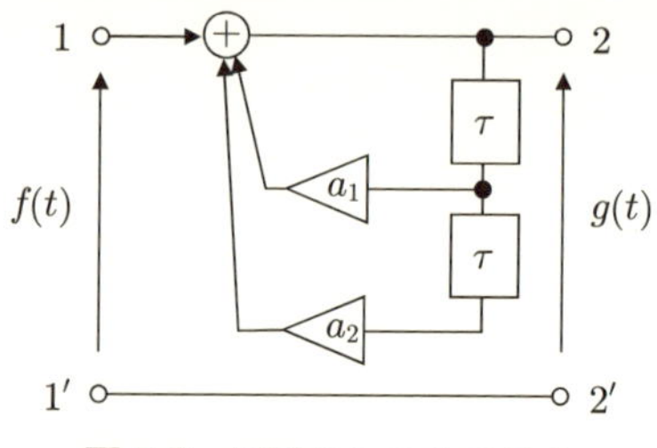

図 2.6　例題 2.5 のシステム

解答　出力 $g(t)$ は入力 $f(t)$ と，$g(t)$ を τ 遅らせて a_1 倍したものと，2τ 遅らせて a_2 倍したものの和であるから，

$$g(t) = f(t) + a_1 g(t-\tau) + a_2 g(t-2\tau)$$

整理して，t を $t+2\tau$ で置き換えると，次式となる．

$$g(t+2\tau) - a_1 g(t+\tau) - a_2 g(t) = f(t+2\tau)$$

入出力間の関係が微分方程式や差分方程式で表されるこれらのシステムで，入力 $f(t)$ がある時間にわたり 0 で変化しない状況を 0 入力 (zero-input) と呼ぶことにしよう．0 入力では，$f^{(M)}(t)$, $f^{(M-1)}(t)$,..., $f'(t)$, $f(t)$ および $f(t+M\tau)$, $f(t+(M-1)t)$,... は 0 であるから，式 (2.4)，式 (2.5) の右辺は 0 となる．この状況でも，出力信号 $g(t)$ が 0 でない値をとることは可能である．

システムが式 (2.4) で表される場合で言えば，0 入力に対する出力 $g(t)$ は次の微分方程式を満たす関数である．

$$g^{(N)}(t) + a_1 g^{(N-1)}(t) + \cdots + a_N g(t) = 0 \tag{2.6}$$

この式は式 (2.4) の同次方程式であり，次の解が 0 入力に対する出力となる．

$$g_n(t) = A_1 e^{\lambda_1 t} + A_2 e^{\lambda_2 t} + \cdots + A_N e^{\lambda_N t} \tag{2.7}$$

ここで $\lambda_1, \lambda_2, \ldots, \lambda_N$ は式 (2.6) の固有方程式 (characteristic equation)

$$\lambda^N + a_1 \lambda^{N-1} + \cdots + a_N = 0 \tag{2.8}$$

の根であり，A_1, A_2, ..., A_N は特定の時刻における $g_n(t)$ とその導関数の値（境界条件）で決まる定数である．0 入力時の出力はどのようになるのか，次の例題により説明しよう．

【例題 2.6】 例題 2.4 のシステムで，$L = 1(\mathrm{H})$，$C = 0.5(\mathrm{F})$，$R = 3(\Omega)$ として 0 入力に対する出力 $g(t)$ を求めなさい．ただし，境界条件を

(1) $g(0) = 1$，$g'(0) = -1$

(2) $g(0) = 0$，$g'(0) = 1$

とする．また，これらの出力を図示しなさい．

解答　0 入力のとき微分方程式は

$$\frac{d^2g(t)}{dt^2} + \frac{R}{L}\frac{dg(t)}{dt} + \frac{1}{LC}g(t) = 0$$

これに素子の値を代入し，固有方程式を求めると，

$$\lambda^2 + 3\lambda + 2 = 0$$

この解は $\lambda_1 = -1, \lambda_2 = -2$ であるので一般解は次の通りである．

$$g(t) = A_1e^{-t} + A_2e^{-2t}$$

(1) 条件 $g(0) = 1$，$g'(0) = -1$ を満たすためには，

$$A_1 + A_2 = 1$$

$$-A_1 - 2A_2 = -1$$

この 2 式を満たすには $A_1 = 1$，$A_2 = 0$ だから，

$$g(t) = e^{-t}$$

(2) 条件 $g(0) = 0$，$g'(0) = 1$ を満たすには $A_1 = 1$，$A_2 = -1$ であればよいので，

$$g(t) = e^{-t} - e^{-2t}$$

これらを図 2.7 に示す．

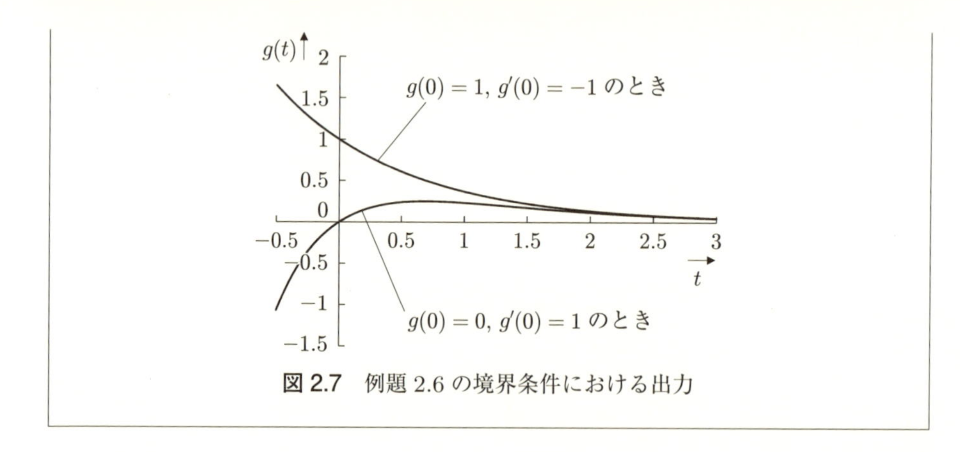

図 2.7　例題 2.6 の境界条件における出力

図 2.7 が示すように，0 入力に対する出力は，境界条件 (boundary condition) によって大きく異なる．その一方で，2 つの境界条件のいずれにおいても，出力の振幅は指数関数にしたがって時間と共に減少しており，やがて 0 に収束する様子が見られる．

安定なシステムでは λ_1, λ_2, …, λ_N の実部は負であるので，0 入力に対する出力は図 2.7 の通り時間と共に振幅が減少し，やがて 0 に収束する．収束した状態では，$g^{(N-1)}(t)$, …, $g'(t)$, $g(t)$ は 0 になる．この状態を 0 状態 (zero-state) と呼ぶことにする．0 状態において，0 ではない入力 $f(t)$ が与えられれば，それに対し出力が発生する．

同様の議論が差分方程式である式 (2.5) のシステムでも成立する．この場合 0 入力での出力は，

$$g(t+N\tau)+a_1g(t+(N-1)\tau)+\cdots+a_Ng(t)=0 \qquad (2.9)$$

の解であり，λ_1, λ_2, …, λ_N を式 (2.8) の根として

$$g_n(t)=A_1{\lambda_1}^{t/\tau}+A_2\lambda_2^{t/\tau}+\cdots+A_N{\lambda_N}^{t/\tau} \qquad (2.10)$$

と表すことができる．安定なシステムでは λ_1, λ_2, …, λ_N の絶対値は 1 より小さく，$g(t+N\tau)$, $g(t+(N-1)t)$, …, $g(t)$ は 0 に収束し，0 状態となる．式 (2.5) の差分方程式で表されるシステムの 0 入力における出力の様子は次の例題で説明される．

【例題 2.7】例題 2.5 のシステムで，$a_1 = 0.6$, $a_2 = -0.08$，境界条件を $g(0) = 1$, $g(\tau) = 0.6$ として 0 入力のときの出力 $g(t)$ を求め，図示しなさい．

解答 固有方程式は，

$$\lambda^2 - 0.6\lambda + 0.08 = 0$$

この解は $\lambda_1 = 0.2$, $\lambda_2 = 0.4$ なので，

$$g(t) = A_1 \cdot 0.2^{t/\tau} + A_2 \cdot 0.4^{t/\tau}$$

である．境界条件を満たすには，

$$A_1 + A_2 = 1$$
$$0.2A_1 + 0.4A_2 = 0.6$$

これを満たすには $A_1 = -1$, $A_2 = 2$ であることが必要であり，次式が得られる．

$$g(t) = -0.2^{t/\tau} + 2 \cdot 0.4^{t/\tau}$$

この $g(t)$ を図示すると図 2.8 のようになる．

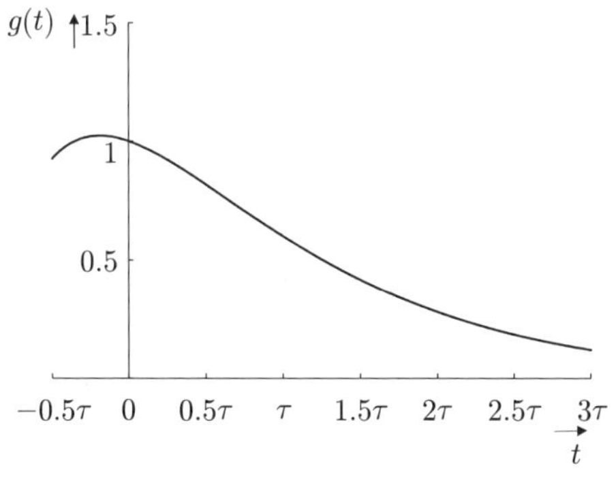

図 2.8　例題 2.7 の境界条件における出力

線形時不変なシステムの出力は，一般には 0 入力での出力と，0 状態での入力に対する応答を足し合わせたものである．実用上は 0 入力での出力は短時間で減衰するので，本章では，システムは 0 状態にあると仮定し，そこに 0 でない入力が

与えられる状況を考察する．このときにシステムが入力に応答して出力する信号の性質を調べていくことにする．

2.1.2　自由応答と強制応答

いま，0 状態で入力 $f(t)$ が与えられたときの出力 $g(t)$ を，式 (2.4) の解として求めたとする．その解は，式 (2.6) の解（一般解）の項と，式 (2.6) の解ではない特殊解の項の和となる．前者は自由応答 (natural response)，後者は強制応答 (forced response) と呼ばれている．

システムが式 (2.4) の微分方程式で表されるとき，自由応答は，式 (2.7) の形式となる．この式において，定数 A_1, A_2, ..., A_N は入力が加えられた直後の $g_n(t)$ とその導関数の値で決まる．

一方，強制応答 $g_f(t)$ は，入力 $f(t)$ が特定の関数であれば比較的容易に求められる．特定の関数とは，導関数 $f'(t)$, $f''(t)$, $f'''(t)$, ... の中に線形独立なものが有限個しかない関数であり，具体的には次のものなどがある．

・指数関数 $f(t) = e^{st}$（s は複素数）
・正弦波関数 $f(t) = \sin(\omega t + \phi)$ または $f(t) = \cos(\omega t + \phi)$
・多項式 $f(t) = t^n + c_1 t^{n-1} + \cdots + c_n$

入力が指数関数 e^{st} の場合，複素数 s が λ_1, λ_2, ..., λ_N と一致しない限り，出力 $g(t)$ は Be^{st} の形式になる．ここで B は定数である．出力がこの形式であると仮定して，式 (2.4) の両辺を求めれば，両辺とも e^{st} の定数倍となり，B の値を適切に選ぶことで等号が成立することを確かめられる．ここで s が λ_1, λ_2, ..., λ_N の 1 つ $\lambda_i (1 \leq i \leq N)$ と一致する場合には，$g(t) = Be^{st}$ とすると左辺が 0 となって式 (2.4) は満たされない．その場合，$g(t)$ を $B\lambda_i e^{st}$ とすれば解は求められる．

入力が e^{st} のとき，$s = j\omega$ ならば信号は複素数表示された正弦波 $e^{j\omega t}$ である．したがって，複素数表示された正弦波を入力したとき，強制応答も複素数表示された正弦波 $Be^{j\omega t}$ であることが分かる．

正弦波 $\sin(\omega t + \phi)$ が入力の場合，$g(t)$ は $B\sin(\omega t + \theta)$ の形になる．この $g(t)$ を仮定して式 (2.4) の両辺を計算すると左辺は $\sin(\omega t + \theta)$ と $\cos(\omega t + \theta)$，右辺は $\sin(\omega t + \phi)$ と $\cos(\omega t + \theta)$ の線形結合になるが，三角関数の公式を使えばどちらも $X\sin(\omega t + Y)$ の形式となって，式 (2.4) を成立させる B と θ を選ぶことができる．すなわち，正弦波信号を入力したときの強制応答は正弦波信号である．

n 次の多項式を入力した場合，$g(t)$ も n 次の多項式 $B_0t^n + B_1t^{n-1} + \cdots + B_n$ である．この $g(t)$ を仮定して式 (2.4) の両辺を計算すれば，両辺とも高々 n 次の多項式となり，式が成立するように係数 $B_0, \ldots, B_n$ を設定可能なことが分かる．

システムは線形であるから，これらの関数の線形結合が入力されたときの強制応答は，それぞれの関数に対する強制応答の線形結合で求められる．

【例題 2.8】 例題 2.4 のシステムで，$L = 1(\mathrm{H})$，$C = 0.5(\mathrm{F})$，$R = 3(\Omega)$ とする．入力信号 $f(t)$ として

$$f(t) = t^2 - t + 1$$

が与えられたとき，強制応答 $g_f(t)$ を求めなさい．

解答　強制応答は B_1, B_2, B_3 を未知の定数として次の形で表される．

$$g_f(t) = B_1t^2 + B_2t + B_3$$

定数 B_1, B_2, B_3 を次に求める．上の式から，

$$g'_f(t) = 2B_1t + B_2$$

$$g''_f(t) = 2B_1$$

ここで，次の方程式がすべての t で成立する必要がある．

$$g''_f(t) + 3g'_f(t) + 2g_f(t) = f''(t)$$

左右両辺で t^2, t の係数，定数項が等しい必要があるので，

$$2B_1 = 0$$

$$6B_1 + 2B_2 = 0$$

$$2B_1 + 3B_2 + 2B_3 = 2$$

これを解くと，$B_1 = 0$, $B_2 = 0$, $B_3 = 1$ であるので，強制応答は次のように求められる．

$$g_f(t) = 1$$

以上，式 (2.4) の微分方程式に基づいて説明したが，式 (2.5) の差分方程式に従うシステムでも同様のことが言える．この場合，自由応答は式 (2.10) の形式である．また，入力として指数関数，正弦波，多項式を入力したときの強制応答は，この場合も指数関数，正弦波，多項式である．

2.2 周波数応答とインパルス応答

線形時不変なシステムの入力端子に，入力信号 $f(t)$ として振幅 1 の複素数正弦波，

$$f(t) = e^{j\omega t} \tag{2.11}$$

を加えたと仮定しよう．長い時間の経過後には出力における自由応答は無視できるほど小さくなり，出力は強制応答のみになると見なせる．2.1.2 項で述べたように，この入力に対する強制応答は複素数表示された正弦波となる．この結果，出力は

$$g(t) = He^{j\omega t} \tag{2.12}$$

の形に書くことができる．ここで，H は時刻 t に対し一定の複素数である．複素数 H は角周波数 ω に依存する値なので，以後 ω の関数であることを明確にするため $H(\omega)$ と書くことにする．式 (2.11) の入力信号と出力信号によって，$H(\omega)$ は次式で定義される．

$$H(\omega) = \frac{g(t)}{f(t)} \tag{2.13}$$

この ω の関数 $H(\omega)$ を伝達関数 (transfer function) と呼ぶ．伝達関数の絶対値 $|H(\omega)|$ を振幅特性 (amplitude response) と呼び，出力正弦波信号の振幅が入力正弦波信号の何倍になるかを示している．振幅特性の値はしばしば電圧比のデシベルで表示される．一方，伝達関数の偏角 $\arg H(\omega)$ を位相特性 (phase response) と呼び，出力される正弦波の位相角が，入力される正弦波の位相角とどれだけ異なるかを示している．伝達関数はあらゆる周波数に対して，システムの入力正弦波と出力正弦波の関係を明らかにするものであり，周波数応答 (frequency response) と呼ぶこともできる．制御工学の教科書では専らこの呼び方を用いており，「周波数応答を求める装置 (FRA: Frequency Response Analyzer)」という説明で市場に出回っている測定器もある[6]．また，通信の分野では周波数特性（frequency characteristic, 俗称 f-特）の呼び方も定着している．伝送媒体の周波数特性は，第3章で紹介するようにネットワークアナライザ (network analyzer) で測定するのが一般的である．

第1章で述べたスペクトルの考え方によれば，あらゆる信号は正弦波成分の重ね合わせで表すことができる．一方，ある周波数の正弦波に対する入力信号と出力信号の関係が伝達関数で表されることと，線形性が成立することから，線形時不変システムに任意の入力波形が入力されたときの出力波形は，伝達関数によって決定されることが分かる．このことから伝達関数は線形時不変システムの出力が入力に対しどう振る舞うかを決定する重要なものと言える．

伝達関数の振幅特性が周波数の増加と共に減少し，漸近的に0になるとき，システムは低域通過型 (low pass) であるという．低域通過型システムの波形伝送上の特徴については2.4節と2.5節で述べる．第3章で解析する導体ケーブルは低域通過型の特性を持っている．また信号から低い周波数の成分を取り出すため，低域通過型の特性を持つように作られた線形時不変な電気回路が低域通過フィルタ (low pass filter) である．逆に周波数の減少に対して伝達関数の振幅特性が減少するならば高域通過型 (high pass) システムである．この特性を持つように作られた電気回路は高域通過フィルタ (high pass filter) である．

特定の周波数範囲のみ伝達関数の振幅特性が大きければ，帯域通過型のシステムである．電気回路で構成したシステムで，帯域通過型と特性を持つように設計されたものは帯域通過フィルタ (band pass filter) である．また，無線伝送路では，アンテナは特定の周波数領域の電磁波信号のみ送信・受信できるので，帯域通過型の特性を持っていると考えられる．

出力信号の波形は伝達関数の振幅特性だけでなく，位相特性にも依存する．これは図1.8が示すように，スペクトルの振幅が同じでも，位相角によって波形が変化することから明らかであろう．そこで波形整形のために位相特性の調整が必要な場合があり，振幅特性は平坦で，位相特性が ω に対し変化する全域通過フィルタ (all pass filter) の概念もある．これらのフィルタは通信システムの基本的な構成要素として使われてきた．

電気回路で作られたシステムの伝達関数は，次の例題のように回路解析で求められる．

【例題 2.9】 図 2.9 の電気回路で，端子対 1, 1′ は入力端子，端子対 2, 2′ は出力端子である．この回路の伝達関数 $H(\omega)$ を求めなさい．また，伝達関数の振幅特性と位相特性を求め，図示しなさい．

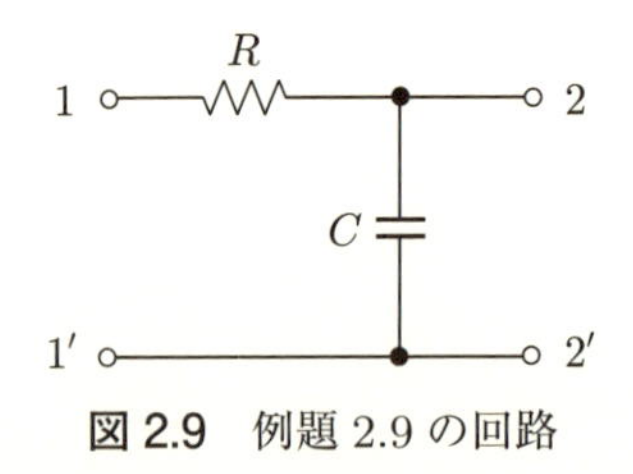

図 2.9　例題 2.9 の回路

解答　複素数正弦波の入力信号と出力信号を，電気回路の正弦波定常解析の手法[7] で使う複素数表示により V_1, V_2 とする．すなわち，

$$f(t) = \sqrt{2}V_1 e^{j\omega t}$$
$$g(t) = \sqrt{2}V_2 e^{j\omega t}$$

である．式 (2.13) から，伝達関数 $H(\omega)$ は次のように求められる．

$$H(\omega) = \frac{g(t)}{f(t)} = \frac{V_2}{V_1}$$

ここで，端子 1, 2 間に発生する電圧の複素数表示を $V_{1,2}$，キャパシタ C と抵抗 R に流れる電流の複素数表示を I とする．するとキルヒホフの電圧法則により

$$V_1 = V_2 + V_{1,2}$$

また，交流オームの法則により，

$$V_{1,2} = RI$$
$$V_2 = \frac{1}{j\omega C} I$$

以上の関係で最初の 2 式から $V_{1,2}$ を消去すると，

$$V_1 = V_2 + RI$$

さらに 3 つ目の式を使って I を消去すると，

$$V_1 = V_2 + j\omega CRV_2$$

したがって,

$$H(\omega) = \frac{V_2}{V_2 + j\omega CRV_2} = \frac{1}{1 + j\omega CR}$$

振幅特性と位相特性は,

$$|H(\omega)| = \frac{1}{\sqrt{1 + \omega^2 C^2 R^2}}$$

$$\arg H(\omega) = -\tan^{-1} \omega CR$$

となる. 図示すると, 図 2.10 の通りである.

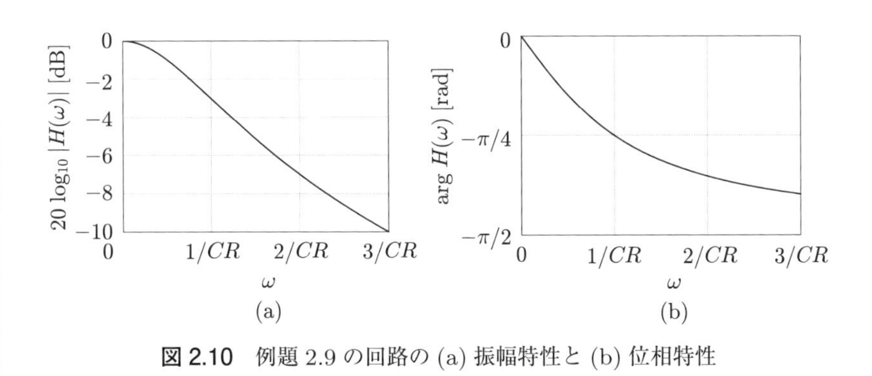

図 2.10 例題 2.9 の回路の (a) 振幅特性と (b) 位相特性

【例題 2.10】 図 2.11 のように入力信号と, 入力信号を遅延素子で時間 τ だけ遅らせた信号を, 加算回路で足し合わせた信号を出力する線形時不変システムがある. このシステムの伝達関数 $H(\omega)$ を求めなさい. また, その振幅特性と位相特性を求めなさい.

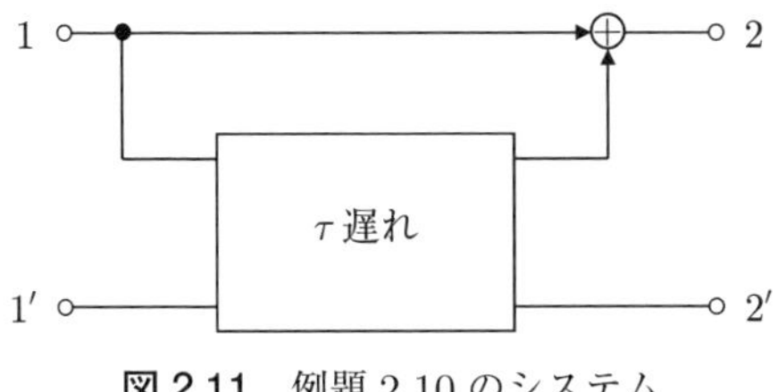

図 2.11 例題 2.10 のシステム

解答　入力信号 $f(t)$ を複素数の正弦波

$$f(t) = e^{j\omega t}$$

とする．これを τ だけ遅らせた信号は

$$f(t-\tau) = e^{j\omega(t-\tau)}$$

であるので，出力信号 $g(t)$ は，

$$g(t) = e^{j\omega t} + e^{j\omega(t-\tau)}$$

したがって，伝達関数 $H(\omega)$ は，

$$H(\omega) = \frac{e^{j\omega t} + e^{j\omega(t-\tau)}}{e^{j\omega t}} = 1 + e^{-j\omega\tau}$$

である．振幅特性，位相特性は

$$|H(\omega)| = \sqrt{(1+\cos\omega\tau)^2 + (-\sin\omega\tau)^2} = \sqrt{2+2\cos\omega\tau}$$

$$\arg H(\omega) = \tan^{-1}\left(-\frac{\sin\omega\tau}{1+\cos\omega\tau}\right) = \tan^{-1}\left\{-\frac{\sin(\omega\tau/2)}{\cos(\omega\tau/2)}\right\} = -\frac{\omega\tau}{2}$$

となる．これらを図示すると，図 2.12 のようになる．

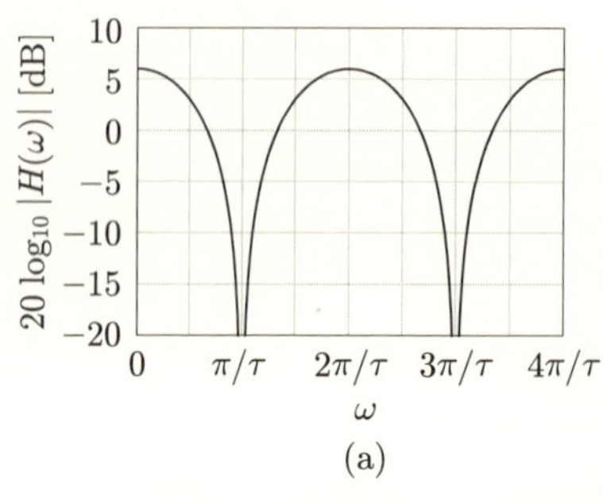

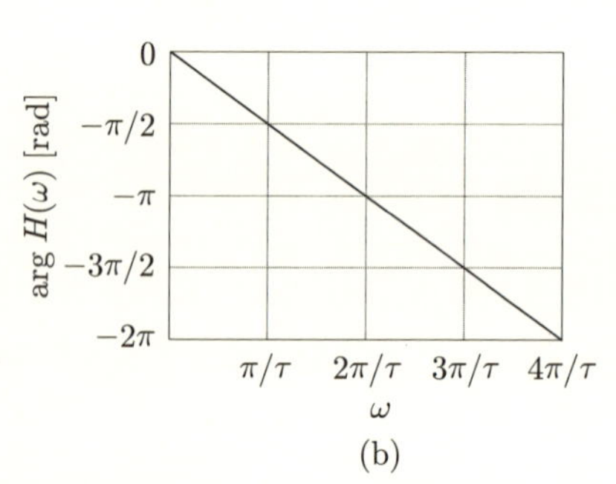

図 2.12 図 2.11 のシステムの (a) 振幅特性と (b) 位相特性

図 2.10 を見ると，例題 2.9 の回路の伝達関数は低域通過型の特性を持っていることが分かる．一方，例題 2.10 の回路の伝達関数は，図 2.12(a) に見られるように，ω が $0, 2\pi/\tau, 4\pi/\tau, \ldots$ のとき振幅特性は最大値 2（6 dB）を示し，ω が π/τ, $3\pi/\tau, 5\pi/\tau, \ldots$ のとき振幅特性が最小値 0（$-\infty$ dB）を示している．この種の特性を持つ回路は，くし型フィルタ (comb filter) と呼ばれており，ビデオ信号の処

理や光ファイバ通信における波長フィルタなどで利用されている．

システムの入力と出力の間に成立する式 (2.4) の微分方程式，あるいは式 (2.5) の差分方程式が与えられている場合，伝達関数は容易に求められる．これについては演習問題 2.4 で確かめて欲しい．

次に，線形時不変システムに，入力として単位インパルス $\delta(t)$ を与えた場合を考える．このとき，出力端子に何らかの出力があるはずで，その信号波形 $h(t)$ をインパルス応答 (impulse response) という．システムの入力と出力の間に成立する式 (2.4) の微分方程式，あるいは式 (2.5) の差分方程式が与えられている場合，インパルス応答は次の例のように求めることができる．

【例題 2.11】 例題 2.9（図 2.9）の回路のインパルス応答 $h(t)$ を求め，図示しなさい．

解答　入力端子対 1，$1'$ に加えられる電圧を $f(t)$，出力端子対 2，$2'$ に発生する電圧を $g(t)$ とする．するとキャパシタ C に流れる電流 $i(t)$ は

$$i(t) = C\frac{dg(t)}{dt}$$

この電流は抵抗 R にも流れ，電圧 $Ri(t)$ が R の両端に発生する．この結果，次式が成立する．

$$CRg'(t) + g(t) = f(t) \tag{2.14}$$

インパルス応答 $h(t)$ は $f(t) = \delta(t)$ のとき上の式を満たす $g(t)$ である．$\delta(t)$ は $t \neq 0$ では 0 であるので，$t \neq 0$ で出力に現れる電圧は，式 (2.14) で $f(t) = 0$ とした次の微分方程式を解けば求められる．

$$CRg'(t) + g(t) = 0$$

この解は次のように求められる．

$$g(t) = Ae^{-\frac{t}{CR}} \tag{2.15}$$

ここで，A は定数である．

入力が単位インパルスならば，$t < 0$ では無限の過去からずっと入力は 0 なので 0 状態であり，$t = 0$ の直前の時点で $h(t) = 0$ である．$t = 0$ でインパル

スが与えられることで，$t=0$ の直後に $h(t)$ は0でない値に変化し，それ以降は式 (2.15) にしたがって $h(t)$ は変化すると考えられる．この $t=0$ を境界とする $h(t)$ の変化を単位ステップ関数 $u(t)$ によって書き表すと，

$$h(t) = Ae^{-\frac{t}{CR}}u(t) \tag{2.16}$$

と書ける．式 (2.14) の $g(t)$ に上式右辺を代入し，$f(t)=\delta(t)$ とすると，$u(t)$ の導関数は $\delta(t)$ であることと，式 (1.13) から，

$$CRAe^{-\frac{t}{CR}}\delta(t) = CRA\delta(t) = \delta(t)$$

上の式が成立するためには，

$$A = \frac{1}{CR} \tag{2.17}$$

式 (2.16) と (2.17) から，$h(t)$ は次のように求められる．

$$h(t) = \begin{cases} \dfrac{1}{CR}e^{-\frac{t}{CR}}, & t \geq 0 \\ 0, & t < 0 \end{cases}$$

波形は図 2.13 の通りである．

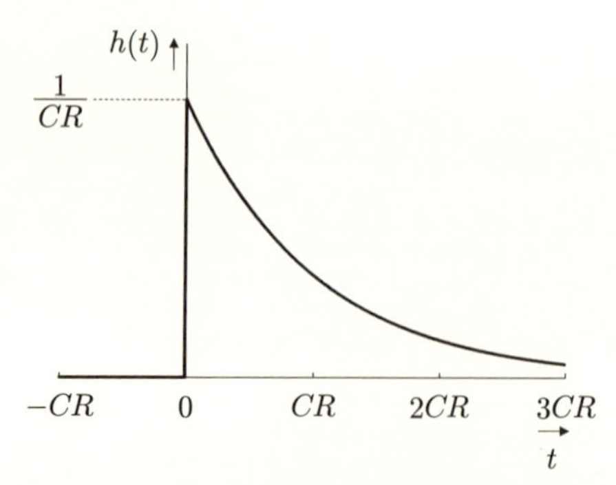

図 2.13　例題 2.9 の回路のインパルス応答 $h(t)$

インパルス応答 $h(t)$ に関し，次の重要な定理が成立する．

定理 2.1（任意の入力信号波形に対する出力信号波形）

線形時不変システムのインパルス応答が $h(t)$ であるとき，入力信号波形 $f(t)$ に

対する出力信号波形 $g(t)$ は次式で表される.

$$g(t) = \int_{-\infty}^{\infty} f(\tau)h(t-\tau)d\tau \tag{2.18}$$

証明　まず,

$$\int_{-\infty}^{\infty} \delta(t-\tau)d\tau$$

を求める. $x = t - \tau$ とおけば,

$$\int_{-\infty}^{\infty} \delta(t-\tau)d\tau = \int_{\infty}^{-\infty} \delta(x)\frac{d\tau}{dx}dx = \int_{-\infty}^{\infty} \delta(x)dx = 1$$

$f(t)$ に値 1 を掛けても値は同じなので

$$f(t) = f(t)\int_{-\infty}^{\infty} \delta(t-\tau)d\tau = \int_{-\infty}^{\infty} f(t)\delta(t-\tau)d\tau$$

上の積分で, $\delta(t-\tau)$ は $t \neq \tau$ では 0 なので, $t \neq \tau$ ではどのような値を乗算しても積分の値は変化しない. したがって,

$$f(t) = \int_{-\infty}^{\infty} f(\tau)\delta(t-\tau)d\tau$$

この信号を線形時不変システムで演算処理すると, $f(\tau)$ は t に対し定数なことと, 線形性により,

$$g(t) = \mathcal{L}\left(\int_{-\infty}^{\infty} f(\tau)\delta(t-\tau)d\tau\right) = \int_{-\infty}^{\infty} f(\tau)\mathcal{L}(\delta(t-\tau))d\tau$$

次に時不変性により,

$$\mathcal{L}(\delta(t-\tau)) = h(t-\tau)$$

したがって,

$$g(t) = \int_{-\infty}^{\infty} f(\tau)h(t-\tau)d\tau$$

（証明終り）

定理 2.1 は, 線形時不変システムにおいては, 特定の入力波形に対する出力であるインパルス応答 $h(t)$ によって, あらゆる入力波形に対する出力波形が決まることを示している. 言い換えると, 単位インパルスに対する応答だけで, 線形時不変システムのあらゆる入力と出力の関係は決まるのである.

定理 2.1 を使えば，次のように入力波形とインパルス応答から出力波形を求めることができる．

【例題 2.12】 例題 2.9（図 2.9）の回路の入力として，単位ステップ関数 $u(t)$ が与えられたときの，出力（ステップ応答）$y(t)$ を求め，波形を図示しなさい．

解答　定理 2.1 と例題 2.11 で求めたインパルス応答から，

$$y(t) = \int_{-\infty}^{\infty} u(\tau)\frac{1}{CR}e^{-\frac{t-\tau}{CR}}u(t-\tau)d\tau$$

上の式で $\tau < 0$ では $u(\tau) = 0$，$\tau \geq 0$ で $t < 0$ ならば $u(t-\tau) = 0$ だから $t < 0$ のときは $y(t) = 0$ である．$t > 0$ では，

$$y(t) = \frac{e^{-\frac{t}{CR}}}{CR}\int_0^t e^{\frac{\tau}{CR}}d\tau = \frac{e^{-\frac{t}{CR}}}{CR}\left[CR\cdot e^{\frac{\tau}{CR}}\right]_0^t = 1 - e^{-\frac{t}{CR}}$$

と計算できるので，$y(t)$ は次のように求められる．

$$y(t) = \begin{cases} 1 - e^{-\frac{t}{CR}}, & t \geq 0 \\ 0, & t < 0 \end{cases}$$

波形は図 2.14 の通りである．

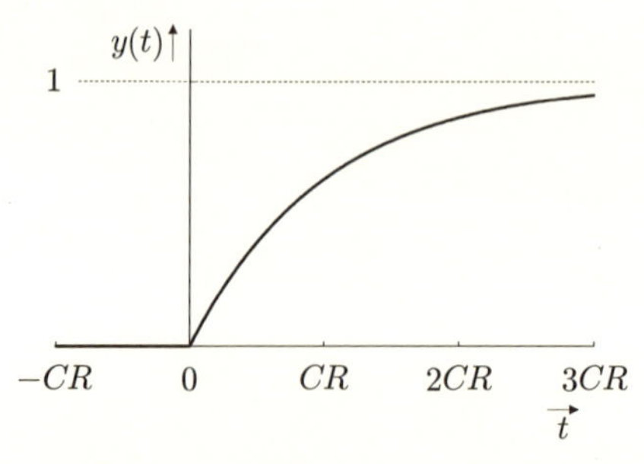

図 2.14　例題 2.9 の回路における単位ステップ関数の入力に対する出力 $y(t)$

さて，先に述べたように入力信号と出力信号の関係を決めるものとしては，伝達関数 $H(\omega)$ があった．一方，定理 2.1 によれば $h(t)$ も入力信号と出力信号の関係を決めるものである．それでは伝達関数 $H(\omega)$ とインパルス応答 $h(t)$ の，どち

らが線形時不変システムの本質を表しているのだろうか？ 次の定理は，伝達関数 $H(\omega)$ とインパルス応答 $h(t)$ は，実は同じものであって，見方を変えただけのものであることを示している．

定理 2.2（伝達関数とインパルス応答の関係）

伝達関数 $H(\omega)$ はインパルス応答 $h(t)$ のフーリエ変換である．すなわち，

$$H(\omega) = \int_{-\infty}^{\infty} h(t)e^{-j\omega t}dt \tag{2.19}$$

証明 入力波形を $f(t)$，出力波形を $g(t)$，これらのフーリエ変換を $F(\omega)$，$G(\omega)$ とする．式 (2.18) は畳み込み演算なので，定理 1.1 により，

$$G(\omega) = H(\omega)F(\omega) \tag{2.20}$$

ここで，$H(\omega)$ は $h(t)$ のフーリエ変換である．一方，上の式から，

$$H(\omega) = \frac{G(\omega)}{F(\omega)}$$

となるが，この式の右辺の振幅と偏角は，角周波数 ω の正弦波成分の出力と入力の振幅の比と位相角の差を表している．これは伝達関数の定義に等しい．

（証明終り）

実際に定理 2.2 が成立することを，次の例題によって説明する．

【例題 2.13】 例題 2.11 で求めたインパルス応答 $h(t)$ と定理 2.2 を使い，例題 2.9 の回路の伝達関数 $H(\omega)$ を求め，回路解析により求めた伝達関数と一致することを確認しなさい．

解答 $h(t)$ のフーリエ変換を求めることにより，

$$\begin{aligned} H(\omega) &= \int_{-\infty}^{\infty} h(t)e^{-j\omega t}dt = \int_{0}^{\infty} \frac{1}{CR}e^{-\left(\frac{1}{CR}+j\omega\right)t}dt \\ &= \left[-\frac{1}{1+j\omega CR}e^{-\left(\frac{1}{CR}+j\omega\right)t}\right]_0^{\infty} = \frac{1}{1+j\omega CR} \end{aligned}$$

これは例題 2.9 で回路解析により求めた伝達関数と一致している．

定理 2.1 と定理 2.2 によれば，線形時不変システムにおいて，任意の既知の信号

が入力端子に与えられたとき，それに対する出力信号は，伝達関数かインパルス応答の一方が分かれば，求められることになる．インパルス応答と式 (2.18) を使い，時間領域で出力信号を求めるのが1つの方法である．また伝達関数だけが分かっている場合でも，その逆フーリエ変換でインパルス応答は求まるので，同じように式 (2.18) で出力信号を求められる．もう1つの方法として，入力信号のスペクトルと伝達関数を使い，式 (2.20) によって周波数領域で出力信号をスペクトルの形で求めるやり方もある．この方法では，出力波形をスペクトルのフーリエ逆変換で求めることができる．このようにインパルス応答と伝達関数は，どちらも線形時不変システムの本質を表すものであり，インパルス応答は時間領域で，伝達関数は周波数領域で，入力と出力の関係を示している．入力，出力，インパルス応答，伝達関数の関係を図示すると図 2.15 のようになる．

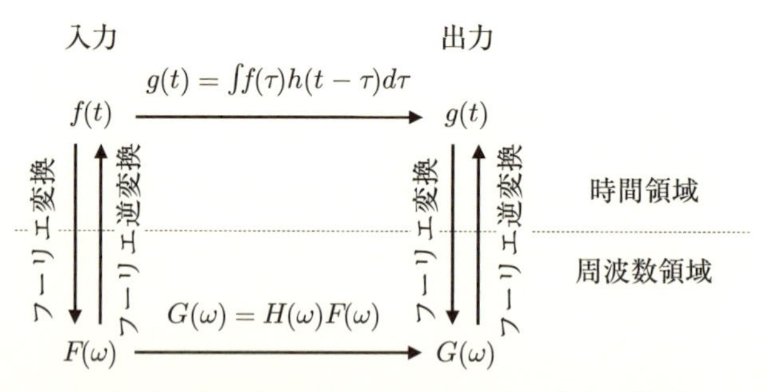

図 2.15　線形時不変システムの入力と出力の関係

2.3 因果律と物理的実現性

時間に対して変化する電圧・電流を信号と定義したとき，数学的に線形時不変システムの要件を満たすシステムを，すべて実際に作ることができるわけではない．このことは以下のように説明される．

例として，入力信号 $f(t)$ に対し，出力信号 $g(t)$ が，

$$g(t) = f(t+2) \tag{2.21}$$

となるシステムを考えよう．このシステムでは線形性と時不変性の両方が成立している．このシステムの入力と出力を見比べると図 2.16 のようになる．式 (2.21) によれば同図 (a) の入力に対しては同図 (b) の出力，同図 (c) の入力に対しては同図

(d) の出力が得られることになる．ここで (b) と (d) の出力波形を比較すると，$t = 0$ において (b) では出力 1，(d) では出力 0 である．ところが，$t \leq 0$ の範囲でシステムに加えられる入力は，いずれの場合も 0 であり，違いはない．ということは，これら 2 つの入力に対し，$t = 0$ までの入力が同じなのに，システムは $t = 0$ で異なる出力を発生しているのである！　このような出力を発生させるためには $t = 0$ の時点で，それより後に加えられる入力をシステムが知っている必要がある．そのようなことが可能であろうか？

上の例のように時刻が t_0 のときの出力が，t_0 よりも後の入力に依存するシステムを「因果律 (causality) を満たさないシステム (noncausal system)」と呼ぶ．逆に，時刻 t_0 のときの出力が，t_0 以前に与えられた入力だけで決定するシステムを「因果律を満たすシステム (causal system)」と呼ぶ．

因果律を満たさないシステムを作るには，ある時刻に，未来の入力を間違いなく予知する必要がある．明らかに，未来の信号を予知するシステムは，どのような電気回路を用いても実現できない．現実のものとして我々が作ることができるのは，因果律を満たすシステムに限られている．

因果律を満たさないシステムは，物理的には実現できないのであるが，そのようなシステムについて理論的な考察をすることには意味がある．まず，理論的に重要

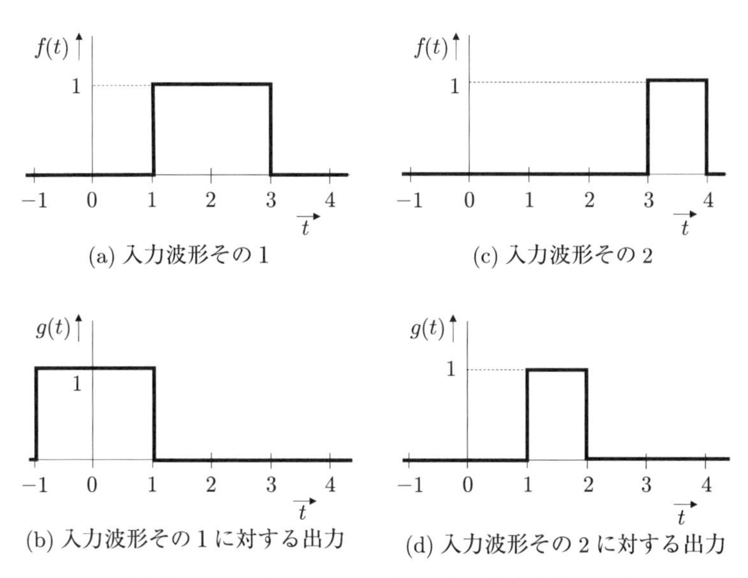

図 2.16　システム $g(t) = f(t+2)$ の入力と出力の例

なシステムで，因果律を満たさないものがある．このようなシステムの代表は，伝達関数 $H(\omega)$ が次の特性を持つシステムである．

$$H(\omega) = \begin{cases} 1, & |\omega| \leq \omega_0 \\ 0, & |\omega| > \omega_0 \end{cases} \tag{2.22}$$

この伝達関数は，入力信号の中で角周波数が ω_0 以下の正弦波成分は，位相も振幅も一切変えずに通過し，角周波数が ω_0 より大きな正弦波成分はまったく通さない．この特性は低域通過フィルタとして理想的なものであるから，この伝達関数を持つシステムを理想ローパスフィルタ (ideal low pass filter) と呼ぶ．

理想ローパスフィルタの伝達関数の振幅特性を図 2.17 に示す．振幅特性は，$\omega = 0$ を中心として左右対称の形となっているが，これは 1.6.1 項で述べた実数関数のフーリエ変換が満たすべき性質を考えると必須である．なぜならば定理 2.2 が示すようにインパルス応答のフーリエ変換が伝達関数なので，インパルス応答が実数となるためには，フーリエ変換の絶対値である振幅特性は偶関数となることが必要なためである．したがって，伝達関数の振幅特性は，$\omega = 0$ を中心に左右対称の形状であるべきなのである．また，式 (2.22) の $H(\omega)$ は実数である．一方，1.6.1 節で説明したフーリエ変換が実数になる条件から，インパルス応答 $h(t)$ は偶関数になると考えられる．偶関数ということは，単位インパルスが入力として与えられたとき，入力に電圧が発生する $t = 0$ の時点より前に出力が発生することが予想される．

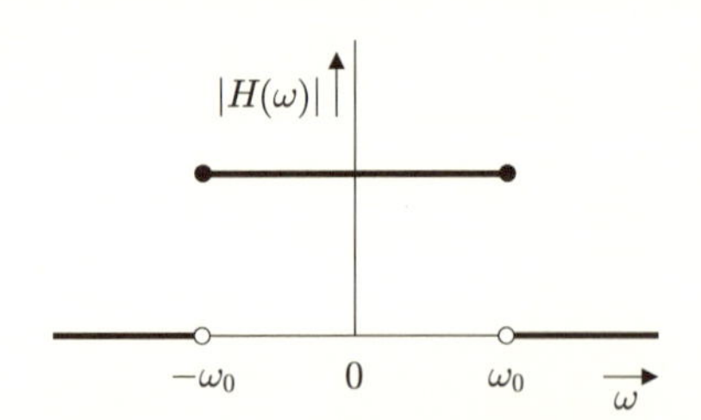

図 2.17　理想ローパスフィルタの伝達関数の振幅特性

実際に理想ローパスフィルタのインパルス応答 $h(t)$ をフーリエ逆変換により計算すると，次式のようになる．

$$h(t) = \frac{1}{2\pi}\int_{-\omega_0}^{\omega_0} 1 \cdot e^{j\omega t} d\omega = \frac{1}{2\pi}\left[\frac{1}{jt}e^{j\omega t}\right]_{-\omega_0}^{\omega_0} = \frac{1}{\pi t} \cdot \frac{e^{j\omega_0 t} - e^{-j\omega_0 t}}{2j}$$

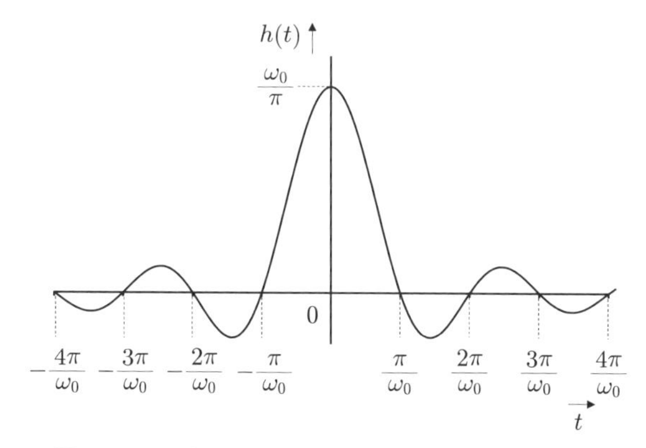

図 2.18 理想ローパスフィルタのインパルス応答

上の式で，

$$\frac{e^{j\omega_0 t} - e^{-j\omega_0 t}}{2j} = \sin \omega t$$

であるので次の結果が得られる．

$$h(t) = \frac{\omega_0}{\pi} \frac{\sin \omega_0 t}{\omega_0 t} \tag{2.23}$$

式 (2.23) の $h(t)$ の波形を図 2.18 に示す．この波形では，$t = -\infty$ から 0 でない値をとっている．一方，単位インパルスの波形は t が 0 より前ではずっと振幅 0 であり，このシステムは因果律を満たさないので実現できない．実現はできないが，本システムは低域通過フィルタの性能の限界を考えるうえで意味がある．また 2.4 節では低域通過型の特性を持つシステムの通過帯域の定義のため，この種のシステムを用いる．さらに，そのインパルス応答は，ナイキストパルス (Nyquist pulse) として知られ，第 4 章で説明するナイキスト基準を満たす波形とすることができる．

因果律を満たさないシステムは実現できないが，一定の遅延を加えることで実現，あるいは近似できる．例えば，式 (2.21) のシステムでは入力を 2 だけ遅らせる処理を追加すると，入力をそのまま出力するシステムになるから，実現できることは明らかである．一方，理想ローパスフィルタの場合，時刻 0 で初めて電圧の発生する入力に対し，$t = -\infty$ から出力が発生するので，有限時間の遅延を加えても実現できそうもない．しかし，時刻を遡るにつれ出力の振幅は小さくなっていて，ある時点以前の応答は無視しても大きな誤差は発生しない．したがって，ある程度長い遅延を加えれば，単位インパルスの入力に対し，時刻 0 以降に応答の発

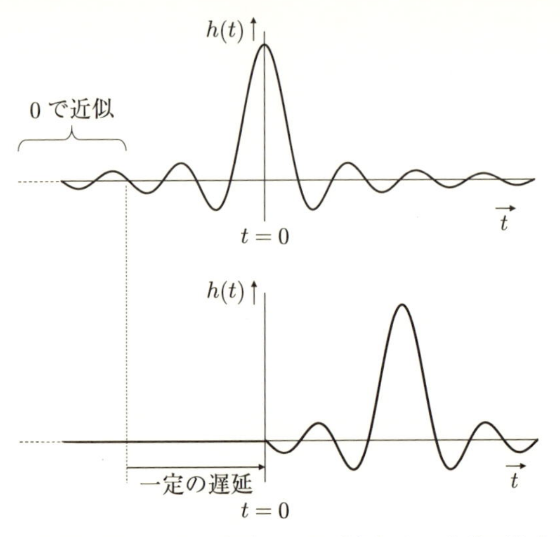

図 2.19　因果律を満たさない波形と，遅延を加えて実現可能とした近似

生する波形で近似することは可能である．この様子を図 2.19 に示す．このような方法を使えば，因果律を満たさないが有用なシステムがある場合，遅延を加えることで特性を近似するシステムを実際に作ることは可能なのである．

2.4 パルス幅と帯域幅

ある特別な線形時不変システムがあって，そのインパルス応答 $h(t)$ が，時間軸上で幅 T_h の範囲に存在する状況を考えよう．すなわち，このシステムでは，ある時刻 t_0 があって，図 2.20 に示すように，

$$h(t) = 0,\ \ t < t_0 \quad \text{および} \quad t > t_0 + T_h \tag{2.24}$$

となっている．以下ではこの時間幅 T_h をインパルス応答のパルス幅 (pulse duration, pulse width) と呼ぶことにする．

このシステムに，時間幅が T_f の入力信号 $f(t)$ を入力したとする．この信号は，ある時刻 t_1 から電圧が発生するならば，次のように表される．

$$f(t) = 0,\ \ t < t_1 \quad \text{および} \quad t > t_1 + T_f$$

この入力に対する出力波形 $g(t)$ にはどのような性質があるだろうか？　定理 2.1

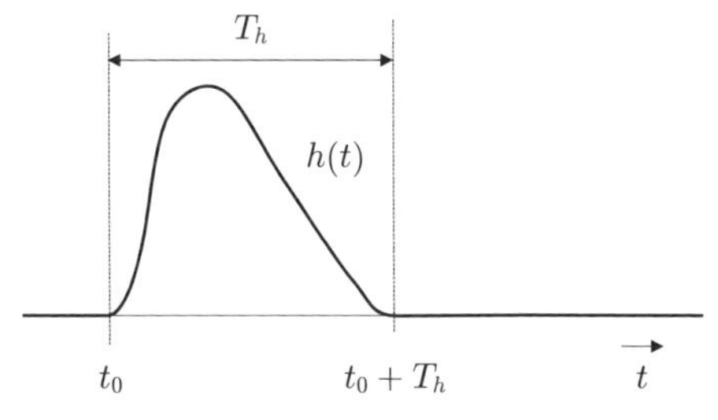

図 2.20 時間幅が T_h のインパルス応答

と入力 $f(t)$ の条件から直ちに次のことが分かる.

$$g(t) = \int_{t_1}^{t_1+T_f} f(\tau)h(t-\tau)d\tau$$

上の式で, 時刻 t が $t < t_1 + t_0$ であれば, 積分範囲において $t - \tau < t_0$ であるから, $h(t-\tau)$ は 0 となる. また $t > t_1 + t_0 + T_h + T_f$ では積分範囲において $t - \tau > t_0 + T_h$ なので, $h(t-\tau)$ は 0 である. したがって, $g(t)$ が 0 でない値をとり得るのは時刻 $t_1 + t_0$ から $t_1 + t_0 + T_h + T_f$ の間であることが分かる. このことは, 出力波形の時間幅は $T_h + T_f$ であり, 入力信号の時間幅 T_f よりもインパルス応答のパルス幅 T_h だけ増加することを示している.

ディジタル通信ではパルスの有無で数値を表し, 情報を伝送するが, パルス間隔よりも波形の時間幅が広ければ隣接するパルス同士が干渉し, 正しく数値を伝送できない. したがって, パルス間隔を狭くして単位時間あたり多くの情報を送るには, 波形の時間幅を狭くする必要がある. 上の考察から示唆されることは, 伝送路のような線形時不変システムを通過した波形の時間幅は, インパルス応答のパルス幅 T_h だけ大きくなるということである. このことから, T_h は情報伝送上重要な値であると考えられる.

例題 2.11 で求めたインパルス応答 (図 2.13) を見ると, $h(t)$ は t の増加と共に 0 に近づくものの, 永遠の未来まで 0 でない値をとる. この場合, パルス幅 T_h をどのように考えたらよいだろうか. その考え方の 1 つは, インパルス応答のある時刻 t_0 の値 $h(t_0)$ を振幅として, $h(t)$ と面積が同じ矩形の波形を考え, この波形の時間幅を T_h と考える方法である. 矩形の波形と $h(t)$ の関係を図 2.21 に示す.

ここで, 時刻 t_0 の選び方として, $h(t_0)$ が 0 になる時刻であれば T_h を有限の値で定義できないし, 小さい値をとる時刻としては T_h を過大な値に見積もるであろ

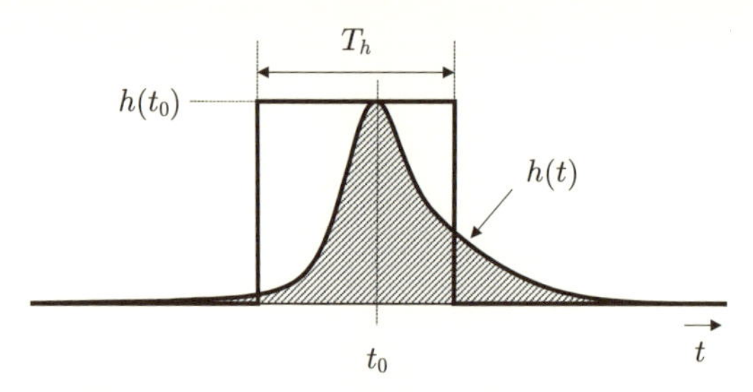

図 2.21　インパルス応答と等価な矩形の波形

う．そこで，t_0 を $h(t)$ が最大になる時刻としよう．すると，T_h は次のように定義される．

$$T_h = \frac{\left|\int_{-\infty}^{\infty} h(t)dt\right|}{\max_t |h(t)|} \tag{2.25}$$

式 (2.25) で絶対値を用いているのは，波形が正，負のどちら側に発生した場合でも対応できるようにするためである．

式 (2.25) のパルス幅 T_h は，入力信号の時間幅に対する応答時間の時間幅の増加分を決める値であり，線形時不変システム固有の時定数であると解釈できる．この方法によれば次のように永遠の未来まで 0 でない値をとるインパルス応答でもパルス幅を算出できる．

【例題 2.14】 例題 2.11 で求めたインパルス応答 $h(t)$ のパルス幅 T_h を求めなさい．

解答　$h(t)$ の振幅が最大になる時刻は $t = 0$ であり，式 (2.25) と $h(t)$ が常に非負であることから，次のようになる．

$$T_h = \frac{\frac{1}{CR}\int_0^{\infty} e^{-\frac{t}{CR}}dt}{\frac{1}{CR}e^0} = \left[-CR \cdot e^{-\frac{t}{CR}}\right]_0^{\infty} = -CR \cdot e^{-\infty} + CR \cdot e^0$$
$$= CR$$

例題 2.14 で求めたパルス幅の矩形の波形と，インパルス応答 $h(t)$ の関係を図 2.22 に示す．同図を見れば，インパルス応答で比較的振幅の大きい範囲が，おお

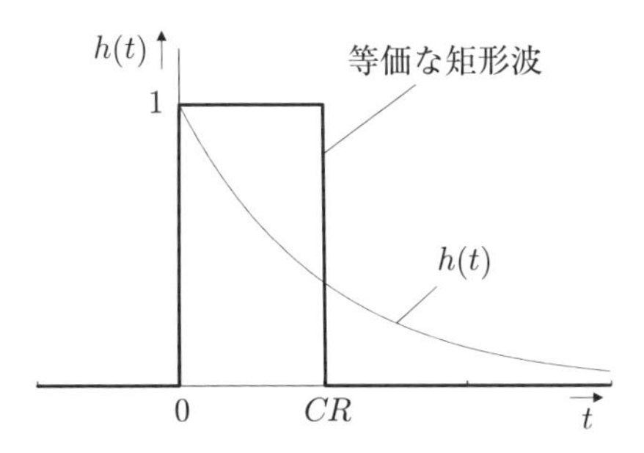

図 2.22 例題 2.9 の回路のインパルス応答と等価なパルス幅を持つ矩形波形

むねパルス幅になっていることが観察される.

ところで，フーリエ変換の定義から，次の関係が成立する.

$$H(0) = \int_{-\infty}^{\infty} h(t)e^{-j \cdot 0 \cdot t}dt = \int_{-\infty}^{\infty} h(t)dt \tag{2.26}$$

式 (2.25) の右辺分子に式 (2.26) を代入することで，次式が得られる.

$$T_h = \frac{|H(0)|}{\max_t |h(t)|} \tag{2.27}$$

式 (2.27) を使えば，次のようにさらに簡単にパルス幅を計算できる.

【例題 2.15】 理想ローパスフィルタのインパルス応答のパルス幅 T_h を求めなさい.

解答　理想ローパスフィルタでは $H(0) = 1$ である．また，$h(t)$ の振幅が最大になる時刻は図 2.18 の通り $t = 0$ であり，$h(0) = \omega_0/\pi$ であるから，式 (2.27) より直ちに，

$$T_h = \frac{|H(0)|}{|h(0)|} = \frac{\pi}{\omega_0}$$

例題 2.15 の結果は，理想ローパスフィルタの場合，パルス幅は通過帯域の幅 ω_0 に反比例することを示している．一方，信号の時間幅は入力に比べ出力ではインパルス応答のパルス幅だけ増加するのだから，理想ローパスフィルタを通過する信号の時間幅の増加を抑制するには，通過帯域幅を大きくする必要があることが分か

る．

理想ローパスフィルタに限らず，低域通過型の周波数応答を示すシステムでは，パルス幅と通過帯域幅の間に同様の反比例関係が一般に成り立つ．このことを説明するには，通過帯域幅を明確に定義する必要がある．

電気回路などで現実に実現できる低域通過型のシステムの周波数応答 $H(\omega)$ は，角周波数 ω が無限に大きくなってもその振幅特性が厳密に 0 になるとは限らない．例えば例題 2.9 のシステムの振幅特性は ω が大きくても 0 にはならない．しかし，直流成分は通過するし，ω の増加とともに振幅特性は減少するから低域通過型の特性である．また，ω がある値以上に大きくなれば振幅特性は無視できるほど小さくなるので，通過帯域は制限されていると考えられる．このようなシステムについて，通過帯域を合理的に決めることが必要である．

このようなシステムの通過帯域の定義として，$H(\omega)$ と特性的に等価な理想ローパスフィルタの帯域幅を使う方法がある．この方法では，ある角周波数，例えば $\omega = 0$ における振幅特性の値 $|H(\omega)|$ を基準として，次のように通過帯域幅が ω_B で，入力信号が通過域で $|H(0)|$ 倍される理想ローパスフィルタ $H_f(\omega)$ を考える．

$$H_f(\omega) = \begin{cases} |H(0)|, & |\omega| \le \omega_B \\ \quad 0 \quad , & |\omega| > \omega_B \end{cases} \tag{2.28}$$

図 2.23 に $|H(\omega)|$ と $H_f(\omega)$ の関係を示す．

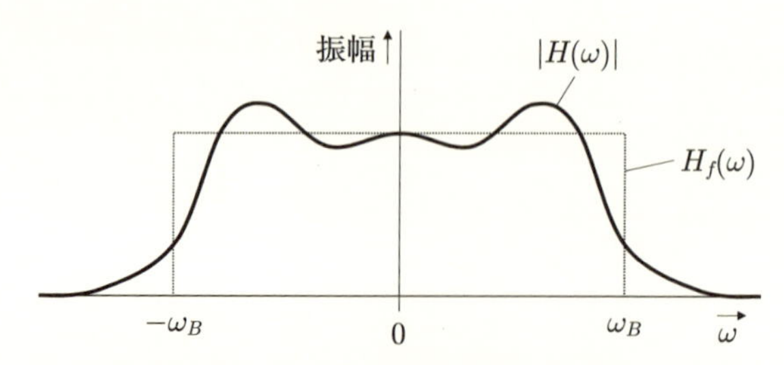

図 2.23　低域通過特性と等価な帯域幅を持つ理想ローパスフィルタ

ここで $H(\omega)$ と等価な理想ローパスフィルタの通過帯域幅 ω_B を，図 2.23 における $H(\omega)$ と $H_f(\omega)$ の面積が同じになるように決め，ω_B を $H(\omega)$ の通過帯域とするのである．ここで，$H_f(\omega)$ の面積は高さ $|H(0)|$，幅 $2\omega_B$ の長方形，$H(\omega)$ の面積は積分により求められるであろう．

ところが，次のことには注意が必要である．いま，$h(t)$ より τ 秒進んだ波形

$h(t+\tau)$ をインパルス応答とするシステムを考えると，その伝達関数は，フーリエ変換の時間移動定理（定理 1.4）によって $e^{j\omega\tau}H(\omega)$ となる．この伝達関数も $H(\omega)$ と振幅特性は同じであるし，通過帯域は $H(\omega)$ と同じと考えられる．ここで，面積を求めるため，$e^{j\omega\tau}H(\omega)$ を $-\infty$ から ∞ の範囲で積分し値に着目する．すると，$H(\omega)$ はインパルス応答 $h(t)$ のフーリエ変換であることと，フーリエ逆変換によって，次の関係があることが分かる．

$$\int_{-\infty}^{\infty} e^{j\omega\tau}H(\omega)d\omega = 2\pi h(\tau) \tag{2.29}$$

式 (2.29) が示すように，$e^{j\omega\tau}H(\omega)$ を積分した値は τ の値に左右され，$h(\tau)$ に比例することが分かる．極端な場合，値は 0 にもなり得る．しかし，その場合は等価な理想ローパスフィルタの通過帯域も 0 となるから，明らかに不合理である．帯域幅の定義上どの τ の値を選ぶべきかが問題であるが，帯域を過小評価しないように，ここでは絶対値が最大になるように τ の値を選ぶことにする．

以上の考え方によれば，$H(\omega)$ と等価な理想ローパスフィルタの通過帯域は，次式を満たすように決めればよい．

$$2\omega_B|H(0)| = \max_{\tau} |2\pi \int_{-\infty}^{\infty} e^{j\omega\tau}H(\omega)d\omega| = \max_{t} |2\pi h(t)| \tag{2.30}$$

上式を ω_B について解くと

$$\omega_B = \frac{\max_{t} |\pi h(t)|}{|H(0)|} \tag{2.31}$$

この定義を用いれば，現実の電気回路で構成したシステムの伝達関数に対し，次の例題のように通過帯域幅を算出することができる．

【例題 2.16】 例題 2.9 のシステムについて，式 (2.31) によって通過帯域幅 ω_B を求めなさい．

解答　伝達関数に $\omega = 0$ を代入することで，

$$H(0) = 1$$

である．一方，例題 2.11 の結果が示すように，$h(t)$ が最大になるのは $t = 0$ のときであって，

$$h(0) = \frac{1}{CR}$$

である．したがって，

$$\omega_B = \frac{\pi}{CR}$$

例題 2.16 に関して，$H(\omega)$ の振幅特性と，求めた通過帯域幅 ω_B を持つ理想ローパスフィルタの特性を図 2.24 に示す．同図を見ると，$|\omega| > \omega_B$ の周波数成分は振幅が 1/3 以下になっており，比較的大きく減衰している．したがって ω_B を境界として高い周波数成分が完全に遮断されるわけではないが，ω_B は通過帯域幅の目安になるものと考えられる．

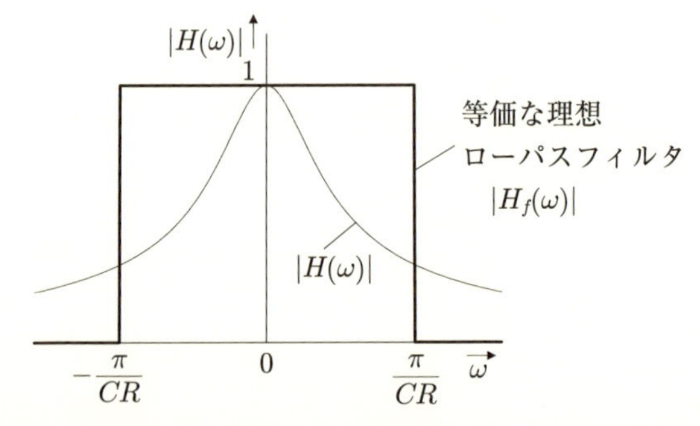

図 2.24　例題 2.9 の回路の伝達関数とその通過帯域幅を持つ理想ローパスフィルタの振幅特性

例題 2.9 の回路に関し，例題 2.16 で求めた通過帯域幅 ω_B と例題 2.14 で求めた同じ回路のパルス幅 T_h を見比べれば，この場合も理想ローパスフィルタと同様に $T_h = \pi/\omega_B$ となっていて，T_h と ω_B は反比例の関係にあることが分かる．次の定理が示すように，この関係は一般的に成立するものである．

定理 2.3（パルス幅と通過帯域幅）

低域通過特性を持つ線形時不変システムの帯域幅 ω_B を式 (2.31) で定義したとき，式 (2.27) で定義されるインパルス応答 $h(t)$ のパルス幅 T_h と ω_B に次式の関係がある．

$$T_h = \frac{\pi}{\omega_B} \tag{2.32}$$

証明　式 (2.31) と式 (2.27) の両辺を掛け合わせれば，

$$\omega_B T_h = \frac{\max_t |\pi h(t)|}{|H(0)|} \frac{|H(0)|}{\max_t |h(t)|} = \pi \tag{2.33}$$

式 (2.33) によって定理は直ちに証明される．

（証明終り）

2.5 帯域幅と立ち上がり時間

線形時不変システムの入力として，単位ステップ関数 (unit step function) $u(t)$ を与える．この入力 $u(t)$ に対する出力 $y(t)$ はステップ応答 (step response) と呼ばれている．ステップ応答で重要視される属性は立ち上がり時間 (rise time) である．立ち上がり時間 T_r は，ステップ関数に対する応答が現れた時刻から，応答が完了して定常状態に達する時刻までの時間である．立ち上がり時間の概念を図示すると図 2.25 のようになる．

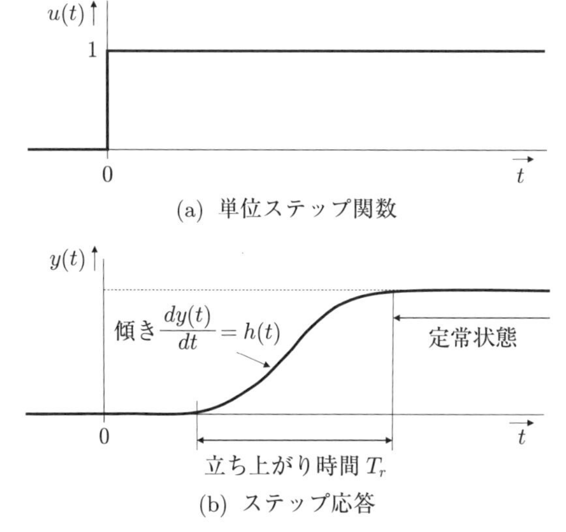

図 2.25　ステップ応答と立ち上がり時間：(a) 入力信号と (b) 出力波形の例

立ち上がり時間 T_r はインパルス応答のパルス幅 T_h と関係がある．この関係をみるため，式 (2.24) のように，インパルス応答 $h(t)$ が時間軸上で幅 T_h の範囲 $[t_0, t_0 + T_h]$ のみに存在する場合を考える．するとステップ応答 $y(t)$ は，定理 2.1 と式

(1.17) のステップ応答の定義から，次のように書けるであろう．

$$y(t) = \int_0^\infty h(t-\tau)d\tau$$

ここで，もし t が $t < t_0$ であれば，積分範囲は $0 < \tau < \infty$ であるから $t{-}\tau < t_0$ である．したがって，積分範囲で $h(t{-}\tau)$ は 0 なので $y(t) = 0$ である．この $t < t_0$ の範囲は単位ステップ関数の入力に対し，応答が開始していない状況であると考えられる．一方，$t > t_0 + T_h$ の範囲では，

$$y(t) = \int_0^{t-t_0-T_h} h(t-\tau)d\tau + \int_{t-t_0-T_h}^{t-t_0} h(t-\tau)d\tau + \int_{t-t_0}^\infty h(t-\tau)d\tau$$

のように書いたとき，右辺第 1 項は積分範囲で $t - \tau > t_0 + T_h$ なので 0，右辺第 3 項は積分範囲で $t - \tau < t_0$ なので 0 である．右辺第 2 項は，

$$x = t - \tau$$

とおくと，

$$d\tau = -dx$$

であり，積分範囲は $t_0 + T_h$ から t_0 までになるので，結局 $t > t_0 + T_h$ ならば

$$y(t) = \int_{t_0}^{t_0+T_h} h(x)dx$$

上の式は，$t > t_0 + T_h$ で $y(t)$ は t によって変化せず，時刻が ∞ になるまで一定値であることを示しており，この範囲でシステムは定常状態になっていると見なせる．したがって立ち上がり時間 T_r は応答の始まる t_0 から定常状態が開始する $t_0 + T_h$ までの時間 T_h である．

このように，インパルス応答が特定の時間域だけに存在すれば，立ち上がり時間 T_r はインパルス応答のパルス幅 T_h そのものになる．この立ち上がり時間とパルス幅の関係は，次の定理によってより見通しよく理解することができる．

定理 2.4（導関数の入力に対する出力） 導関数

入力 $f(t)$ と出力 $g(t)$ の間に式 (2.1) の関係がある線形時不変システムで，次の関係が成立する．

$$\frac{dg(t)}{dt} = \mathcal{L}\left(\frac{df(t)}{dt}\right) \tag{2.34}$$

証明　このシステムに $f(t)$ よりも一定時間 Δt だけ進んだ波形 $f(t+\Delta t)$ を入力すると，時不変性が成立しているから，式 (2.3) で $\tau = -\Delta t$ とおくことで次式を得る．

$$g(t+\Delta t) = \mathcal{L}(f(t+\Delta t)) \tag{2.35}$$

また，線形性が成立するので，式 (2.2) に $a = -b = 1/\Delta t$，$f_1(t) = f(t+\Delta t)$，$f_2(t) = f(t)$ を代入することで次式が得られる．

$$\frac{g(t+\Delta t) - g(t)}{\Delta t} = \mathcal{L}\left(\frac{f(t+\Delta t) - f(t)}{\Delta t}\right) \tag{2.36}$$

式 (2.36) で $\Delta t \to 0$ とすれば定理は証明される．

（証明終り）

単位インパルスと単位ステップ関数の関係について示した式 (1.21) と，定理 2.4 から，インパルス応答 $h(t)$ とステップ応答 $y(t)$ には次の関係があることが導かれる．

$$\frac{dy(t)}{dt} = h(t) \tag{2.37}$$

式 (2.37) を使えば，インパルス応答が特定の時間幅の範囲だけにある場合，ステップ応答の立ち上がり時間を見通しよく理解できる．同式によればステップ応答の導関数がインパルス応答なのだから，インパルス応答の値が 0 の時刻でステップ応答 $y(t)$ は一定値，すなわち定常状態であることになる．また $y(t)$ が定常状態への収束に向けて変化するのは $h(t)$ が 0 でない時間範囲だけであることも分かる．したがって，式 (2.24) のように $h(t)$ が t_0 から $t_0 + T_h$ の幅 T_h の間だけで 0 でない値をとるなら，その時間範囲が立ち上がり時間 T_r そのものになるのである．

一方，図 2.22 に示したようなインパルス応答では，応答の開始からパルス幅 T_h の経過後も振幅が急にはなくならない．このようなシステムでは，$h(t)$ の積分値である $y(t)$ は T_h が経過した後も変化するであろう．この場合でも立ち上がり時間 T_r とパルス幅 T_h には関係がある．

ステップ応答の定常状態の出力を y_∞ とすると，立ち上がり時間が T_r 秒であれば，ステップ応答 $y(t)$ は平均して 1 秒あたり $|y_\infty|/T_r$ の割合で変化することに

なる．一方，ある瞬時 t の 1 秒あたりの出力変化は $y(t)$ の接線の傾き，すなわち $y(t)$ の導関数の値は，定理 2.4 の通り $h(t)$ で表される．この接線の傾きの絶対値をとり，その最大値を考えれば，それは瞬時の 1 秒あたり変化の最大値だから，1 秒あたり変化の平均値 $|y_\infty|/T_r$ より小さくはならない．これを式で書くと，

$$\frac{|y_\infty|}{T_r} \leq \max\left|\frac{dy(t)}{dt}\right| = \max|h(t)| \tag{2.38}$$

上式で絶対値を使っているのは，応答が正側と負側のどちらに発生した場合でも対応できるようにするためである．ところで，$t \to \infty$ で単位ステップ関数は振幅 1 の直流と見なせるから y_∞ は $H(0)$ である．これを数式で確認する．定理 2.4 によれば，単位ステップ関数の導関数は単位インパルスなので，インパルス応答の積分がステップ応答になる．

$$y(t) = \int_{-\infty}^{t} h(\tau)d\tau$$

したがって，

$$y_\infty = \lim_{t\to\infty}\int_{-\infty}^{t} h(\tau)d\tau = \int_{-\infty}^{\infty} h(\tau)e^{-j\cdot 0\cdot\tau}d\tau = H(0) \tag{2.39}$$

式 (2.38) に (2.39) を代入し T_r について解くと，T_r は次のように下から押さえられることが分かる．

$$T_r \geq \frac{|H(0)|}{\max\limits_t |h(t)|} \tag{2.40}$$

【例題 2.17】 式 (2.40) の示す T_r の下界値を，式 (2.22) で定義される理想ローパスフィルタについて求めなさい．

解答　式 (2.40) において，右辺分子の $H(0)$ は理想ローパスフィルタの定義より 1 である．また，図 2.18 から明らかなように，$h(t)$ の絶対値は $t = 0$ のとき最大で，その値は ω_0/π なので，T_r について

$$T_r \geq \frac{\pi}{\omega_0}$$

が成立する．なお，例題 2.15 の結果からすれば，

$$T_r \geq T_h$$

であることが分かる.

例題 2.17 より，理想ローパスフィルタの立ち上がり時間 T_r はインパルス応答のパルス幅 T_h で下から押さえられることが分かる．パルス幅は，通過帯域の幅 ω_0 に反比例するので，立ち上がり時間を短くするには，通過帯域幅 (pass band) を広くする必要がある.

さて，例題 2.17 は理想ローパスフィルタを仮定して導いた性質である．しかし，同じことを一般の低域通過特性を持つ線形時不変システムについていうことができる.

定理 2.5（立ち上がり時間の下界）

低域通過特性を持つ線形時不変システムの帯域幅 ω_B を式 (2.31) で定義したとき，ステップ応答の立ち上がり時間 T_r に次の性質がある.

$$T_r \geq \frac{\pi}{\omega_B} \tag{2.41}$$

証明　式 (2.40) の両辺に，式 (2.31) の等式の両辺を掛け合わせると，式 (2.31) の両辺は正の値であるから不等号の向きは変わらず,

$$\omega_B T_r \geq \frac{|H(0)|}{\max\limits_t |h(t)|} \cdot \frac{\max\limits_t |\pi h(t)|}{|H(0)|} = \pi \tag{2.42}$$

上式より直ちに定理は証明される.

（証明終り）

上に述べた性質は通信システムの設計上重要である．ディジタル情報伝送では，情報を 2 進数で符号化し，それらをパルスと呼ばれる時間幅の狭い電圧で表して遠方へ送信する．受信側では，パルスの電圧を閾値と比較することでパルス列から 2 進の数値を判定する．このとき，狭帯域のシステムを通過すると定理 2.4 が述べるようにパルスの立ち上がり時間が増加するから，電圧が数値識別の閾値に達するまでの時間も増大する．極端な場合，図 2.26(a) のように電圧の変化が少なくなり，初期値によっては出力が閾値に達する前に入力パルスが終了し，正しく 2 進の数値を識別できないことが起こり得る．したがって，情報信号が帯域の狭いシス

テムを通過するならば，図 2.26(b) に示すようにパルス間隔を広げる必要がある．しかし，そうすると，情報送信速度は低下する．このように，信号波形を送るシステムの通過帯域は，情報の伝送速度と密接に関係するのである．

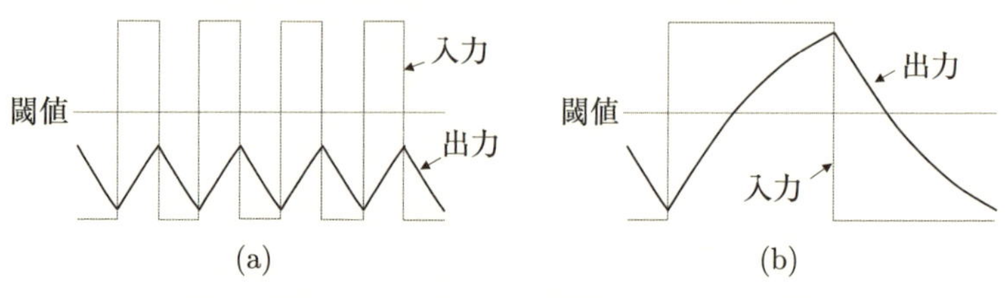

図 2.26　立ち上がり時間の長いシステムに (a) 間隔が狭いパルス列を入力したとき，(b) 間隔の広いパルス列を入力したときの応答

2.6 エネルギー密度スペクトルと伝達関数

パーセバルの定理（Parseval's theorem, 1.6.5 項）において，式 (1.103) が示すものは信号のエネルギーである．その右辺が意味することは，信号 $f(t)$ は微小な角周波数の区間 $[\omega,\ \omega + d\omega]$ に $|F(\omega)|^2 d\omega/(2\pi)$ だけのエネルギー成分を持っている，ということである．これは，角周波数 ω における周波数あたりのエネルギーの分布密度が $|F(\omega)|^2$ であるともいうことができる．このように，$|F(\omega)|^2$ は周波数領域で ω に対するエネルギー密度を現すことから，エネルギー密度スペクトル (エネルギースペクトル，エネルギースペクトル密度，energy spectral density) と呼ばれている．

通信システムでは，通信路を通じた情報伝送中に，情報信号が減衰する一方，雑音信号が混入する．この状況に対し，線形時不変システムであるフィルタ回路により，情報信号の強度に比べ雑音信号の強度を下げ，要求される性能を実現する．このフィルタ回路の設計を行うには，システムにより信号のエネルギーはどう影響されるかを知る必要があるだろう．

信号 $f(t)$ のエネルギー密度スペクトル $|F(\omega)|^2$ を簡潔に，ギリシャ文字 ε を使って，

$$\varepsilon_f(\omega) \triangleq |F(\omega)|^2 \tag{2.43}$$

と書くことにしよう．伝達関数 $H(\omega)$ を持つ線形システムに信号 $f(t)$ を入力したとき，出力 $g(t)$ が発生するとする．このとき出力のエネルギー密度スペクトル

$\varepsilon_g(\omega)$ を求める．信号 $g(t)$ のフーリエ変換を $G(\omega)$ とすると，エネルギー密度スペクトルの定義から

$$\varepsilon_g(\omega) = |G(\omega)|^2 \tag{2.44}$$

である．一方，式 (2.20) を上式に代入すると次の結果が得られる．

$$\varepsilon_g(\omega) = |H(\omega)F(\omega)|^2 = |H(\omega)|^2 \varepsilon_f(\omega) \tag{2.45}$$

すなわち，出力信号のエネルギーは，入力信号のエネルギー密度スペクトルと伝達関数が与えられれば算出できることになる．

【例題 2.18】 信号 $f(t)$ のエネルギー密度スペクトルが次の関数で与えられている．

$$\varepsilon_f(\omega) = e^{-|\omega|/\omega_0}$$

ここで定数 ω_0 は $\omega_0 > 0$ である．この信号のエネルギーを E_f とする．また，信号 $f(t)$ を式 (2.22) の理想ローパスフィルタに入力したとき，得られる出力のエネルギーを E_g とする．E_g は E_f の何倍になるか？

解答　E_f を求めると，

$$E_f = \frac{1}{2\pi}\int_{-\infty}^{\infty} e^{-|\omega|/\omega_0} d\omega = \frac{1}{\pi}\int_{0}^{\infty} e^{-\omega/\omega_0} d\omega = -\frac{\omega_0}{\pi}\left[e^{-\omega/\omega_0}\right]_0^{\infty} = \frac{\omega_0}{\pi}$$

出力のエネルギー密度スペクトル $\varepsilon_g(\omega)$ は，

$$\varepsilon_g(\omega) = |H(\omega)|^2 \varepsilon_f(\omega) = \begin{cases} e^{-|\omega|/\omega_0}, & |\omega| \le \omega_0 \\ 0, & |\omega| > \omega_0 \end{cases}$$

上の結果を使い E_g を求めると，

$$E_g = \frac{1}{2\pi}\int_{-\omega_0}^{\omega_0} e^{-|\omega|/\omega_0} d\omega = \frac{1}{\pi}\int_{0}^{\omega_0} e^{-\omega/\omega_0} d\omega = -\frac{\omega_0}{\pi}\left[e^{-\omega/\omega_0}\right]_0^{\omega_0}$$
$$= \frac{\omega_0(1-e^{-1})}{\pi}$$

したがって，

$$E_g/E_f = 1 - e^{-1} \approx 0.63212$$

およそ 0.63 倍である.

1.2.1 項で述べたように，全時間のエネルギーは定義できるが全時間の平均電力 (average power) を定義できない信号がある一方，平均電力は定義できるが全時間のエネルギーは定義できない信号も存在する．後者の信号に対しては平均電力で信号強度を評価することになる．そこで信号電力とフィルタなど線形時不変システムの関係も明らかにする必要がある．

エネルギーは無限大になるが全時間の平均電力が 0 ではない信号 $f(t)$ があるとする．この信号を次のように時刻範囲 $[-T/2, T/2]$ で切り出した信号 $f_T(t)$ を考える．

$$f_T(t) \triangleq \begin{cases} f(t), & -T/2 \leq t \leq T/2 \\ 0, & t < -T/2, T/2 < t \end{cases} \tag{2.46}$$

信号 $f_T(t)$ の全時間のエネルギーは有限であるので，そのフーリエ変換を $F_T(\omega)$ とすれば，エネルギー密度スペクトル $\varepsilon_{f_T}(\omega)$ を次の通り定義できる．

$$\varepsilon_{f_T}(\omega) = |F_T(\omega)|^2 \tag{2.47}$$

これは時間 T の間のエネルギーに関する周波数軸上での密度であるから，T で $\varepsilon_{f_T}(\omega)$ を割ったものは電力の周波数軸上での密度を表すと解釈される．この値の $T \to \infty$ としたときの極限を $S_f(\omega)$ と書くと，

$$S_f(\omega) = \lim_{T \to \infty} \frac{\varepsilon_{f_T}(\omega)}{T} = \lim_{T \to \infty} \frac{|F_T(\omega)|^2}{T} \tag{2.48}$$

である．$S_f(\omega)$ は全時間での平均電力の周波数軸上での密度を表すと考えられ，電力密度スペクトル (電力スペクトル，電力スペクトル密度，power spectral density) と呼ばれる．

平均電力を定義できる信号 $f(t)$ を，伝達関数 $H(\omega)$ を持つ線形時不変システムに入力したとき，発生する出力を $g(t)$ とする．信号 $f(t)$，$g(t)$ のフーリエ変換を $F(\omega)$，$G(\omega)$，また $f(t)$，$g(t)$ を範囲 $[-T/2, T/2]$ で切り出した信号 $f_T(t)$，$g_T(t)$ のフーリエ変換を $F_T(\omega)$，$G_T(\omega)$ とする．すると，入力の電力密度スペクトルは式 (2.48) の通りで，出力の電力密度スペクトルは，

$$S_g(\omega) = \lim_{T\to\infty} \frac{|G_T(\omega)|^2}{T} \tag{2.49}$$

である．ここで，$T \to \infty$ ならば，明らかに

$$F_T(\omega) \to F(\omega), \quad G_T(\omega) \to G(\omega) \tag{2.50}$$

である．一方，$F(\omega)$ と $G(\omega)$ の間に式 (2.20) が成立するから，次の関係が成立する．

$$\begin{aligned} S_g(\omega) &= \lim_{T\to\infty} \frac{|H(\omega)F_T(\omega)|^2}{T} = |H(\omega)|^2 \lim_{T\to\infty} \frac{|F_T(\omega)|^2}{T} \\ &= |H(\omega)|^2 S_f(\omega) \end{aligned} \tag{2.51}$$

このように，入力と出力の電力密度スペクトルの間には，エネルギー密度スペクトルの場合と同様の関係が成立する．

2.7 無歪み伝送

通信システムにおいては，伝送路，あるいは伝送路で生じる信号強度の減衰を補償する中継増幅器において，振幅の変化や一定の遅延はあるとしても，入力した信号の波形と同じ形の波形が出力されることが望ましい．このような信号伝送を実現するためには，線形時不変システムで入出力間の波形の変化（歪み）を最小にする無歪み伝送 (distortionless transmission) の条件を知る必要がある．

ある線形システムがあって，入力信号 $f(t)$ に対し，出力信号 $g(t)$ は相似な波形をしているが，振幅は H_0 倍になり，t_0 秒の遅延が発生するものとする．これを数式で書くと次式となる．

$$g(t) = H_0 f(t - t_0) \tag{2.52}$$

ここで $f(t)$ と $g(t)$ のフーリエ変換を $F(\omega)$ と $G(\omega)$ とする．式 (2.52) の両辺のフーリエ変換を計算すると，フーリエ変換の線形性と時間移動定理によって

$$G(\omega) = H_0 e^{-j\omega t_0} F(\omega) \tag{2.53}$$

一方，このシステムの伝達関数 $H(\omega)$ に関し，式 (2.20) が成立している．式 (2.20) と式 (2.53) を見比べれば $H(\omega)$ は次のように求められる．

$$H(\omega) = \frac{G(\omega)}{F(\omega)} = H_0 e^{-j\omega t_0} \tag{2.54}$$

以上の結果から，無歪み伝送を可能とするシステムの振幅特性と位相特性は次のように表されることが分かる．

$$|H(\omega)| = H_0 \tag{2.55}$$

$$\arg H(\omega) = -\omega t_0 \tag{2.56}$$

式 (2.55)，式 (2.56) が示すように，無歪み伝送を実現する伝達関数の振幅特性は角周波数によらず一定で，位相特性は原点を通る傾き $-t_0$ の直線である．信号のスペクトルが存在する角周波数の範囲で，システムがこれらの条件を満たせば，入力信号のすべての周波数成分が，同じ倍率で定数倍され，同じ時間だけ遅延するので，成分を重ね合わせてできる波形も同じ形になる．

ところで，伝達関数 $H(\omega)$ の位相特性の導関数に負号を付けたもの，

$$t_{\mathrm{g}}(\omega) = -\frac{d \arg H(\omega)}{d\omega} \tag{2.57}$$

は群遅延 (group delay) と呼ばれている．式 (2.56) が成立する伝達関数の群遅延 $t_{\mathrm{g}}(\omega)$ は，

$$t_{\mathrm{g}}(\omega) = -\frac{d \arg H(\omega)}{d\omega} = t_0 \tag{2.58}$$

であるから，無歪み伝送を実現するシステムの群遅延は ω と無関係に一定値 t_0 になっていることが分かる．

2.8 離散時間系の線形時不変システム

これまでの議論は，システムの入力信号と出力信号が，時間軸上のあらゆる点で連続的に値を持つことを仮定してきた．このように，線形時不変システムで，入力と出力の信号が共に時間軸方向に連続であれば，そのシステムは連続時間系 (continuous-time system) である．一方，信号としては，時間軸上の不連続な時刻のみで値が定義される離散時間の信号も考えられる．実用的には一定の間隔 T を持つ時刻 $\ldots, t_{-2}, t_{-1}, t_0, t_1, t_2, \ldots$ で値が定義される信号が重要である．ここで，

$$t_i - t_{i-1} = T \tag{2.59}$$

である．離散時間の入力信号に対し，離散時間の出力信号を発生させる線形で時不変なシステムも構成することができ，情報伝送だけでなく様々な分野で利用されている．このようなシステムは離散時間系 (discrete-time systems) である．

1.8 節で述べたように，現在の通信システムでは情報は標本化と量子化の処理を経て，時間方向にも振幅方向にも離散的な信号に変換されて伝送される．標本化・量子化された情報を，パーソナル・コンピュータや DSP(Digital Signal Processor) などの計算機上で，プログラムによって線形で時不変な処理をすれば離散時間系のシステムを実現できる．また，今日ではスイッチトキャパシタ回路 (switched capacitor circuit)[8] が様々な分野で使われているが，これは時間軸方向には離散的で，振幅方向には連続な離散時間系のシステムである．

離散時間系のシステムにおいても，連続時間系のシステムにおける性質と同様の性質を示すことができる．以後，時刻 $t_n(n = 0, \pm 1, \pm 2, \ldots)$ における離散時間系のシステムの入力を $f[n]$，出力を $g[n]$ のように書くことにする．

システムの線形性，時不変性については，連続時間系の場合と同じように定義することができる．すなわち，線形なシステムで入力 $f[n]$ に対し出力 $g[n]$ が発生するなら，入力を定数 a 倍した信号 $af[n]$ を入力することで出力も a 倍した信号 $ag[n]$ が得られる．また，線形なシステムで 2 種類の入力信号 $f_1[n]$, $f_2[n]$ に対する出力信号がそれぞれ $g_1[n]$, $g_2[n]$ であるなら，入力信号 $f_1[n] + f_2[n]$ に対する出力は $g_1[n] + g_2[n]$ となる．また時不変なシステムでは，$f[n]$ を N だけ移動した信号 $f[n-N]$ を入力すれば出力も N だけ移動した信号 $g[n-N]$ になる．

離散時間系の線形時不変システムにおいても，連続時間系の場合と同様に周波数応答とインパルス応答を定義することができる．周波数応答 $H(\omega)$ は，入力 $f[n]$ として複素数の正弦波 $e^{j\omega t}$ を時間間隔 T でサンプリングした値，

$$f[n] = e^{jn\omega T} \tag{2.60}$$

を仮定して，そのときの出力 $g[n]$ から，

$$H(\omega) = \frac{g[n]}{f[n]} \tag{2.61}$$

のようにして求められる．次の例題でこのことを確かめよう．

【例題 2.19】 計算機内に時間間隔 τ で標本化された信号が配列 $f[n]$ に記録されている．この配列を使い，$f[n-1] + f[n]$ を計算して出力 $g[n]$ とする．こ

の処理の周波数応答 $H(\omega)$ を求めなさい.

解答 式 (2.60) の入力で $T=\tau$ を仮定すると, 出力の系列は,

$$g[n]=e^{j(n-1)\omega\tau}+e^{jn\omega\tau}$$

これに式 (2.61) を適用して,

$$H(\omega)=\frac{e^{j(n-1)\omega\tau}+e^{jn\omega\tau}}{e^{jn\omega\tau}}=1+e^{-j\omega\tau}$$

例題 2.19 と例題 2.10 を見比べると, 処理の内容の点でも, 周波数応答の関数でも, 特に違いがないことに気づくであろう. 違いは, 例題 2.10 では時間に対し連続な信号を扱える遅延素子を仮定したのに対し, 例題 2.19 では配列に離散的に記録された標本値に対し遅延に相当する処理を実行している点のみである.

離散時間系のシステムにおけるインパルス応答を定義するには, まず離散時間系における単位インパルス (unit impulse of discrete-time systems) を導入する必要がある. 離散時間系では時刻と時刻の間は最小でも T であって, 微分や積分で使われる微小区間の極限は存在しない. 一方, ディラックのデルタ関数は積分を使って定義されるので, 離散時間系では定義できない. デルタ関数の代わりに, 離散時間系ではクロネッカーのデルタ (Kronecker's delta) と呼ばれる次の関数 $\delta[n]$ を用いる.

$$\delta[n]=\begin{cases}1, & n=0\\ 0, & n\neq 0\end{cases} \tag{2.62}$$

連続時間系の単位インパルスには, 式 (1.16) の通り, 特定の時刻における信号の値を取り出す作用があったが, $\delta[n]$ も離散時間信号に対し, 同じような作用がある. 信号 $f[n]$ に対し m を定数として, 時刻 t_n の値が $f[n]\delta[m-n]$ または $f[m]\delta[n-m]$ となる信号を考えてみると, n が定数 m に一致したときだけ値 $f[m]$ をとり, それ以外の n では 0 である. すなわち, 系列 $f[n]$ の中から m 番目のものだけを取り出せることになる.

線形時不変のシステムに入力として式 (2.62) の $\delta[n]$ を入力したとき発生する出力 $h[n]$ が離散時間系におけるインパルス応答である. このインパルス応答 $h[n]$ には連続時間系における定理 2.1 に相当する次の定理が成立する.

定理 2.6 離散時間系の線形時不変システムのインパルス応答が $h[n]$ であるとき，任意の入力信号 $f[n]$ に対する出力 $g[n]$ は次式で与えられる．

$$g[n] = \sum_{m=-\infty}^{\infty} f[m]h[n-m] \tag{2.63}$$

証明 m を定数として，時刻 t_n の値が $f[m]\delta[n-m]$ である信号 $f_m[n]$ を入力したとする．この入力に対する出力を $g_m[n]$ とする．線形性が成立すれば，$g_m[n]$ は，$\delta[n-m]$ に対する出力に定数 $f[m]$ を掛けたものになる．一方，時不変性が成立すれば $\delta[n-m]$ に対する出力は $h[n]$ を m だけずらした信号 $h[n-m]$ である．したがって，

$$g_m[n] = f[m]h[n-m]$$

この入力信号 $f_m[n]$ は，n が定数 m に一致したときだけ値 $f[m]$ をとり，それ以外の n では 0 である．したがって $f[n]$ は $f[m]\delta[n-m]$ をすべての m について加算したものである．線形性が成り立つならば，$g[n]$ は $f[m]\delta[n-m]$ に対する出力 $g_m[n]$ をすべての m について加算したものであり，次式が成立する．

$$g[n] = \sum_{m=-\infty}^{\infty} g_m[n] = \sum_{m=-\infty}^{\infty} f[m]h[n-m]$$

（証明終り）

定理 2.6 が示す通り，離散時間系においても，入力信号と出力信号の関係を支配するのはインパルス応答なのである．なお，式 (2.63) の右辺は離散時間信号に対する畳み込み演算 (discrete-time convolution) である．

連続時間系では，加算，定数倍，時間に対する微分と積分，遅延を組み合わせた演算で線形時不変システムは構成された．一方，離散時間系では時間軸上の微小区間は存在しないから時間に対する微分と積分は実現できない．したがって，式 (2.4) のように入力・出力間に微分方程式が成立するシステムは構成できず，入力・出力間の関係は式 (2.5) の差分方程式で表されることになる．

いま，連続時間系で入力信号を時間に関して微分して出力するシステムを考える．このシステムの入力 $f(t)$ と出力 $g(t)$ の関係は次のようなものである．

$$g(t) = \frac{df(t)}{dt} = \lim_{\Delta t \to 0} \frac{f(t+\Delta t) - f(t)}{\Delta t} \tag{2.64}$$

この周波数応答 $H_c(\omega)$ を求めると，次のようになる．

$$H_c(\omega) = j\omega \tag{2.65}$$

振幅特性と位相特性は次の通りである．

$$|H_c(\omega)| = \omega$$
$$\arg H_c(\omega) = \frac{\pi}{2}$$

上の振幅特性と位相特性を図 2.27 に示す．

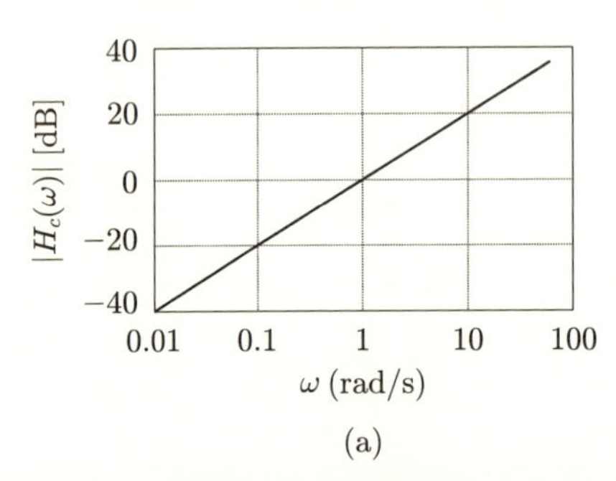

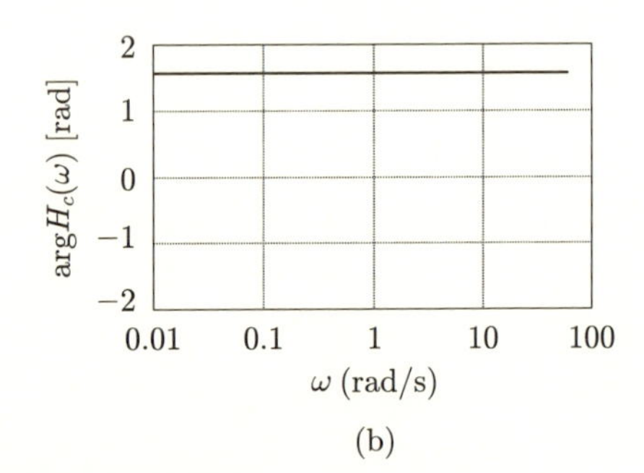

図 2.27　時間で微分した信号を出力する連続時間系システムの (a) 振幅特性と (b) 位相特性

一方，離散時間系では式 (2.64) における $\Delta t \to 0$ の操作ができない．離散時間系で微分に相当する演算は，次の差分 (difference) である．

$$g[n] = \frac{f[n] - f[n-1]}{T} \tag{2.66}$$

式 (2.60) を使って，式 (2.66) の差分演算が行われたときの周波数応答 $H_d(\omega)$ を求めると次のようになる．

$$H_d(\omega) = \frac{1}{T}(1 - e^{-j\omega T}) = \frac{1 - \cos\omega T + j\sin\omega T}{T}$$

この周波数応答の振幅特性と位相特性は次の通りである．

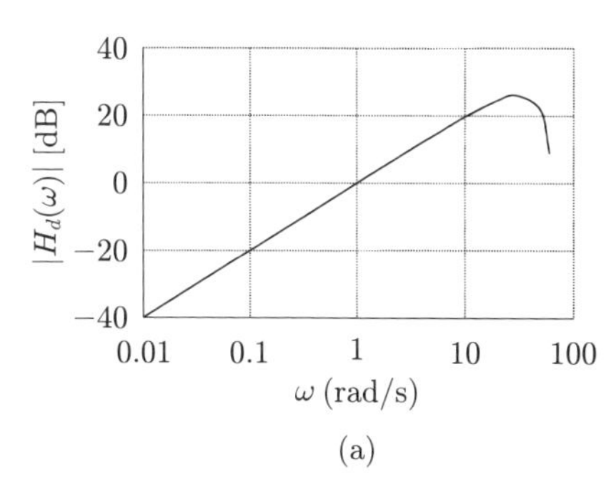

(a)

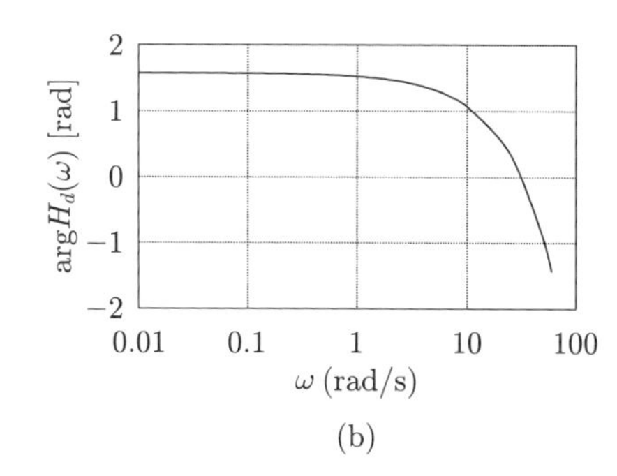

(b)

図 2.28 差分を出力する離散時間系システムの (a) 振幅特性と (b) 位相特性

$$
|H_d(\omega)| = \frac{\sqrt{2-2\cos\omega T}}{T}
$$
$$
\arg H_d(\omega) = \tan^{-1}\frac{\sin\omega T}{1-\cos\omega T}
$$

これらの特性を図 2.28 に示す．同図において，$T = 0.1$ としている．

図 2.27(a) と図 2.28(a) の振幅特性を比較すると，ω が 10 (rad/s) 以下の範囲では連続時間系でも離散時間系でも同様の特性を示しているが，より ω が大きい領域では特性は大きく異なっている．また，図 2.27(b) と図 2.28(b) の位相特性においても ω が小さい範囲でおおむね同じような値を示している．この結果が示すように，ωT が小さい，言い換えると周波数が $1/T$ に比べ小さい範囲では連続時間系における微分を式 (2.66) の差分で近似可能であると言える．

2.8.1 FIR フィルタと IIR フィルタ

離散時間系の線形時不変システムでは，使われる演算は T を単位とする遅延と，定数倍，加算である．このとき，入力と出力の関係は式 (2.5) の差分方程式で $f(t)$，$g(t)$ を $f[n]$，$g[n]$ で置き換えた次の式で表される．

$$
\begin{aligned}
&g[n+N] + a_1 g[n+N-1] + \cdots + a_N g[n] \\
&= b_{N-M} f[n+M] + \cdots + b_N f[n]
\end{aligned} \tag{2.67}
$$

この特別な場合として $N = M$ かつ $a_1 = a_2 = \ldots = a_N = 0$ であったと仮定する．さらに $n + N$ をあらためて n と書けば次式のようになる．

$$
g[n] = b_0 f[n] + b_1 f[n-1] + \cdots + b_N f[n-N] \tag{2.68}
$$

入出力間に式 (2.68) の関係が成立するシステムにおいて，インパルス応答 $h[n]$ はどのような挙動を示すであろうか？　まず $n < 0$ のときについて考えてみると，式 (2.62) に示した離散時間系の単位インパルスの定義から明らかに，$\delta[n] = \delta[n-1] = \ldots = \delta[n-N] = 0$ であるので，式 (2.68) の右辺は 0 である．したがって，$n < 0$ ならば $h[n] = 0$ である．もし $n = 0$ ならば $\delta[n]$ だけが 1 で，$\delta[n-1] = \ldots = \delta[n-N] = 0$ であるから $h[0] = b_0$ である．次に $n = 1$ ならば $\delta[n-1]$ だけが 1 なので，$h[1] = b_1$ である．同様にして，$h[2] = b_2, \ldots, h[N] = b_N$ となる．一方，$n > N$ では，再び $\delta[n] = \delta[n-1] = \ldots = \delta[n-N] = 0$ となるので，$h[n] = 0$ となる．この様子を図 2.29 に示す．

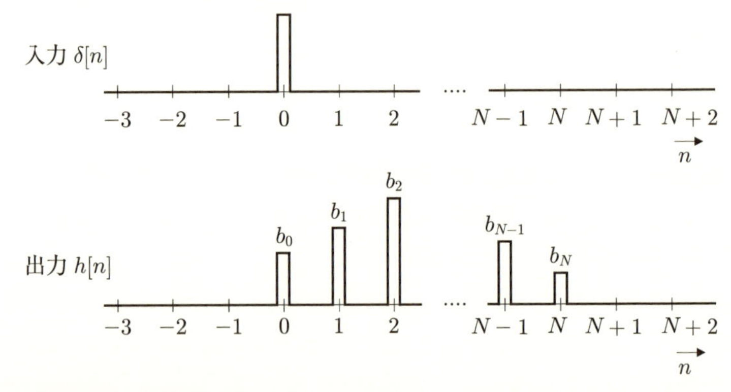

図 2.29　式 (2.68) のシステムの単位インパルスとインパルス応答

以上のように，入力と出力の関係が式 (2.68) で表されるとき，インパルス応答 $h[n]$ は $n < 0$ および $n > N$ の範囲で 0 であり，0 でない値をとり得るのは n が大きさ有限の範囲 $0 \leq n \leq N$ にある場合に限られる．言い換えると，単位インパルスに対する応答は有限の長さ N で完了する．このようなシステムで実現したフィルタを，FIR(Finite Impulse Response) フィルタと呼ぶ[9]．FIR フィルタの利点としては，①必ず安定で発振の問題がなく，②設計容易で，③位相特性が式 (2.56) の無歪み条件を満たすものを容易に作れる，ということがある．一方，フィルタとして急峻な振幅特性のものを作るには，N を大きくすることが必要で，作りにくいことが欠点である．

もし，FIR フィルタとは逆に，式 (2.67) で $a_1, a_2, \ldots a_N$ の中に 0 でないものがあればインパルス応答 $h[n]$ はどのように振る舞うであろうか？　簡単な例として，$M = N = 1, a_1 \neq 0, b_1 = 0$ の場合を考えてみる．定数がこのようになってい

ると，式 (2.67) は，

$$g[n+1] + a_1 g[n] = b_0 f[n+1]$$

上の式によって，インパルス応答 $h[n]$ は次式で表されることが分かる．

$$h[n] = b_0 \delta[n] - a_1 h[n-1]$$

このシステムで，$n < 0$ で 0 状態を仮定し，単位インパルス $\delta[n]$ が入力される状況を考える．すると，$n = 0$ では，$h[n-1] = 0, \delta[n] = 1$ であるから，$h[0] = b_0$ である．次に $n = 1$ の場合について考えると，$\delta[n] = 0$ であるが，$h[n-1]$ は b_0 であるので，$h[1] = -a_1 b_0$ となる．同じように，$h[2], h[3], \ldots h[n] (n > 0)$ を求めると，${a_1}^2 b_0$，$-{a_1}^3 b_0$，$\ldots$，$(-a_1)^n b_0$ となり，n がいくつになっても出力は 0 にならない．また，この例で a_1 の絶対値が 1 より大きければ，n の増加に対し，出力の振幅は無限に大きく発散することも分かる．

上の例は極めて単純であるけれど，式 (2.67) で $a_1, a_2, \ldots a_N$ の中に 0 でないものがあるシステムのインパルス応答の特徴を代表している．すなわち，ある $n > 0$ における出力には，$n-1$ 以前の出力を定数倍したものが加算されるので，単位インパルスの入力で 0 でない出力が一度発生したら，以後その影響が無限に現れるのである．また，定数の値によっては出力が無限に大きく発散することもあり得る．このような性質を持つシステムで構成したフィルタは，インパルス応答が無限に継続することから IIR(Infinite Impulse Response) フィルタと呼ばれている[9]．IIR フィルタでは，安定性の問題があり，出力が発散しないように設計する必要がある．一方，急峻な振幅特性を持つフィルタを小さな M，N で実現できる利点がある．

****** 演習問題 ******

問題 2.1　入力信号 $f(t)$ に対し，出力信号 $g(t)$ が (1)〜(3) のように表されるシステムがある．これらについて線形性，時不変性は成り立つか？

(1)　$g(t) = e^{-t} f(t)$

(2)　$g(t) = f(t) + \dfrac{df(t)}{dt}$

(3)　$g(t) = f(t)^2$

問題 2.2　図 2.30 の LCR 回路において $L = 6$ (H)，$C = 1$ (F)，$R = 5$ (Ω) である．この回路について (1)〜(4) に答えなさい．

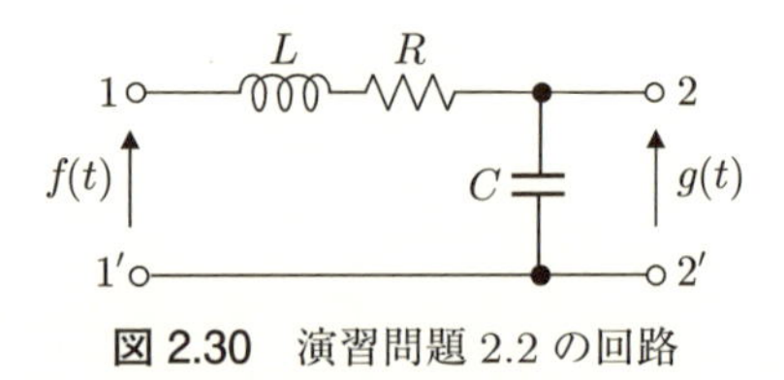

図 2.30　演習問題 2.2 の回路

(1)　入力 $f(t)$ と出力 $g(t)$ の関係を微分方程式で表しなさい．

(2)　微分方程式を解く方法でインパルス応答 $h(t)$ を求めなさい．

(3)　伝達関数 $H(\omega)$ を定理 2.2 を使って $h(t)$ から求めなさい．

(4)　ステップ応答 $y(t)$ の接線の傾きの最大値を求めなさい

問題 2.3　例題 2.4 の回路で $L = 0.5$ (H)，$C = 0.5$ (F)，$R = 2.5$ (Ω) とする．入力信号 $f(t)$ を，

$$f(t) = \begin{cases} 0 \quad , & t < 0 \\ \sin 2t, & t \geq 0 \end{cases}$$

としたときの出力信号 $g(t)$ について (1)〜(4) に答えなさい．また，入力信号を変えたときの回路の振る舞いについて (4) に答えなさい．

(1)　$t \geq 0$ における強制応答 $g_f(t)$ を求めなさい．

(2)　$t \geq 0$ における自由応答 $g_n(t)$ を求めなさい．

(3)　出力信号 $g(t)$ を図示しなさい．

(4)　入力信号が

$$f(t) = \begin{cases} 0 \quad , & t < 0 \\ \cos 2t, & t \geq 0 \end{cases}$$

のときの出力信号 $g(t)$ を求め，図示しなさい．

問題 2.4　入力 $f(t)$ と出力 $g(t)$ が式 (2.4) の微分方程式を満たすとき，伝達関数 $H(\omega)$ を求めなさい．

問題 2.5 次の 3 つの伝達関数 $H_1(\omega)$, $H_2(\omega)$, $H_3(\omega)$ がある.

$$H_1(\omega) = \frac{2j\omega}{-\omega^2 + 2j\omega + 2}$$
$$H_2(\omega) = \frac{-\omega^2 - 2j\omega + 2}{-\omega^2 + 2j\omega + 2}$$
$$H_3(\omega) = \frac{2}{-\omega^2 + 2j\omega + 2}$$

これらの伝達関数について (1)〜(3) に答えなさい.

(1) 低域通過特性を持つものはどれか?
(2) 帯域通過特性を持つものはどれか?
(3) 全域通過フィルタの伝達関数はこれらの中にあるか?

問題 2.6 次の (1)〜(3) のシステムは因果律を満たすかどうか, 答えなさい.

(1) 入力 $f(t)$ に対し, $f(t) + f(t+1)$ を出力するシステム.
(2) 入力 $f(t)$ に対し, $f(t) + f(t-1)$ を出力するシステム.
(3) 伝達関数 $H(\omega)$ が次式で表されるシステム.

$$H(\omega) = 2\pi e^{-|\omega|}$$

問題 2.7 次のインパルス応答 $h(t)$ を持つ線形時不変システムがある. このシステムについて (1)〜(4) に答えなさい.

$$h(t) = \begin{cases} e^{-t} - e^{-3t}, & t \geq 0 \\ 0 \quad , & t < 0 \end{cases}$$

(1) このシステムの伝達関数 $H(\omega)$ を求めなさい.
(2) $|h(t)|$ の最大値を求めなさい.
(3) インパルス応答のパルス幅を, 式 (2.25) を使って求めなさい.
(4) インパルス応答のパルス幅を, 式 (2.27) を使って求め, (3) の結果と一致することを確かめなさい.

問題 2.8 例題 2.12 の結果を微分し, 定理 2.4 が成立していることを確かめなさい.

問題 2.9　次の伝達関数 $H(\omega)$ を持つ線形時不変システムについて，(1)〜(3) に答えなさい．

$$H(\omega) = \sqrt{2\pi}e^{-\frac{\omega^2}{2}}$$

(1)　例題 1.14 の結果を使い，このシステムのインパルス応答 $h(t)$ を求めなさい．

(2)　$|h(t)|$ の最大値を求めなさい．

(3)　通過帯域幅 ω_{B} を求めなさい．

(4)　ステップ応答の立ち上がり時間 T_{r} の下界値はいくつか？

問題 2.10　ステップ応答の立ち上がり時間 T_r を，「y_∞ の 0.1 倍から 0.9 倍になるまでの時間」と定義したとき，式 (2.41) の不等式はどうなるか示しなさい．

問題 2.11　次の信号 $f(t)$ について (1)〜(3) に答えなさい．

$$f(t) = \frac{\sin \pi t}{\pi t}$$

(1)　この信号のエネルギー密度スペクトル $\varepsilon_f(\omega)$ を求めなさい．

(2)　この信号のエネルギー E_f を求めなさい．

(3)　この信号を次の伝達関数を持つ線形時不変システムに入力した．出力のエネルギー E_g は入力のエネルギー E_f の何倍になるか？

$$H(\omega) = \frac{1 + e^{-j\omega}}{2}$$

問題 2.12　次の伝達関数 $H(\omega)$ を持つ理想ローパスフィルタがある．

$$H(\omega) = \begin{cases} 1, & |\omega| \leq 2\pi \\ 0, & |\omega| > 2\pi \end{cases}$$

この理想ローパスフィルタに，(1)，(2) の信号 $f(t)$ を入力したとき，波形歪みは発生するか？

(1)　$f(t) = \sin \pi t + \sin 0.5\pi t$

(2)　$f(t) = \begin{cases} 1, & |t| \leq 1 \\ 0, & |t| > 1 \end{cases}$

問題 2.13　式 (2.56) に示した無歪み伝送の位相特性の条件を満たすシステムのインパルス応答 $h(t)$ はどのような性質を持つか，説明しなさい．

問題 2.14　入出力の関係が次のように表される離散時間系の線形システムがある．

$$g[n] - \frac{1}{2}g[n-1] = f[n]$$

このシステムについて (1)，(2) に答えなさい．

(1)　このシステムのインパルス応答 $h[n]$ を求めなさい．

(2)　このシステムに次の信号 $f[n]$ を入力したとき，出力 $g[n]$ を求めなさい．

$$f[n] = \begin{cases} 1, & n = 0 \\ 2, & n = 1 \\ 0, & n < 0, 1 < n \end{cases}$$

問題 2.15　ある離散時間系の線形時不変システムは入力 $f[n]$ と出力 $g[n]$ の間に次の関係がある．

$$g[n] = f[n] + 2f[n-1] + f[n-2]$$

このシステムの周波数応答の振幅特性と位相特性を示しなさい．

参考文献

[1] 相良岩男，わかりやすいフィルタ回路入門（第 2 版），日刊工業新聞社，2012.

[2] 堀桂太郎，オペアンプの基礎マスター，電気書院，2006.

[3] H. E. Kallmann, "Transversal filters", Proceedings of IRE, 28, 7, pp.302–310, July 1940.

[4] 滑川敏彦，奥井重彦，衣斐信介，通信方式（第 2 版），森北出版，2012.

[5] A. Yariv and P. Yeh, Photonics-Optical Electronics in Modern Communications-Sixth Edition, Oxford University Press, 2006.

[6] 株式会社エヌエフ回路設計ブロック，http://www.nfcorp.co.jp/pro/mi/fra/index.html, 2016.

[7] 小澤孝夫，電気回路 I〔基礎・交流編〕，昭晃堂，1978.

[8] 武部幹，岩田穆，高橋宣明，国枝博明，スイッチトキャパシタ回路，現代工学

社, 1985.
[9] 岩田彰, ディジタル信号処理, オーム社, 2013.

第3章 分布定数回路の基礎

初等的な電気回路の理論では，回路素子である抵抗 (R) やキャパシタ (C) ならびにインダクタ (L) を，空間的な広がりのない量であると仮定して取り扱っている．それは，力学系における質点力学の考え方に対応している．このような電気回路の取扱いを集中定数回路と言う．対象とする信号のスペクトルに含まれる周波数成分が低いときや，伝送距離が短いときには, この仮定のもとで回路の解析や設計を行っても問題は生じない．しかしながら，スペクトル成分の周波数が高くなると波長という概念を意識しなければならなくなる．信号が伝搬する経路において1波長の長さが相対的に短くなると，信号電圧の空間的違いが顕在化し素子間長が無視できなくなるとともに，回路素子の大きさも無視できなくなるので，集中定数回路 (lumped element circuit) モデルでは解析や設計ができなくなる．分布定数回路と呼ばれる解析・設計モデルを導入しない限り，正しい解析や設計を行うことはできない．

分布定数回路 (distributed parameter network) を良く理解するには電磁気学の素養が必要となる．集中定数回路であっても，動作の根本原理には電磁気学がある．それを意識しなくても済むように先人等によって学問体系化されたに過ぎない．分布定数回路を学ぶことは，電磁気学と電気回路の橋渡しとしての役割も果たす．学生読者諸氏にとって電磁気学と電気回路を異なった角度から眺める良い機会になれば幸いである．

分布定数回路論を実践的に最も必要とするのはマイクロ波回路，通信システムやその計測装置であろう．通信システムでは，遠隔地に情報信号を届けることを目的として，導体で作られた伝送線路や誘電体光導波路（通称，光ファイバ）が伝送媒体に使われている．この場合，伝送距離の点でも信号スペクトル成分の点でも，分布定数回路モデルのもとで設計・解析を進める必要がある．第4章で説明する通信システムと併せて学ぶことで，分布定数回路に関する理解を深めて欲しい．

3.1 伝送線路の基礎方程式

分布定数回路のモデルを適用して解析と設計を行う身近な要素には，ペア捻線

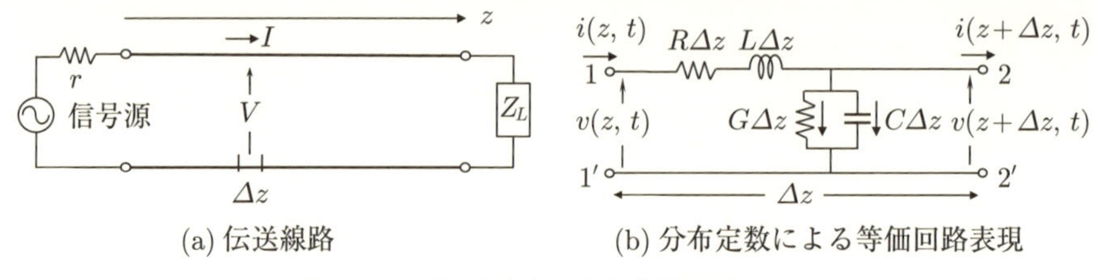

(a) 伝送線路　　(b) 分布定数による等価回路表現

図 3.1.1　伝送線路の分布定数回路表現

（平衡）ケーブル (twisted pair cable) や同軸（不平衡）ケーブル (coaxial cable) のほか，回路基板上に形成されるマイクロストリップラインがある．我々に馴染み深い RJ45 コネクタを使うイーサネットケーブルや USB ケーブルは平衡ケーブルに分類できる．このようなケーブルやマイクロストリップライン (microstrip line) を以降統一して伝送線路 (transmission line) と呼ぶことにする．伝送線路は図 3.1.1(a) に示すように 2 本の平行導線により構成され，これらの導線の間は誘電体で満たされた（絶縁された）構造をしている．信号が伝搬する方向を座標軸 z としている．2 本の平行導線の両端のうち，一方の端子対は送信側であり信号源が接続され，他方の端子対は受信側であり，インピーダンス Z_L を持つ何らかの回路（多くの場合，負荷）が接続されている．集中定数回路の考え方によれば，導体上の電圧は同じであるから，送信側端子間にどのような電圧を与えても，受信側端子間に同じ電圧が観測されるはずである．それだけでなく，平行導線のどの地点を見ても同電位であって，任意の 2 地点間の電位差はゼロになるはずである．

ところが，“高い” 周波数成分からなる信号源が接続された伝送線路では必ずしもそうならない．“高い” と言うときに，波長と伝送線路との相対的関係を考えてみると良い．伝送線路が 1 波長を超えていれば，長い伝送線路であり，信号周波数は “高い” となる．3 GHz の周波数成分を扱うとき，1 波長は概ね 10 cm であるので，1 m の同軸ケーブルは “長い” となる．このとき，電圧ならびに電流の分布が伝搬する長さ方向に沿って一様では無くなり，変化する．このような状況下では集中定数回路モデルでは取扱いが困難となり，分布定数回路の考え方が必要となるのである．

分布定数による等価回路モデルを図 3.1.1(b) に示す．図 3.1.1(a) に示した伝送線路の中の微小区間 Δz を切り取って拡大した図と考えて欲しい．信号源から交流電界が印加されると，平行導体中に電荷の動き，言い換えると電流の流れが生じる．導体中を電流が流れれば，電磁気学が教える通り，その周囲に磁束が発生する．信号は時間とともに変動するから，磁束の大きさもそれに比例して変化する．磁束が時間とともに変化すれば，それを時間で微分した逆起電力が電流の流れを阻止する方向に発生する．このような誘導磁場が伝送線路中でも発生しているのであるから，平行導体は直列に接続されたインダクタとして振舞っているということを意味する．そのインダクタンスは，コイル構造ではないから微々たるものであるが，長距離，高い周波数では無視できない．z 軸方向の長さが n 倍になれば n 個のインダクタが直列に接続されたのと同じであるので，インダクタンスは導線区間の長さに比例するとみなせる．単位長さあたりのインダクタンス L [H/m] は一定値であるので，座標 z と $z+\Delta z$ の間の長さ Δz の微小区間に着目すれば，図 3.1.1.(b) に示すように，$L\Delta z$ [H] のインダクタンスが導体に直列に接続されていることになる．

平行導体を電流が流れたときインダクタンスの発生だけが起きているのではない．導体に電流が流れれば電力の損失も発生する．導線の導電率 σ(conductivity) が無限大ではないことに起因して直列抵抗が生じ，抵抗に電流が流れるとエネルギーが消費される．この直列抵抗の値も，注目する長さが n 倍になれば n 個の抵抗が直列接続されたとみなせるから，抵抗値は注目する区間の長さに比例する．このため単位長さあたりの抵抗分 R [Ω/m] は一定で，長さ Δz の微小区間には $R\Delta z$ [Ω] の抵抗が挿入されていると見なすことができる．ちなみに，銅のような良導体では $\sigma \sim 10^8$ [$\Omega^{-1}\mathrm{m}^{-1}$] の程度である．

伝送線路では 2 つの導線があって，その間は一般に誘電体 (dielectric) で満たされている．これはコンデンサの構造と同じであり，図 3.1.1.(b) に示すように，導線間に容量性素子が接続されているとみなせる．素子として作られたコンデンサと異なり，導線の面積は小さいから，単位長さあたりのキャパシタンスは大きくないが，長距離，高い周波数では無視できない．導線の長さが増加すれば，導体面積は比例して増加するので，コンデンサ容量（キャパシタンス）は注目する区間の長さに比例する．上記の成分と同様に，単位長さあたりキャパシタンスは一定値 C [F/m] であり，長さ Δz の微小区間には導線間に $C\Delta z$ [F] のキャパシタが挿入されていることになる．

また，導線間の誘電体では，純粋に電荷が蓄積されるだけでなく，交流電界の印加時に電力の損失が発生する．分極 (polarization) に伴う電気双極子 (electric dipole) の減衰振動が熱エネルギーに変換されて消費されるものであり，誘電体損失と呼ばれている．電気双極子が振動すると，z 軸方向とは別に導体間に交流電流が流れるように見える．このとき電流の流れやすさを，図 3.1.1.(b) に示すように，並列コンダクタンス G で表現する．コンダクタンスの値は長さに比例して大きくなるので，単位長さあたりコンダクタンスを G [S/m] とすれば，長さ Δz の微小区間には導線間に $G\Delta z$ [S] のコンダクタンスが存在することになる．後に説明しているように，コンダクタンス G は複素誘電率 (complex permittivity) の虚数項によって表されることからも上記機構が見えてくる．その詳細は，電力損失の機構と共に付録 A2, A3 に掲載しているので確認して欲しい．

以上の理由により，座標 z と $z+\Delta z$ の間の微小区間は，$L\Delta z$，$R\Delta z$，$C\Delta z$，$G\Delta z$ で構成される図 3.1.1(b) のモデルで表されることになる．ここで特徴的であるのは，位置に関係なく z がいくつであっても回路のモデルは同じであるということである．ケーブルであれば，端から 5 cm の箇所でも，1 m の箇所でも，200 m の箇所でも同じ回路が存在しており，伝送線路全体は微小区間の回路が多数従属接続され構成されている．このように長い伝送線路のあらゆる点に定数である $L\Delta z$，$R\Delta z$，$C\Delta z$，$G\Delta z$ が分布しているから，このモデルは分布定数回路と呼ばれるのである．

以下ではこのモデルに従って伝送線路上の電圧，電流を解析する．電圧，電流は時刻 t だけでなく座標位置 z にも依存するので，2 変数の関数 $v(z,t)$，$i(z,t)$ で表される．

図 3.1.1(b) の分布定数回路に電圧と電流に関する Kirchhoff の法則 (Kirchhoff's low) を適用すると，

$$v(z,t) - R\Delta z i(z,t) - L\Delta z \frac{\partial i(z,t)}{\partial t} - v(z+\Delta z,t) = 0 \tag{3.1.1-1}$$

$$i(z,t) - G\Delta z v(z+\Delta z,t) - C\Delta z \frac{\partial v(z+\Delta z,t)}{\partial t} - i(z+\Delta z,t) = 0 \tag{3.1.1-2}$$

が得られる．式 (3.1.1-1)，式 (3.1.1-2) を Δz で割ってその極限操作 ($\Delta z \to 0$) を施すと，次の微分方程式に帰着する．

$$\frac{\partial v(z,t)}{\partial z} = -Ri(z,t) - L\frac{\partial i(z,t)}{\partial t} \tag{3.1.2-1}$$

$$\frac{\partial i(z,t)}{\partial z} = -Gv(z,t) - C\frac{\partial v(z,t)}{\partial t} \tag{3.1.2-2}$$

この2つの微分方程式は，伝送線路を伝搬する電圧振幅と電流の変化を記述する基礎方程式である．式 (3.1.2-1) を z で偏微分して，式 (3.1.2-2) を代入し $i(z,t)$ を消去した式と，式 (3.1.2-2) を z で偏微分して，式 (3.1.2-1) を代入し $v(z,t)$ を消去した式を作ると，

$$\frac{\partial^2 v(z,t)}{\partial z^2} = LC\frac{\partial^2 v(z,t)}{\partial t^2} + (GL+RC)\frac{\partial v(z,t)}{\partial t} + RGv(z,t) \tag{3.1.3-1}$$

$$\frac{\partial^2 i(z,t)}{\partial z^2} = LC\frac{\partial^2 i(z,t)}{\partial t^2} + (GL+RC)\frac{\partial i(z,t)}{\partial t} + RGi(z,t) \tag{3.1.3-2}$$

が得られる．ここに導いた式 (3.1.3-1) と式 (3.1.3-2) とは，電信方程式 (telegrapher equation) としてよく知られている．

それでは伝送線路に信号源を接続して伝送路の特性を解析していこう．はじめに最も単純な信号源である正弦波発振器が送信側端子に接続されているとする．このとき，系は z 座標軸のどの位置で見ても線形なシステムであるので，定常状態では任意の z において電圧と電流は正弦波である．

この場合，ある座標位置 z における信号は搬送波振動項と振幅項に分けて次のように表現できる．電流信号における位相項 θ は電圧振幅との固定的位相差を示している．

$$v(z,t) = (1/2)V(z)e^{j\omega t} + c.c. \tag{3.1.4-1}$$

$$i(z,t) = (1/2)I(z)e^{j(\omega t+\theta)} + c.c. \tag{3.1.4-2}$$

ここで，$c.c.$ は第1項の複素共役 (complex conjugate) を意味し，余弦波表示と等価である（問題 1.2 参照）．式 (3.1.4-1) と式 (3.1.4-2) を変数 z と t でそれぞれ偏微分してともに式 (3.1.2-1)，式 (3.1.2-2) へ代入して整理する．時間因子 $e^{j\omega t}$ が共通項として落とせるので，直列インピーダンス成分を $Z_d = R + j\omega L$，並列アドミタンス成分を $Y_d = G + j\omega C$ と置くと，

$$\frac{dV(z)}{dz} = -(R + j\omega L)I(z) \tag{3.1.5-1}$$
$$\frac{dI(z)}{dz} = -(G + j\omega C)V(z) \tag{3.1.5-2}$$

が得られる．上の2式を使うと，関数 $V(z)$ ならびに $I(z)$ のみに関する時間因子を含まない波動方程式

$$\frac{d^2V(z)}{dz^2} - \gamma^2 V(z) = 0 \tag{3.1.6-1}$$
$$\frac{d^2I(z)}{dz^2} - \gamma^2 I(z) = 0 \tag{3.1.6-2}$$

が得られる．ここで γ は，

$$\gamma^2 = (R + j\omega L)(G + j\omega C)$$

を満たす伝搬定数 (complex propagation constant) と呼ばれる複素数であり，信号が伝送線路を伝わる特性を決定付けるパラメータである．式 (3.1.6-1)，式 (3.1.6-2) は電信方程式 (3.1.3-1)，式 (3.1.3-2) に式 (3.1.4-1) と式 (3.1.4-2) を代入しても得られる．読者自ら確かめられたい．この γ は上式右辺に ω が陽に含まれることから分かるように，ω の関数である．このことを強調するため，以下本節では次式のように $\gamma(\omega)$ と表記する．

$$\gamma(\omega) = \sqrt{(R + j\omega L)(G + j\omega C)} \tag{3.1.7}$$

伝搬定数を次のように実部と虚部に分けて考える．

$$\gamma(\omega) = \alpha(\omega) + j\beta(\omega)$$

$\alpha(\omega)$ と $\beta(\omega)$ は実数で $\alpha(\omega)$ を減衰定数 (attenuation constant)，$\beta(\omega)$ を位相定数 (phase constant) と呼んでいる．いずれも ω の関数であるので，ω 依存性を無視できないときには，“定数” をパラメータと呼び替えることもある．単位は $\alpha(\omega)$ では Np/m，$\beta(\omega)$ では rad/m である．$\alpha(\omega)$ と $\beta(\omega)$ は R, L, G, C を用いて表すと次のようになる．

$$\alpha(\omega), \beta(\omega) = \sqrt{\frac{1}{2}\sqrt{(R^2 + \omega^2 L^2)(G^2 + \omega^2 C^2)} \pm \frac{1}{2}(RG - \omega^2 LC)} \tag{3.1.8}$$

ここで，複合 $\pm$ について，$\alpha(\omega)$ は $+$ を，$\beta(\omega)$ は $-$ を選択するものとする．式

(3.1.8) の導出は演習問題として残す．時間因子を含まない波動方程式 (3.1.6-1)，式 (3.1.6-2) は，ヘルムホルツ方程式とも呼ばれている．

式 (3.1.6-1)，式 (3.1.6-2) に対する一般解は，$e^{-\gamma z}$ と $e^{\gamma z}$ とを使って，

$$V(z) = V_0^+ e^{-\gamma z} + V_0^- e^{\gamma z} \tag{3.1.9-1}$$

$$I(z) = I_0^+ e^{-\gamma z} + I_0^- e^{\gamma z} \tag{3.1.9-2}$$

と表すことができる．式 (3.1.6-1)，式 (3.1.6-2) の微分方程式を満足することを読者自ら確認されたい．ただし，V_0^+, V_0^-, I_0^+ ならびに I_0^- は任意の定数である．これらの式で，$e^{-\gamma z}$ の項を進行波あるいは入射波と呼ぶ．$e^{-\gamma z}$ の項が進行波であることは，z の増加方向へ進行するに伴って振幅が減衰する項として理解しておくと良い．一方 $e^{\gamma z}$ の項は後退波あるいは反射波と呼ぶ．$e^{\gamma z}$ の項では z の減少方向へ後退するとき，γz は負の値をとることになり，伝搬に伴いやはり振幅は減衰する．

伝搬過程にある電圧振幅と電流振幅との間の関係を調べると，伝送線路が示すインピーダンスを得ることができる．これを伝送線路の特性インピーダンス (characteristic impedance) と呼んでいる．式 (3.1.9-1) を式 (3.1.5-1) に代入すると，

$$\begin{aligned} I(z) &= \frac{\gamma}{R + j\omega L}(V_0^+ e^{-\gamma z} - V_0^- e^{\gamma z}) \\ &= \sqrt{\frac{(G + j\omega C)}{(R + j\omega L)}}(V_0^+ e^{-\gamma z} - V_0^- e^{\gamma z}) \end{aligned} \tag{3.1.10}$$

を得る．式 (3.1.10) において伝送線路の特性インピーダンスなる量を

$$Z_C = \sqrt{(R + j\omega L)/(G + j\omega C)} \tag{3.1.11}$$

と定義して導入してみる．式 (3.1.10) と式 (3.1.9-2) とを比較することによって，電圧振幅と電流振幅パラメータ間を

$$\frac{V_0^+}{I_0^+} = \frac{V_0^-}{-I_0^-} = Z_C \tag{3.1.12}$$

と関係付けることができることが分かる．I_0^- に負号が付くのは，電流の流れが逆方向であると解釈すると良い．

式 (3.1.10) で表した電流を Z_C を使って表すと，

$$I(z) = \frac{1}{Z_C}(V_0^+ e^{-\gamma z} - V_0^- e^{\gamma z}) \tag{3.1.13}$$

と整理できる．

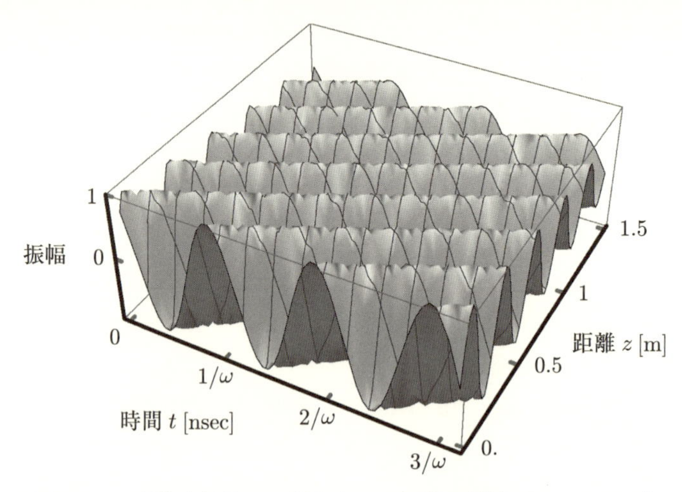

図 3.1.2　余弦波信号の z 軸方向への伝搬の様子（$f = 1$ GHz）

以上の解析により導かれた伝搬定数 $\gamma(\omega)$，減衰定数 $\alpha(\omega)$，位相定数 $\beta(\omega)$，特性インピーダンス Z_C は伝送線路の振る舞いを決定付けるものである．これらは回路の定数 L, R, C, G の値から2次的に計算可能なものであるから，二次定数 (secondary constant) と呼んでいる．これに対し L, R, C, G はケーブルの材質と構造で決まる値であって，一次定数 (primary constant) と呼んでいる．

さて，式 (3.1.9-1, 2) で表した $V(z)$, $I(z)$ は z 方向に関する空間的な電圧・電流分布を示していたが，計算の便宜上，搬送波 (carrier wave) 時間振動項を除いていた．振動項 $e^{j\omega t}$ を伴う式 (3.1.4-1) に式 (3.1.9-1) を代入して信号成分全体を眺めてみると，

$$\begin{aligned} v(z,t) &= (1/2)V(z)e^{j\omega t} + c.c. \\ &= (1/2)(V_0^+ e^{-\gamma z} + V_0^- e^{\gamma z})e^{j\omega t} + c.c. \\ &= (1/2)\left(\left|V_0^+\right| e^{j\theta^+} e^{-\alpha z} e^{j(\omega t - \beta z)} + \left|V_0^-\right| e^{j\theta^-} e^{\alpha z} e^{j(\omega t + \beta z)}\right) + c.c. \\ &= \left|V_0^+\right| e^{-\alpha z} \cos(\omega t - \beta z + \theta^+) + \left|V_0^-\right| e^{\alpha z} \cos(\omega t + \beta z + \theta^-) \end{aligned} \tag{3.1.14}$$

となる．ここで，$\theta^{\pm}$ は $|v(0,0)| = |V_0^+|e^{j\theta^+} + |V_0^-|e^{j\theta^-}$ を満足する初期位相である．式 (3.1.14) は2つの変数 t と z を伴っている．第1項に注目して進行波 (traveling wave) $v(z,t)$ が伝搬する様子を頭に描けるようにしておこう．次節以降の内

容の理解を深める手助けになるはずである．

式 (3.1.14) における第 1 項の進行波に着目して 3 次元的に伝搬の様子を描いたのが，図 3.1.2 である．$\theta^+ = \pi/4$ に設定している．原点から右側に向かって時間が経過し，奥に向かって伝搬していく．一番手前の座標軸は $z = 0$ の地点である．観測者は，$z = 0$ に立って進行波 $\cos(\omega t + \theta^+)$ の時間的変化を眺めている．振動周波数 f が 1 GHz ならば $\omega = 2\pi \times 10^9$ なので，$t = 0$ から π/ω 秒までを観測していることになる．$t = \pi/\omega$ 秒 (second) で時間を止めて，波の軌跡を追えたとすると，進行波 $\cos(3\pi + \theta^+ - \beta z)$ が $e^{-\alpha z}$ にしたがって減衰しつつ z 軸に沿って伝搬していくのが見えたであろう．位相定数 β は，波長との間に $\beta = 2\pi/\lambda$ の関係があり，波長によって伝搬距離を規格化して長さを表現し，radian へ変換する定数である．$f = 1$ GHz の場合，$\lambda = 30$ cm（ただし，伝搬速度を光速 $c = 3 \times 10^8$ m/s とした）なので，5 波長相当の距離 1.5 m まで波が伝搬したことを図 3.1.2 は示している．

【例題 **3.1**】一次定数が次のように与えられている．

$$L = 0.56\,\mu\text{H/m}, \quad R = 1.0 \times 10^{-3}\,\Omega, \quad C = 50\,\text{pF/m}, \quad G = 0$$

二次定数 $\alpha(\omega)$，$\beta(\omega)$，Z_C を求めよ．伝送対象とする周波数を 4 kHz とする．

解答　直列インピーダンス $Z_d = R + j\omega L$ と並列アドミタンス $Y_d = G + j\omega C$ とは，

$$\begin{aligned} Z_d &= 1.0 \times 10^{-3} + j2\pi \times 4 \times 10^3 \times 0.56 \times 10^{-6} \\ &= 14.1 \times 10^{-3} \angle 85.9^\circ\ [\Omega/\text{m}] \\ Y_d &= 0 + j2\pi \times 4 \times 10^3 \times 50 \times 10^{-12} = 1.26 \times 10^{-6} \angle 90^\circ\ [\text{S/m}] \end{aligned}$$

したがって，

$$\begin{aligned} Z_C &= \sqrt{Z_d/Y_d} \\ &= \sqrt{352 \times 10^{-3}/1.26 \times 10^{-6}}\,\arg(85.9^\circ - 90^\circ)/2 \\ &= 106\angle 2.03^\circ\ \Omega \end{aligned}$$

$$\begin{aligned} \gamma &= \sqrt{Z_d Y_d} = \sqrt{14.1 \times 10^{-3} \times 1.26 \times 10^{-6}}\,\arg(85.9^\circ + 90^\circ)/2 \\ &= 1.33 \times 10^{-4} \angle 88^\circ \end{aligned}$$

$\alpha(\omega)$, $\beta(\omega)$ は式 (3.1.8) におけるルートの中を，

$$|Z_d|^2 = 2.0 \times 10^{-4}, \quad |Y_d|^2 = 1.6 \times 10^{-12},$$
$$\left(RG - \omega^2 LC\right)/2 = -\omega^2 LC/2 = -4.42 \times 10^{-9}$$

と計算して，

$$\alpha(\omega) = \sqrt{8.9 \times 10^{-9} - 4.42 \times 10^{-9}} = 6.7 \times 10^{-5} \text{ [Np/m]}$$
$$\beta(\omega) = \sqrt{8.9 \times 10^{-9} + 4.42 \times 10^{-9}} = 1.14 \times 10^{-4} \text{ [rad/m]}$$

と求まる．

ここで用いた一次定数は，電話局から各家庭へ配線された固定電話用 110 Ω 系市内平衡対ケーブルの典型値に他ならない[6]．第4章図 4.13 で示す 0.65PEF ケーブルは市外用であるが，これとほぼ等価と見なして構わない．2000 年代以降，このような家庭用導体撚対線ケーブルは日本では光ファイバに積極的に置き換えられたので，最近ではこのような通信局から家庭へ向かう平衡対ケーブルはほとんど見なくなった．ビル内や大学キャンパス内の構内ケーブル，ならびに LAN ケーブルに使われている．

上の例題が示すように，一次定数が与えられれば二次定数は計算できる．それではケーブルの構造と材質が与えられたとき，一次定数はどのように計算されるのであろうか．これを知るためには電磁気学的な解析が必要である．その準備として，次の例題である種の電界，磁界のモードが，上で解析した分布定数回路と等価であることを確かめよう．

【例題 3.2】一様分布 TEM 電界の伝搬との比較

電界強度が図 3.1.3 に示すように xy 平面に一様に分布 ($\partial E_x/\partial x = \partial E_y/\partial y = 0$) しているとする．誘電率と透磁率がそれぞれ ε, μ を有する等方性媒体中を z 軸方向へ伝搬する TEM 波について，電界・磁界の振舞は分布定数回路モデルにおける電圧・電流の変化と等価と見なせることを確認しなさい．ただし，電界は角振動周波数 ω にて時間変化しているとする．

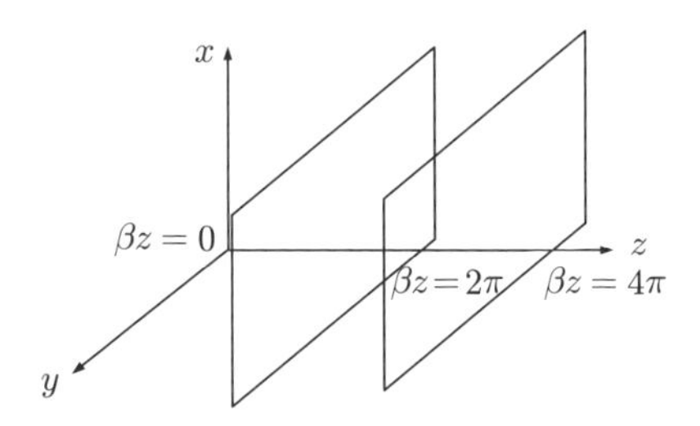

図 3.1.3 一様分布電界の伝搬の様子

解答 TEM 波の伝搬を考察する問題であるので，粗密波（縦波）成分 ($E_z = B_z = 0$) を含まない．電流の往路と帰路があって電流総和が 0 であることが要請される．これは一様に分布した電界を乱さない程度の遠方に 2 枚の導体板が存在することと等価である．その導体の導電率を σ とすると，電流密度 (electric current density) $\mathbf{J}$ [A/m] と電場の強さ (electric field intensity) $\mathbf{E}$ [V/m] の間には $\mathbf{J} = \sigma\mathbf{E}$ の関係が成立する．このとき Maxwell 方程式は，

$$\begin{cases} \nabla \times \mathbf{E} + \dfrac{\partial \mathbf{B}}{\partial t} = 0 \\ \nabla \times \mathbf{B} - \dfrac{\partial \mathbf{D}}{\partial t} = \mathbf{J} \\ \nabla \cdot \mathbf{D} = \rho \\ \nabla \cdot \mathbf{B} = 0 \end{cases} \tag{3.1.15}$$

で与えられる．ここで，$\mathbf{B}$ と $\mathbf{D}$ はそれぞれ磁束密度 (magnetic flux density) [Wb/m^2] と電気変位[1)](electric displacement) [C/m^2] を，ρ は電荷密度 (electric charge) [C/m^3] である．$\mathbf{D}$ は誘電率 ε を介して $\mathbf{D} = \varepsilon\mathbf{E}$ の関係が，$\mathbf{B}$ は透磁率 μ を介して磁場の強さ $\mathbf{H}$ (magnetic field intensity) [A/m] との間に $\mathbf{H} = \dfrac{1}{\mu}\mathbf{B}$ の関係がある．式 (3.1.15) について，カーテシアン座標系の基底ベクトル $\mathbf{e}_x, \mathbf{e}_y, \mathbf{e}_z$ を用いて次のように成分展開する．

[1)] 日本の多くの教科書では「電束密度」と記されているが，誘電分極の物理機構を明示的に理解しやすくするために，本書では参考文献[3] の記載を採用した．

$$
\begin{cases}
\nabla \times \mathbf{E} = \mathbf{e}_x \left(\frac{\partial E_z}{\partial y} - \frac{\partial E_y}{\partial z} \right) + \mathbf{e}_y \left(\frac{\partial E_x}{\partial z} - \frac{\partial E_z}{\partial x} \right) + \mathbf{e}_z \left(\frac{\partial E_y}{\partial x} - \frac{\partial E_x}{\partial y} \right) \\
\nabla \times \mathbf{B} = \mathbf{e}_x \left(\frac{\partial B_z}{\partial_y} - \frac{\partial B_y}{\partial z} \right) + \mathbf{e}_y \left(\frac{\partial B_x}{\partial z} - \frac{\partial B_z}{\partial x} \right) + \mathbf{e}_z \left(\frac{\partial B_y}{\partial x} - \frac{\partial B_x}{\partial y} \right)
\end{cases}
\tag{3.1.16}
$$

時間振動成分 $e^{j\omega t}$ を加えて微分を施すと微分方程式の解法が示すように $e^{j\omega t}$ は $j\omega$ に置換されるので，式 (3.1.15) は

$$
\begin{cases}
\dfrac{\partial E_z}{\partial y} - \dfrac{\partial E_y}{\partial z} = -j\omega\mu H_x \\
\dfrac{\partial E_x}{\partial z} - \dfrac{\partial E_z}{\partial x} = -j\omega\mu H_y \\
\dfrac{\partial E_y}{\partial x} - \dfrac{\partial E_x}{\partial y} = -j\omega\mu H_z
\end{cases}
\tag{3.1.17}
$$

$$
\begin{cases}
\dfrac{\partial H_z}{\partial y} - \dfrac{\partial H_y}{\partial z} = (\sigma + j\omega\mu) E_x \\
\dfrac{\partial H_x}{\partial z} - \dfrac{\partial H_z}{\partial x} = (\sigma + j\omega\mu) E_y \\
\dfrac{\partial H_y}{\partial x} - \dfrac{\partial H_x}{\partial y} = (\sigma + j\omega\mu) E_z
\end{cases}
\tag{3.1.18}
$$

となる．一様に分布している TEM 波の条件である $E_z = B_z = 0$ を代入すると，

$$
\begin{cases}
-\dfrac{\partial E_y}{\partial z} = -j\omega\mu H_x \\
\dfrac{\partial E_x}{\partial z} = -j\omega\mu H_y
\end{cases}
\tag{3.1.19}
$$

$$
\begin{cases}
-\dfrac{\partial H_y}{\partial z} = (\sigma + j\omega\varepsilon) E_x \\
\dfrac{\partial H_x}{\partial z} = (\sigma + j\omega\varepsilon) E_y
\end{cases}
\tag{3.1.20}
$$

を得る．(E_x, H_y) 成分に着目すると，

$$\begin{cases} \dfrac{\partial E_y}{\partial z} = -j\omega\mu H_x \\ \dfrac{\partial H_y}{\partial z} = -(\sigma + j\omega\varepsilon)E_x \end{cases} \tag{3.1.21}$$

となる．ところで，ε，μ は一般に複素数である．これによって伝送媒体の印加電界に対する応答遅延を表現できる．そこで，

$$\varepsilon = \varepsilon^{re} - j\varepsilon^{im} \tag{3.1.22-1}$$

$$\mu = \mu^{re} - j\mu^{im} \tag{3.1.22-2}$$

とおく．虚数部をマイナスとしているのはエネルギー保存則に反しないためである（ε^{im}, μ^{im} は非負の実数）．式 (3.1.22-1)-(3.1.22-2) を式 (3.1.21) へ代入すると

$$\begin{cases} \dfrac{\partial E_x}{\partial z} = -j\omega\mu H_x = -(\omega\mu^{im} + j\omega\mu^{re})H_y \\ \dfrac{\partial H_y}{\partial z} = -(\sigma + j\omega\varepsilon)E_x = -\{(\sigma + \omega\varepsilon^{im}) + j\omega\varepsilon^{re}\}E_x \end{cases} \tag{3.1.23}$$

と整理できる．変数 E_x と H_y をそれぞれ $V(z)$, $I(z)$ へと置き換えを行い，さらに $\omega\mu^{im} + j\omega\mu^{re}$ を Z_d，$\{(\sigma + \omega\varepsilon)^{im} + j\omega\varepsilon^{re}\}$ を Y_d と置き換えを行い，式 (3.1.5-1)，式 (3.5.1-2) に照らして比較すると等価と見なせることが確認できる．また，$\omega\mu^{im} \rightarrow R$，$\mu^{re} \rightarrow L$，$(\sigma + \omega\varepsilon^{im}) \rightarrow G$，$\varepsilon^{re} \rightarrow C$ と見なせることも分かる．実際，ε と μ の単位を確認すると MKS 単位系ではそれぞれ [H/m], [F/m] であるので，分布定数回路における一次定数 L [H/m], C [F/m] と一致する．このように「一様分布 TEM 波の z 軸方向への伝搬問題」は「分布定数回路における電圧・電流の z 軸方向への伝搬問題」に帰着できることになる．ここで注意が必要なのは，μ^{im} に導かれる分布抵抗成分 R は導体によるものではなく，媒体に起因するということである．いま，一様媒体が誘電体の場合，$\mu = \mu_0 = \mu^{re}$ となって，本境界条件で考える限り，$R = 0$ となる．

では，具体的な伝送線路では一時定数はどのように与えられるのであろうか？伝搬する波や信号の様子を考察する前に，もう少し伝送線路の特性を電磁界解析の視点から理解を深めておこう．

同軸ケーブルのような伝送線路の一次定数である L, C, R, G を求めるには単位長さに蓄積される電気と磁気エネルギー W_e, W_m を求め，C, L を計算する手法がよく用いられる．複素誘電率が $\varepsilon = \varepsilon^{re} - j\varepsilon^{im}$ である誘電体内に蓄積される時間平均電気エネルギーは電場の強さ $\mathbf{E}$ を用いると，

$$W_e = \frac{\varepsilon^{re}}{2}\int_s \mathbf{E}\cdot\mathbf{E}^* ds \tag{3.1.19}$$

と表される（電磁気学の教科書では ε^{re} は ε と記述してる場合が多い．複素誘電率を考えなければならない境界条件における誘電体内に蓄積されるエネルギーは，式 (3.1.19) のように ε^{re} と導かれる．参考文献[1] を参照されたい）．一方，容量 C のコンデンサに電荷が蓄積したとき，両端の電位差が V であれば電気回路理論は電気エネルギーとして $W_e = (1/2)CV^2$ を与えている．

磁気エネルギーは磁場の強さ $\mathbf{H}$ を用いると，

$$W_m = \frac{\mu}{2}\int_s \mathbf{H}\cdot\mathbf{H}^* ds \tag{3.1.20}$$

で与えられる．（誘電体の場合，透磁率 μ に対して時間応答は無視できるので $\mu = \mu_0$.）一方，電流 I が導体に流れているときに誘導される磁気エネルギーは $W_m = (1/2)LI^2$ であることはよく知られている通りである．伝送線路の形状が決まれば，電気，磁気エネルギーも決定できるので，これらを用いて分布容量とインダクタンスを求めることができる．

【例題 3.3】同軸ケーブルの一次定数

図 3.1.4 に示すように内径導体径が a，外形導体径が $b(a < b)$ である同軸ケーブルを例にとって分布定数線路としての一次定数を求めなさい．ただし，導体間 $a < r < b$ は誘電率 $\varepsilon = \varepsilon^{re} - j\varepsilon^{im}$，透磁率 μ の材料で満たされているとする．また，導体の表皮抵抗 (surface resistance) は R_s とし，導電率 σ との間に $R_S = 1/(\sigma\delta_s)$, $\delta_s \equiv \sqrt{2/(\omega\mu\sigma)}$（表皮効果厚）の関係があるとする．

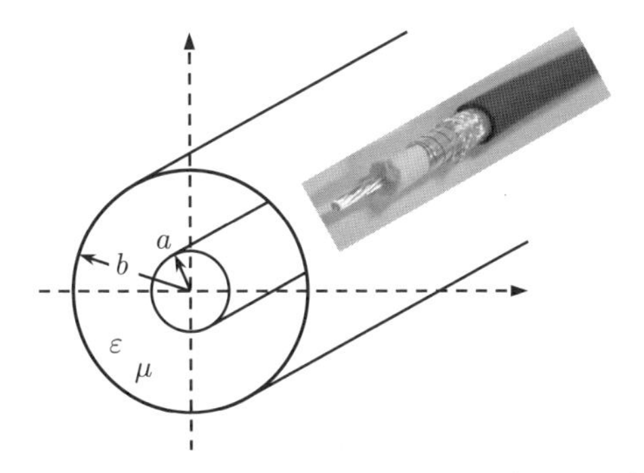

図 3.1.4 同軸ケーブルモデルとその実際の写真

解答 同軸ケーブル内を TEM 波が伝搬するとき，外部導体電位をゼロ，内部導体電位を V_0 とすると，中心から半径 r の位置における電場 E は，

$$E(r) = \frac{V_0}{r\ln(b/a)}e^{-\gamma z} \tag{3.1.21}$$

となる．したがって，単位長さに蓄えられている（時間平均）電気エネルギー W_e は，式 (3.1.19) に代入して，

$$\begin{aligned} W_e &= \frac{1}{2}\varepsilon^{re}\int_{\phi=0}^{2\pi}\int_a^b E(r)E^*(r)(rd\phi dr) \\ &= \frac{1}{2}\varepsilon_r\left\{\frac{V_0}{\ln(b/a)}\right\}^2(2\pi)\int_a^b\frac{1}{r}dr = \pi\varepsilon^{re}\frac{{V_0}^2}{\ln(b/a)} \end{aligned} \tag{3.1.22}$$

分布容量 C との間には $W_e = (1/2)C{V_0}^2$ の関係があったので，

$$C[F/m] = \frac{2\pi\varepsilon^{re}}{\ln(b/a)} \tag{3.1.23}$$

となる．電界の一様分布を仮定した例題 3.2 と比べると同軸ケーブルでは分布容量に因子 $2\pi/\ln(b/a)$ だけ差が生じている．

また，z 軸方向に（時間平均）I_0 の電流が流れていると，半径 r における磁界の大きさは

$$H(\phi) = \frac{I_0}{2\pi r} \tag{3.1.24}$$

である．したがって，単位長さに蓄えられている（時間平均）電磁エネルギー W_m は

$$W_m = \frac{1}{2}\mu \int_0^{2\pi} \int_a^b H(r)H^*(r)(rd\phi dr) = \frac{1}{2}\mu \left(\frac{I_0}{2\pi}\right)^2 \int_a^b \frac{1}{r}dr$$
$$= \frac{\mu {I_0}^2}{4\pi} \ln(b/a) \tag{3.1.25}$$

同様に，分布インダクタンス L との間には $W_m = (1/2)L{I_0}^2$ の関係があったので，

$$L[H/m] = \frac{\mu}{2\pi} \ln(b/a) \tag{3.1.26}$$

となる．分布容量と同様に例題 3.2 と比べると因子 $\ln(b/a)/2\pi$ だけ差が生じている．

分布直列抵抗 R は，高い周波数では表皮効果のために導体の導電率 σ が顕在化して無限大ではなくなるために有限値を示すことになる．線積分によって求めると，

$$R[\Omega/m] = \frac{R_S}{(2\pi)^2} \left\{ \int_{\phi=0}^{2\pi} \frac{1}{a^2} ad\phi + \int_0^{2\pi} \frac{1}{b^2} bd\phi \right\} = \frac{R_S}{2\pi} \left(\frac{1}{a} + \frac{1}{b} \right) \tag{3.1.27}$$

と求まる．分布並列コンダクタンス G は，誘電体損失電力と G とを関係づける式から求めることができて，次のようになる．

$$G[S/m] = \frac{\omega\varepsilon^{im}}{\ln(b/a)} \int_{\phi=0}^{2\pi} \int_{\rho=a}^{b} \frac{1}{r^2} rd\phi dr = \frac{2\pi\omega\varepsilon^{im}}{\ln(b/a)} \tag{3.1.28}$$

なお，表皮効果厚 δ_s や式 (3.1.28) の導出は本書では省くので，関心ある読者は参考文献 [1],[5] や電磁波工学に関する専門書で調べてほしい．参考までに，銅における表皮効果厚を計算で求めると 1 GHz で 2.1 μm となる．高周波信号を扱う同軸ケーブルでは必要以上に銅体厚を厚くしても意味がないわけである．

分布定数回路の損失は，すでに述べたように R がゼロでないことによる電力損失だけではない．誘電体内部でもわずかであるが損失が生じる．これが誘電体損失であることはすでに述べた通りである．誘電体損失は分極変位の応答に一定の遅延が生じることに起因している．誘電体損失の機構を考えてみるのは無駄ではないであろう．誘電体では，電子が自由に動き回る導体と異なり，電子は束縛状態にあって外部電場の力によって正電荷との間に電気双極子を形成し，その変位が時間的に

変化する．外部電場に対する電気双極子モーメント (electric dipole moment)p の応答感度を χ_e なる無次元量で表して，これを一般に電気感受率 (electric susceptibility) と呼んでいる．電気双極子モーメント p のインパルス応答を調べることによって電気感受率 χ_e の特性を求めた結果を付録 A2. に示している．電子の束縛ゆえに χ_e は複素数となって，応答に位相遅延が生じてくるのが理解できると思う．p の集合体として観測される分極 (electric polarization)$\mathbf{P}$ は電気変位 $\mathbf{D}$ との間に

$$\mathbf{D} = \varepsilon_0 \mathbf{E} + \mathbf{P} = \varepsilon_0(1 + \chi_e)\mathbf{E} = \varepsilon \mathbf{E} \tag{3.1.33}$$

なる関係がある．ここで，

$$\varepsilon = \varepsilon_0(1 + \chi_e) = \varepsilon^{re} - j\varepsilon^{im} \tag{3.1.34}$$

である．式 (3.1.34) から予想できることであるが，ε が複素数であるのは χ_e が複素数として振る舞うことの結果である（付録 A2 参照）．χ_e の虚数部が信号伝搬に伴う誘電体損失を引き起こす．これは，χ_e の虚数部が減衰定数 a に貢献するために生じるものであり，摩擦を伴うバネの強制振動の運動方程式モデルと同じ機構でよく説明されている（参考文献[2] [7] 参照）．この誘電体損失 (dielectric loss) は誘電体の導電率 σ と分離して観測することはできないので，一体で捉える必要がある．そこで磁場の強さ $\mathbf{H}$ と電流密度 $\mathbf{J}$ とを結びつけるマックスウェル方程式に複素誘電率 $\varepsilon = \varepsilon^{re} - j\varepsilon^{im}$ を代入すると，

$$\begin{aligned}
\nabla \times \mathbf{H} &= j\omega \mathbf{D} + \mathbf{J} \\
&= j\omega\varepsilon \mathbf{E} + \sigma \mathbf{E} \\
&= j\omega\varepsilon^{re}\mathbf{E} + (\omega\varepsilon^{im} + \sigma)\mathbf{E} \\
&= j\omega\left(\varepsilon^{re} - j\varepsilon^{im} - j\frac{\sigma}{\omega}\right)\mathbf{E}
\end{aligned} \tag{3.1.35}$$

が得られる．上式からも分かるように σ と $\omega\varepsilon^{im}$ は分離できないので，$\omega\varepsilon^{im} + \sigma$ の項を一体として扱い有効導電率と呼んでいる．誘電体材料の誘電体損失は，分布定数線路における損失要因としてだけでなく，コンデンサ部品の性能の良さを示す性能指標 (figure of merit) としても頻繁に使われている．性能指標を式 (3.1.35) の最後に示した全変位電流の中で虚部に対する実部の比の正接をとって

$$\tan\delta = \frac{\omega\varepsilon^{im} + \sigma}{\omega\varepsilon^{re}} \tag{3.1.36}$$

と定義して使う場合が多い．これを誘電正接 (loss tangent) ともいう．誘電体の場合，$\tan\delta \approx 10^{-3} \sim 10^{-4}$ である．一方，$\sigma \approx 10^{-10} \sim 10^{-14}$ [S/cm] と充分に小さいので，

$$\tan\delta \cong \varepsilon^{im}/\varepsilon^{re} \tag{3.1.37}$$

と近似できる．すると複素誘電率 ε も

$$\varepsilon = \varepsilon^{re} - j\varepsilon^{im} = \varepsilon^{re}(1 - j\tan\delta) \tag{3.1.38}$$

と近似できて誘電体損失を分かりやすく考察できる．

さて，身近にある分布定数回路である同軸ケーブルに関して，1 次定数を求めることができたので，その中を伝搬する信号波を調べてみよう．

3.2 無損失伝送線路と損失の小さい伝送線路

3.2.1 無損失伝送線路

前節で学んだ事項に基づいて，以降では具体的条件を付与して分布定数線路上の振る舞いを考察していこう．はじめに伝送線路に損失がない条件である $\alpha(\omega) = 0$ から解きほぐす．損失が無ければ $R = G = 0$ であるので，式 (3.1.7)，式 (3.1.11) に代入すると，

$$\gamma = j\beta(\omega) = j\omega\sqrt{LC} (= \omega\sqrt{\varepsilon\mu}) \tag{3.2.1}$$

$$Z_C = \sqrt{\frac{j\omega L}{j\omega C}} = \sqrt{\frac{L}{C}} \left(= \sqrt{\frac{\mu}{\varepsilon}} \right) \tag{3.2.2}$$

が得られ，伝搬定数は虚数，すなわち位相項のみとなり，特性インピーダンスは実数となる．電磁波としての振る舞いとの関係への理解を深めるために誘電率，透磁率を使った表現も併記した．式 (3.2.2) を眺めてみると真空中を伝搬する電磁波に対して波動（特性と等価）インピーダンス (wave impedance, intrinsic impedance) が定義できることも分かる．波動インピーダンス η_0 は，真空中なので $\eta_0 = \sqrt{\mu_0/\varepsilon_0} = 120\pi \triangleq 377\,\Omega$ となる．式 (3.2.1) と式 (3.2.2) を式 (3.1.28-1) と式 (3.1.30) へ代入すると，無損失伝送線路に対する電圧と電流の一般解が得られて，次のように簡略化できる．

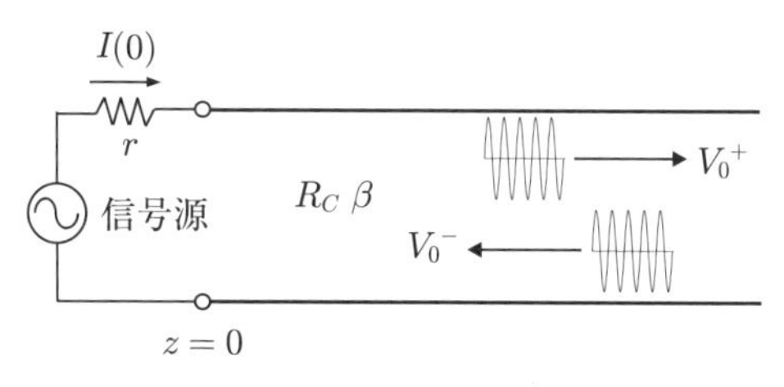

図 3.2.1 無損失伝送線路

$$V(z) = V_0^+ e^{-j\beta z} + V_0^- e^{j\beta z} \tag{3.2.3-1}$$

$$I(z) = \frac{1}{Z_0}(V_0^+ e^{-j\beta z} - V_0^- e^{j\beta z}) \tag{3.2.3-2}$$

波長は，

$$\lambda = \frac{2\pi}{\omega\sqrt{LC}} \tag{3.2.4}$$

となり，位相速度は，

$$v_p = \frac{\omega}{\beta} = \frac{1}{\sqrt{LC}} = \frac{1}{\sqrt{\varepsilon\mu}} \tag{3.2.5}$$

となる．一般に信号源の振動数は伝搬媒質に依存せずに一定であって，伝搬速度が媒質によって変化する．その結果波長は媒質によって変化することになる．

【例題 3.4】一様分布平面波の伝搬速度

無損失誘電体伝送媒体中を伝搬する平面波が $e(z,t) = E_0 \cos(\omega t - \beta z)$ であるとする．振動周波数は 5 GHz である．位相速度は伝搬遅延量の測定結果から 1.5×10^8 m/s であった．このとき，波長 λ，位相定数 β，比誘電率 (relative permittivity) ε_r，波動（特性）インピーダンス η を求めなさい．

解答　$\sqrt{LC} = 1/v_p = 1/1.5 \times 10^8$ となるので，これを式 (3.2.1) と式 (3.2.4) に代入して

$$\beta = \omega\sqrt{LC} = \frac{2\pi \times 5 \times 10^9}{1.5 \times 10^8} = 209.4 \text{ [rad/m]}$$

$$\lambda = \frac{2\pi}{\omega\sqrt{LC}} = \frac{1}{f\sqrt{LC}} = \frac{1.\ 5 \times 10^{10}}{5 \times 10^8} = 3 \text{ [cm]}$$

となる．

比誘電率 ε_r は真空中の光速[2)]との比なので,

$$\varepsilon_r = \left(\frac{c}{v_p}\right)^2 = \left(\frac{3.0 \times 10^8}{1.5 \times 10^8}\right)^2 = 4.0$$

波動インピーダンスは

$$\eta = \eta_0/\sqrt{\varepsilon_r} = 120\pi/\sqrt{4.0} = 188.5\,\Omega$$

と求まる.

3.2.2 損失の小さい伝送線路

実際は導体の導電率 σ が有限であることによる電力損失や誘電体損失が伝送線路には存在する.しかしながら,これらの損失は通常は無視できる場合が多い.ただし,減衰定数の周波数特性を扱ったり,共振器のQを考察する場合には,損失の効果が重要となる.数百 Mbit/s を超える基底帯域伝送信号や 10 GHz を超える周波数帯域からなる高周波変調信号伝送(光ファイバ伝送がこれに該当する),または周波数は低くても km を超えて信号伝送するような例では,伝送線路を無損失と見なすことはできなくなる.このような実用的条件の範囲で減衰定数 α の特性について理解を深めておこう.誘電体損失の項で学んだ事項が基本となる.

損失を含む一般的伝搬定数は一次定数を用いて $\gamma = \sqrt{(R + j\omega L)(G + j\omega C)}$ と表すことができることを読者はすでに学んだ.無損失のとき $\gamma = j\beta = j\omega\sqrt{LC}$ であったので,$j\omega\sqrt{LC}$ の項に着目して式 (3.1.7) を整理する.すると,

$$\begin{aligned}\gamma &= \sqrt{(R + j\omega L)(G + j\omega C)} \\ &= \sqrt{(j\omega L)(j\omega C)\left(1 + \frac{R}{j\omega L}\right)\left(1 + \frac{G}{j\omega C}\right)} \\ &= j\omega\sqrt{LC}\sqrt{\left(1 - \frac{RG}{\omega^2 LC} + \frac{R}{j\omega L} + \frac{G}{j\omega C}\right)}\end{aligned} \tag{3.2.6}$$

損失が小さいことを仮定しているので $RG \ll \omega^2 LC$ が成り立って,式 (3.2.6) は

---

2) 光速は厳密には $c = 2.99792458 \times 10^8$ [m/s] である.

$$\gamma \simeq j\omega\sqrt{LC}\sqrt{1-j\left(\frac{R}{\omega L}+\frac{G}{\omega C}\right)} \tag{3.2.7}$$

と近似できる．さらに $(R/\omega L+G/\omega C)$ の項も 1 に比べて十分に小さいので，テイラー展開して一次の項までを求めると（2 次より大きい項は $RG \ll \omega^2 LC$ と同様に無視できる），

$$\gamma \simeq j\omega\sqrt{LC}\left\{1-\frac{j}{2}\left(\frac{R}{\omega L}+\frac{G}{\omega C}\right)\right\} \tag{3.2.8}$$

を得る．減衰定数に関わる項は実部に対応しており，抜き出すと

$$\alpha \simeq \frac{1}{2}\left(R\sqrt{\frac{C}{L}}+G\sqrt{\frac{L}{C}}\right) \tag{3.2.9}$$

と求まる．一見，周波数依存性が無いように見えるが，同軸ケーブルを想定して例題 3.3 で示した式 (3.1.23)，式 (3.1.26)-(3.1.28) を代入してみると，

$$\begin{aligned}\alpha(\omega) &= \frac{1}{2}\left\{\frac{R_S}{2\pi}\left(\frac{1}{a}+\frac{1}{b}\right)\sqrt{\frac{2\pi\omega\varepsilon^{im}}{\ln(b/a)}\frac{2\pi}{\mu\ln(b/a)}}\right.\\ &\qquad\left.+\frac{2\pi\omega\varepsilon^{im}}{\ln(b/a)}\sqrt{\frac{\mu}{2\pi}\ln(b/a)\frac{\ln(b/a)}{2\pi\varepsilon^{re}}}\right\}\\ &= \frac{1}{2}\left\{\frac{R_S}{2\pi\eta'\ln(b/a)}\left(\frac{1}{a}+\frac{1}{b}\right)+\eta'\omega\varepsilon^{im}\right\}\end{aligned} \tag{3.2.10}$$

ここで，$\eta' = \sqrt{\mu/\varepsilon^{re}}$ は誘電体の固有インピーダンスに対応している．α の第 1 項は導体損に伴う減衰係数を意味しており，第 2 項は誘電体損による減衰係数を意味する．同軸ケーブルの場合前者による損失が支配的であり，光ファイバ通信のように誘電体に電磁波を閉じ込めて情報伝送する場合には，後者が支配的となる．表皮効果の項でも述べたように，表皮抵抗は $R_S = 1/(\sigma\delta_S) \propto \sqrt{f}$ となって，周波数の平方根に比例する．したがって減衰定数 α も $\sqrt{f}$ に比例するので，周波数が大きくなると減衰が大きくなる．

図 3.2.2 は実際の同軸ケーブルについて S_{21} パラメータ（3.9.1 項を参照）をネットワークアナライザを用いて測定し，減衰定数に変換した結果を示している．横軸は周波数を対数で表示し，縦軸は減衰定数を dB 表示に変換して α_{dB} [dB/km] で表示している．同軸ケーブルでは典型的な減衰定数値は 10 MHz で

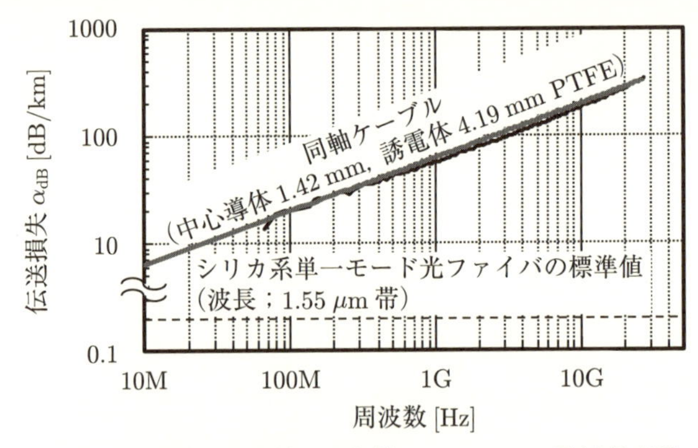

図 3.2.2　同軸ケーブルと光ファイバの伝送損失
（実測値は株式会社 CANDOX 提供）

$\alpha_{dB} = 8$ dB/km である．式 (3.2.10) 中第 1 項の導体損失が支配している．実際の同軸ケーブルでも周波数の対数値に比例して減衰が大きくなることを読み取っていただけると思う．ここで注意が必要なのは，"損失が小さい" というのは単位長さあたりの減衰量を意図しているということであり，伝搬距離が長くなれば当然減衰量は長さにも比例して増加する．

図 3.2.2 には誘電体導波路である単一モード光ファイバの典型的な減衰定数も同時に示した．単一モード光ファイバの場合，周波数に依らず 0.2 dB/km と極めて小さい．第 2 項は ω を含んでいるので周波数に比例しそうに思えるが，200 THz で振動する光搬送波に対して使用する伝送帯域である 12.5 THz（波長換算 100 nm）の範囲では，ω の変分は小さく，損失特性 $\eta'\omega\varepsilon^{im}$ は平坦と見なして構わない．損失の周波数依存性は無視できる．図 3.2.2 では横軸は 50 GHz まで表示されているが，12.5 THz まで拡張しても $\alpha_{dB} = 0.2$ dB/km である．光ファイバが情報伝送媒体として極めて優れていることが想像できよう．

"損失の小さな伝送線路" ではもう 1 つ重要な知見が得られる．式 (3.2.8) から位相定数の近似解が

$$\beta \simeq \omega\sqrt{LC} = \omega\sqrt{\varepsilon\mu} \tag{3.2.11}$$

と表され，さらに特性インピーダンスが

$$Z_C = \sqrt{\frac{(R + j\omega L)}{(G + j\omega C)}} \simeq \sqrt{\frac{L}{C}} \tag{3.2.12}$$

となるということである．これは無損失伝送線路で求めた解と一致している．高い周波数成分を含む信号を扱う損失の小さな伝送線路の場合，無損失伝送線路と見なせる，ということである．

3.3 位相速度と群速度

位相速度 (phase velocity) とは，文字通り位相が移動する速度である．必然的に，対象となるのは正弦波，言い換えると単一周波数からなる信号である．これに対して群速度 (group velocity) は，複数の周波数成分から構成される信号波形（包絡線）が伝搬する速度である．

式 (3.1.14) で表した信号波の減衰パラメータを $\alpha = 0$（位相速度の考察では信号の減衰は本質ではない）と置いて，次式の進行波に着目して位相速度を考察する．

$$v(z,t) = \left|V_0^+\right| \cos \Theta(z,t) \tag{3.3.1}$$

進行波 $v(z,t)$ の位相 $\Theta(z,t) = \omega t - \beta z + \theta^+$ が時間とともに振動しつつ z 軸方向に伝搬するとき，特定位相の移動する速度を位相速度と呼び，v_p と記述する．図 3.3.1 に進行波 $v(z,t)$ の位相 $\Theta(z,t)$ が伝搬する様子を 3 次元（振幅 $|V_0^+|$，時間 t，距離 z）的に示した．時間 t は周期 $(1/f)$ の倍数として，距離 z は波長 λ の倍数として表している．いま，$t = 0.25/f = T_1$，$z = 0$ にある進行波 $(\theta^+ = 0)$ の位相 $\Theta(z = 0,\ t = 0.25/f) = \pi/2$ に着目して，その伝搬の様子を追ってみよう．観測者は，時刻 $t = T_1$ に $z = 0$ の地点に立つと位相 $\Theta(0, T_1)$ が確認できる．時間 t とともに ωt は変化するので，$\Theta(z,t) = \pi/2$ を維持するには，z が変化する必要がある．したがって，観測者は z 軸に沿って右斜め上に追っていくことになる．観測者が z 軸に沿って追う速度が位相速度に他ならない．図 3.3.1 で示したのは，$\Theta(0,\ T_1)$ が矢印で示した方向に伝搬し時刻 T_2 に $z = 1.5\lambda$ の位置に移動する位相 $\Theta(1.5\lambda,\ T_2)$ の様子である．到達時刻は $T_2 = 1.5/f$ である．したがって，位相 $\Theta(0,\ T_1)$ が移動した速度 v_p は，

$$v_p = \frac{1.5\lambda}{(1.5 - 0.25)/f} = f\lambda \,[\mathrm{m/s}] \tag{3.3.2}$$

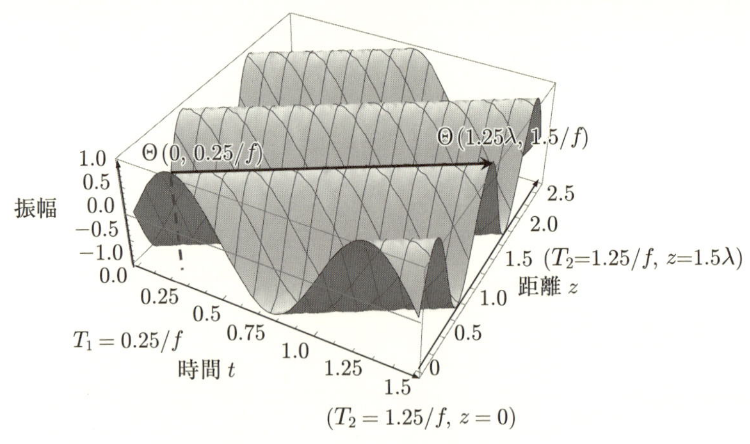

図 3.3.1　余弦波が伝搬する様子

となる．位相速度は媒体の特性を示す誘電率に応じて変化する．一方，周波数 f は伝搬媒体に依らず一定であるので，波長 λ が伝搬媒体に応じて変化することになる．

以上のような直感的理解を解析的に明らかにするために，位相 $\Theta(z,t) = \omega t - \beta z + \theta^+$ を時間で微分する．時間変化に対して特定位相の移動を考えているので，位相 $\Theta(z,t)$ の時間微分は

$$\frac{\partial\Theta(z,t)}{\partial t} = \omega - \frac{\partial\beta z}{\partial z}\frac{\partial z}{\partial t} = \omega - \beta\frac{\partial z}{\partial t} = 0 \tag{3.3.3}$$

となる．したがって，

$$dz/dt = \omega/\beta = v_p \tag{3.3.4}$$

が導かれる．これが位相速度 v_p である．

一方，V_0^+ が何らかの情報信号によって変調されて搬送波包絡線 (envelope) を構成し，スペクトル周波数帯域を有すると様子が変わってくる．この場合，搬送波の位相が移動する速度ではなく，包絡線 V_0^+ を構成するスペクトル周波数の束が移動する速度を考察することになる．情報信号によって変調 (modulation) された信号波形である包絡線を $V_0^+(z,t)$ とすると，そのスペクトル周波数 $\widetilde{V}(\Omega)$ は，フーリエ変換

$$\widetilde{V}(\Omega) = \int_{-\infty}^{\infty} V_0^+(z,t)e^{-j\Omega t}dt \tag{3.3.5}$$

によって得られ，$\Omega/2\pi$ 軸上に拡がりを示す．ここで，$\Omega/2\pi$ は情報信号による変調周波数である．搬送波周波数 $\omega_0/2\pi$ に比べると変調帯域（積分帯域と等価）は充分小さい．

まず，変調信号に含まれる周波数成分を Ω_m だけ周波数の異なる $(\omega_0 \pm \Omega_m/2)$ という 2 つの波の合成波に単純化して，群速度の直感的理解を進めてみよう．2 つの波は，

$$\cos\{(\omega_0 + \Omega_m/2)t - \beta(\omega_0 + \Omega_m/2)z\} \tag{3.3.6-1}$$

$$\cos\{(\omega_0 - \Omega_m/2)t - \beta(\omega_0 - \Omega_m/2)z\} \tag{3.3.6-2}$$

と表すことができる．位置 z におけるその合成波 $v(z,t)$ は，

$$\begin{aligned} v(z,t) &= \cos\{(\omega_0 + \Omega_m/2)t - \beta(\omega_0 + \Omega_m/2)z\} \\ &\quad + \cos\{(\omega_0 - \Omega_m/2)t - \beta(\omega_0 - \Omega_m/2)z\} \\ &= \cos\{(\omega_0 + \Omega_m/2)t - (\beta_0 + \Delta\beta)z\} \\ &\quad + \cos\{(\omega_0 - \Omega_m/2)t - (\beta_0 - \Delta\beta)z\} \\ &= [2\cos\{(\Omega_m/2)t - \Delta\beta z\}]\cos(\omega_0 t - \beta_0 z) \end{aligned} \tag{3.3.7}$$

となる．ここで，$\beta(\omega_0 \pm \Omega_m/2) \cong \beta(\omega_0) \pm \Delta\beta = \beta_0 \pm \Delta\beta$ と近似している．（式 (3.3.13) に示した Taylor 展開を参照のこと）．$2\cos\{(\Omega_m/2)t - \Delta\beta z\} = V_0^+(z,t)$ と置いて式 (3.3.1) に照らすと，搬送波包絡線を示しており，2 つの波の "うなり (beat note)" に他ならない．位相速度と同様の手順で包絡線の着目位相が伝搬する速度を求めると，$(\Omega_m/2) - \Delta\beta(dz/dt) = 0$ より，

$$\frac{dz}{dt} = (\Omega_m/2)/\Delta\beta = v_g \tag{3.3.8}$$

が得られる．"うなり" が伝搬する速度を表していて，これが群速度である．

このような "うなり" による理解を踏まえて，次に $\alpha(\omega) \neq 0$ と置いて，より一般性のある考察を行う．位置 $z = 0$ における搬送波周波数が $\omega_0/2\pi$ である変調信号波 $v(0,t)$ は，

$$v(0,t) = (1/2)V_0^+(0,t)\exp(j\omega_0 t) + c.c. \tag{3.3.9}$$

と書ける．情報信号によって変調された包絡線は，$z = 0$ にて $V_0^+(0,t) = e^{-\kappa t^2}$ なるガウス形状パルスを仮定する．ガウス関数のフーリエ変換は，例題 1.13 で学ん

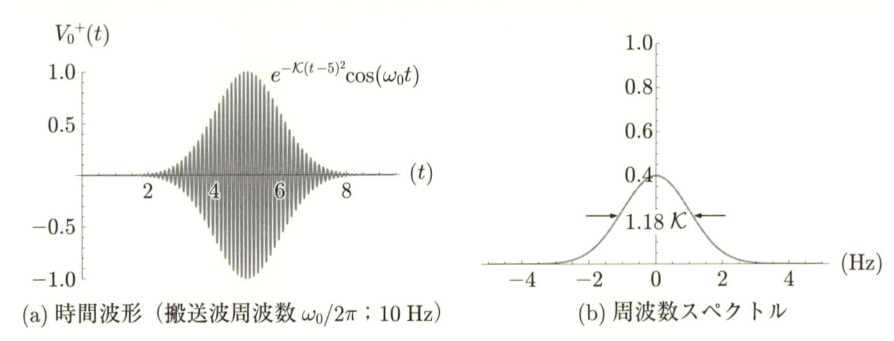

(a) 時間波形（搬送波周波数 $\omega_0/2\pi$；10 Hz）　(b) 周波数スペクトル

図 3.3.2

だように定数の差を除いて同じくガウス関数になるので，解析的見通しを得るときに便利である．

$V_0^+(0,t) = e^{-\kappa t^2}$ を式 (3.3.9) に代入すると，

$$v(0,t) = (1/2)\{\exp(-\kappa t^2 + j\omega_0 t) + c.c.\} \tag{3.3.10}$$

と表すことができて，包絡線のスペクトル周波数 $\widetilde{V}(\Omega)$ は，

$$\widetilde{V}(\Omega) = \int_{-\infty}^{\infty} V_0^+(0,t)e^{-j\Omega t}dt = \int_{-\infty}^{\infty} e^{-\kappa t^2}e^{-j\Omega t}dt = \frac{1}{\sqrt{4\pi\kappa}}\exp\left(-\frac{\Omega^2}{4\kappa}\right) \tag{3.3.11}$$

となる．$\omega_0/2\pi = 10\,\mathrm{Hz}$, $\kappa = 0.5$ として式 (3.3.10) に基づいてパルス波形を計算し図示すると，図 3.3.2(a) のようになる．包絡線のスペクトル周波数成分を式 (3.3.11) にしたがって計算すると，同じく同図 (b) に示すようにガウス形状を示す．スペクトル周波数の半値全幅（例題 3.5 参照）は $\Delta\Omega = 1.18\kappa$ である．なお，搬送波を伴う進行波式 (3.3.10) に対してフーリエ変換を施すと，変調理論が教えるように，$\omega_0/2\pi = +/-10\,\mathrm{Hz}$ だけスペクトル周波数がシフトする．式 (3.3.10) は，$\Delta\Omega = 1.18\kappa$ の周波数成分が束になって伝搬していくことを示している．通信工学や半導体物性工学に関する多くの教科書でパルス波形を波束 (wave packet) と呼ぶのはこのためである．

$v(0,t)$ が z 軸方向に伝搬していくとき，z だけ伝搬後の変調信号波 $v(z,t)$ は，減衰項 $\exp\{-\alpha(\omega)z\}$ と位相項 $\exp\{-j\beta(\omega)z\}$ を式 (3.3.9) に作用させることで得られ，

$$v(z,t) = \frac{1}{4\pi} e^{-\alpha(\omega)z} e^{j(\omega_0 t - \beta(\omega)z)} \int_{-\infty}^{\infty} \widetilde{V}(\Omega) e^{j\Omega t} d\Omega + c.c. \tag{3.3.12}$$

となる．ここで，位相パラメータ $\beta(\omega) = \beta(\omega_0 + \Omega)$ に関して ω_0 の近傍で 2 次の項まで明示的にテイラー級数に展開すると，

$$\beta(\omega_0 + \Omega) = \beta(\omega_0) + \left(\frac{d\beta}{d\omega}\right)_{\omega=\omega_0} \Omega + \frac{1}{2}\left(\frac{d^2\beta}{d\omega^2}\right)_{\omega=\omega_0} \Omega^2 + \cdots \tag{3.3.13}$$

となって，搬送波の伝搬定数 $\beta_0 \equiv \beta(\omega_0)$ と高次の成分に分解できる．2 次の項はいったん無視できるとし，この項の関与は次節で説明する．1 次の項は式 (3.3.8) にならうと，これが群速度の逆数を示していることに気がついて，

$$d\beta/d\omega \equiv 1/v_g \tag{3.3.14}$$

と置く．ところが，このままでは群速度と言われても現象と結びつき難い．そこで，式 (3.3.12) にこれらを代入して波束の変化を追ってみる．代入すると，

$$\begin{aligned} v(z,t) = &\frac{1}{2} \exp\{j(\omega_0 t - \beta_0 z)\} \\ &\left[\frac{1}{2\pi} \int_{-\infty}^{\infty} \widetilde{V}(\Omega) \exp\{-\alpha z\} \exp\{-(\Omega/v_g)z\} e^{j\Omega t} d\Omega\right] + c.c. \end{aligned} \tag{3.3.15}$$

が得られる．式 (3.3.9) に照らして比較すると，鍵括弧の中が情報伝送信号の包絡線を示していることが分かる．包絡線 $V_0^+(z,t)$ を抽出して整理すると，

$$\begin{aligned} V_0^+(z,t) &= \frac{1}{2\pi} \int_{-\infty}^{\infty} \widetilde{V}(\Omega) \exp\{-\alpha z\} \exp\{-(\Omega/v_g)z\} e^{j\Omega t} d\Omega \\ &= \frac{\exp\{-\alpha z\}}{2\pi} \int_{-\infty}^{\infty} \widetilde{V}(\Omega) \exp\left[j\left\{t - \frac{z}{v_g}\right\}\Omega\right] d\Omega \\ &= V_0^+\left\{0, \left(t - \frac{z}{v_g}\right)\right\} \exp\{-\alpha z\} \end{aligned} \tag{3.3.16}$$

が得られる．式 (3.3.16) は，$z = 0$ における包絡線 $V_0^+(0,t)$ が距離 z だけ伝搬したとき時間 z/v_g だけ時間シフトし，$\exp\{-\alpha z\}$ だけ減衰を被ったことを示している．これで，v_g が包絡線の移動速度を表していることが理解できよう．ガウス形状包絡線が伝搬する様子を図 3.3.3 に示した．

減衰項 $\exp\{-\alpha z\}$ は，次節の無歪み伝送路 (distortionless line) と関係してくるので，もう少し説明する．減衰パラメータ $\alpha(\Omega)$ が対象としている周波数範囲で

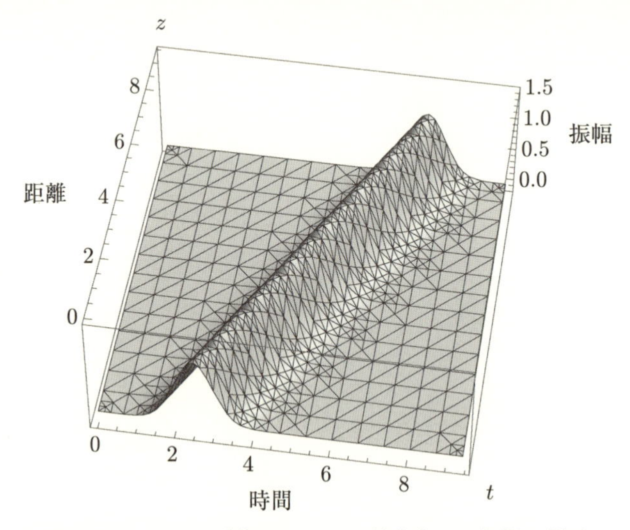

図 3.3.3 ガウス形状パルスの z 軸方向への伝搬の様子

定数であれば，包絡線は単純に振幅が減衰するだけであり，相似形の減衰となる．$\alpha(\Omega)$ が前節で説明した同軸ケーブルのように $\sqrt{f}$ に比例する周波数依存性を示し，伝搬距離が長いと，変調帯域で減衰項 $\exp\{-\alpha(\Omega)z\}$ の周波数特性が無視できなくなり，式 (3.3.16) の途中で積分の外に置くことができなくなる．結果として包絡線は歪む．歪みの様子は 4.3.1 項で詳しく説明している．

包絡線が歪む要因にはもう 1 つ考えられる．群速度 v_g の周波数依存性である．これが，式 (3.3.13) においていったん無視できるとした 2 次の項 $(1/2)d(1/v_g)/d\omega$ である．群速度分散 (group velocity dispersion) と呼ばれており，波形 (波束) を構成する周波数成分の伝搬速度がそれぞれ媒体内で異なることを言う．分散があると伝搬に伴い波形が変化することが容易に推測できよう．その詳細は次節で説明する．

3.4 無歪み伝送路

ここで「理想的な伝送線路」なるものについて考えてみよう．「理想的な伝送線路」は，信号伝送システムを設計する立場に立つと，図 3.4.1 に示すように「信号波形が変化しない」伝送線路と言える．「信号波形が変化する」というとき，変化を 2 つに分類できる．相似形の変化と非相似形変化である．相似形変化の場合，

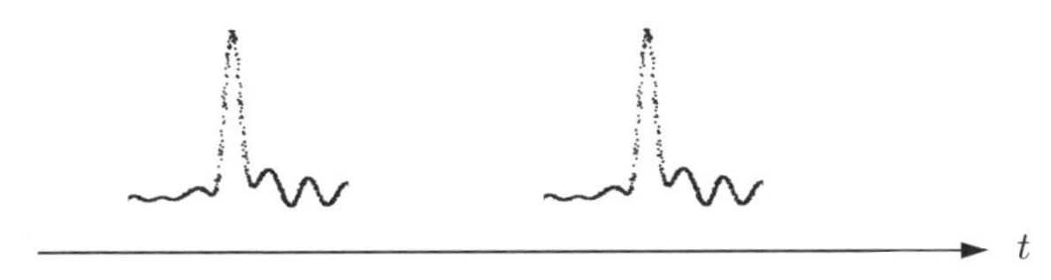

図 3.4.1 無歪み伝送波形の様子

波形を構成する周波数成分が均等に減衰し，位相関係も相対的に線形である．この場合，周波数が平坦な増幅を行えばよく，波形の復元は容易である．このような伝送路を「無歪み伝送路」と言い，2.7 節で学んだように伝送路は式 (2.55)，式 (2.56) を満足することになる．信号波形を形成する周波数成分の振幅比率と位相関係を変化させない．満足しない伝送路は非相似型変化をもたらす歪み伝送路となる．本節では，分布定数線路における無歪み条件を具体化して，式 (2.55)，式 (2.56) に相当する条件を満足しないときにどのように歪むのか，について解析的に調べてみることにする．

2.7 節で記した無歪み伝送の条件式 (2.52) を本章の変調信号波に置き換えると，

$$v(z,t) = Kv(0, t - t_0) \tag{3.4.1}$$

と表せる．包絡線を分離して記述すると

$$Kv(0, t - t_0) = (1/2)Ke^{j\{\omega_0(t-t_0)\}}V_0^+(0, t - t_0) + c.c. \tag{3.4.2}$$

となる．$(1/2)d(1/v_g)/d\omega = 0$ の条件の下で得られた z 伝搬後の包絡線を表した式 (3.3.16) と比較すると，

$$K = e^{-\alpha z} \tag{3.4.3-1}$$

$$t_0 = z/v_g \tag{3.4.3-2}$$

と対応付けられる．t_0 は群遅延時間を表している．無歪み伝送路であるためには，式 (3.4.3-1) が示すように $\exp\{-\alpha z\}$ が周波数に対して定数 K となり，かつ $(1/2)d(1/v_g)/d\omega = 0$ が要請されるということである．この条件は，式 (3.3.14) に照らして考えると，位相パラメータ β が $\beta = af$（a は定数）というように，周波数に対して比例関係にあることに他ならない．この条件の下では，$d\beta/d\omega = a/2\pi =$ 定数となって群遅延時間を表す式 (3.4.3-2) が周波数に依らず一定であることも導かれる．

3.2 節で学んだ "損失の小さな伝送線路" では，位相パラメータが周波数に比例

して $\beta \simeq \omega\sqrt{LC}$ と表されるので，“損失の小さな” 分布定数線路では無歪み伝送が可能と言える．

【例題 3.5】周波数に対して分散を示す伝送線路に信号を伝搬させる．位相パラメータ β が周波数に対して $\beta = a\omega^2$（a は定数）の関係にあるとき，変調信号波の包絡線はどのような歪み方をするか？　式 (3.3.11) に示したガウス形状パルスを用いて論じなさい．ただし，減衰定数 α はゼロとする．

解答　$\beta = a\omega^2$ のとき，群速度分散の項は $(1/2)d^2\beta/d\omega^2 = a$ となる．式 (3.3.15) において $\alpha = 0$ とおいて群速度分散の項までとって再掲すると，

$$v(z,t) = \frac{1}{2}e^{j(\omega_0 t - \beta_0 z)}\left[\frac{1}{2\pi}\int_{-\infty}^{\infty}\widetilde{V}(\Omega)\exp\right.$$
$$\left.\left[j\left\{\Omega t - \left(\frac{1}{v_g}\Omega + \frac{1}{2}\frac{d}{d\omega}\left(\frac{1}{v_g}\right)\Omega^2\right)z\right\}\right]d\Omega\right] + c.c. \tag{3.4.4}$$

となる．包絡線成分 $\widetilde{V}(\Omega)$ は

$$\widetilde{V}(\Omega) = \frac{1}{\sqrt{4\pi\kappa}}\exp\left(-\frac{\Omega^2}{4\kappa}\right) \tag{3.4.5}$$

であったので (式 (3.3.12) 参照)，これを代入し，包絡線成分 $V_0^+(z,t)$ を整理すると，

$$V_0^+(z,t)$$
$$= \frac{1}{2\pi\sqrt{4\pi\kappa}}\int_{-\infty}^{\infty}\exp\left[j\left\{(t - z/v_g)\Omega - \left(\frac{1}{4\kappa} + j\frac{az}{(2\pi)^2}\right)\Omega^2\right\}\right]d\Omega \tag{3.4.6}$$

となる．積分公式

$$\int_{-\infty}^{\infty} e^{-ax^2-bx}dx = \sqrt{\frac{\pi}{a}}\exp\left(\frac{b^2}{4a}\right)$$

を用いて積分を実行すると，

$$V_0^+(z,t) = \frac{1}{\sqrt{1+j4b\kappa z}} \exp\left\{-\frac{(t-z/v_g)^2}{1/\kappa+16b^2z^2\kappa}\right\} \exp\left\{j\frac{4bz(t-z/v_g)^2}{1/\kappa^2+16b^2z^2}\right\} \tag{3.4.7}$$

を得る．

伝送によるパルスの歪み（拡がり）を電圧振幅が 1/2 となる時間幅の比較によって明らかにする．時間関数でも周波数関数でも当該波形（関数）の尖頭値から 1/2 となる全幅を通常半値全幅 (FWHM; Full Width at Half Maximum) と呼んでいる．式 (3.3.11) に示した初期パルス $v(0,t)$ ではパルスの半値全幅は，$e^{-\kappa t^2} = 1/2$ を解くことによって，

$$\tau_0 = 2(\ln 2/\kappa)^{1/2}$$

と求まる．$z=l$ まで伝搬したパルスの拡がりを式 (3.4.7) を使って求めると，

$$\tau(l) = \sqrt{\ln 2}\sqrt{1/\kappa+16b^2z^2\kappa} = \tau_0\sqrt{1+\{8al\ln 2/\tau_0^2\}^2}$$

となる．いま，$|al| \gg {\tau_0}^2$ を満足するような分散の大きな媒質にパルス幅の狭い信号を伝搬させると，

$$\tau(l) \approx (8\ln 2)(al)/\tau_0$$

まで拡がることが分かる．受信端では，k を任意定数として $\beta_{comp} = -ka\omega^2$ なる位相特性を有する等化器（アナログ分散補償回路でもディジタル信号処理でも構わない）を系に挿入すると送信波形が復元できる．

光ファイバの場合，α は 25 THz ほどの周波数帯域に対して概ね 0.2 dB/km で一定と見なせるが，位相パラメータは一般には波長（群速度）分散を有する．例えば，通常の単一モード光ファイバの場合，α が最も低損失となる 1.55 μm 帯では 16 ps/nm/km（波長分散換算値）ほどの値を示す．シリカ系ガラスの材料分散が現れたものである．これに対して，分散シフトファイバと呼ばれる単一モード光ファイバも開発されている．波長分散値を構造的に補正して 1.55 m 帯でほぼ 0 を達成している．この場合，線形領域で無歪み伝送が可能となる．

3.5 反射係数

一般に電磁波が伝搬するとき，媒質の特性に不連続点，言い換えるとインピーダンスや屈折率に不連続点があると，エネルギーの一部が反射される．集中定数回路では信号源インピーダンスと負荷インピーダンスとの間に違いがあると負荷への電力伝達効率が低下すると学んだことと思う．伝達効率が最大となるのは両インピーダンスが一致したときであった．では負荷に伝達されなかったエネルギーはどこへ消えたのか？　エネルギー保存則が成り立っているのであるから，信号源側へ反射されて途中の抵抗成分で消費されたと考えるのが自然である．分布定数回路を学ぶことで，この仕組みがより明らかになる．この節からは，直感的理解が得やすいように分布定数回路を分布定数線路と読み替え，損失の小さい伝送線路を仮定して議論を進める．見通しをよくする上で本質的現象に影響を与えない項目を無視して単純化を図ることは解析上の重要な手法である．

搬送波波長に比べて長さが十分長い，図 3.5.1 に示すような無損失の小さな分布定数線路を考える．信号源側から距離 l の位置には，インピーダンスが Z_L なる大きさの負荷が接続されている．任意の地点 z における電圧・電流分布は式 (3.2.3-1)，式 (3.2.3-2) で与えられているので，負荷接続点における電圧・電流の振幅は $z = l$ と置いて，

$$V(l) = V_0^+ e^{-j\beta l} + V_0^- e^{j\beta l} \tag{3.5.1-1}$$

$$I(l) = \frac{1}{Z_0}(V_0^+ e^{-j\beta l} - V_0^- e^{j\beta l}) \tag{3.5.1-2}$$

と表すことができる．信号の反射について考察するには反射点を原点にとるほうが進めやすい．伝送線路を見込むインピーダンスの議論への展開も容易となる．そこで，$z + y = l$ の関係が維持されるように座標変換を行う．図 3.5.2 に示すように負荷端を原点とし信号源側へ向かう方向を y とする．$z = l - y$ を式 (3.2.3-1) と式 (3.2.3-2) に代入すると，

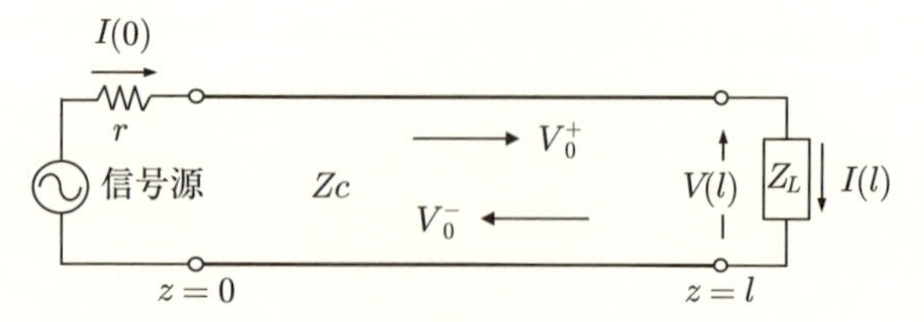

図 3.5.1　分布定数線路による信号伝送モデル

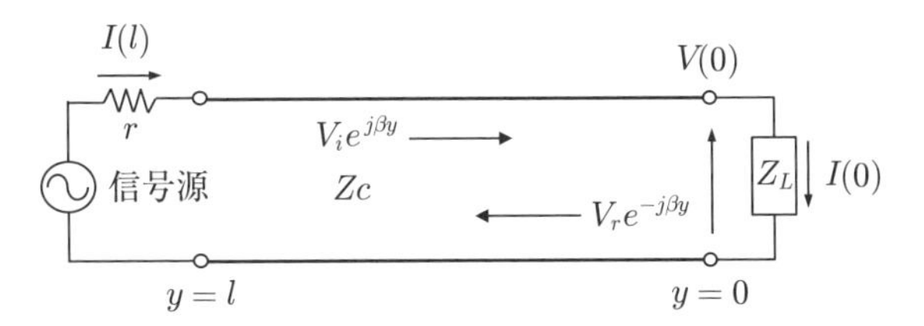

図 3.5.2　終端点を原点とする伝送線路モデル

$$V(y) = V_0^+ e^{-j\beta(l-y)} + V_0^- e^{j\beta(l-y)} \tag{3.5.2-1}$$

$$I(y) = \frac{1}{Z_C}(V_0^+ e^{-j\beta(l-y)} - V_0^- e^{j\beta(l-y)}) \tag{3.5.2-2}$$

と置き換わって $z=l$ の地点は $y=0$ となる．電圧振幅に関して負荷に対する入射波 (incident wave) $V_0^+ e^{-j\beta l}$ を V_i，反射波 (reflected wave) $V_0^- e^{-j\beta l}$ を V_r と置換すると，式 (3.5.2-1) と式 (3.5.2-2) は次式に置き換わることになる．

$$V(y) = V_i e^{j\beta y} + V_r e^{-j\beta y} \tag{3.5.3-1}$$

$$I(y) = \frac{1}{Z_C}(V_i e^{j\beta y} - V_r e^{-j\beta y}) \tag{3.5.3-2}$$

右下添字 i と r とはそれぞれ，終端点 $y=0$ への入射 (incident) と $y=0$ からの反射 (reflection) の頭文字を意味している．座標軸の関係が z と y との間で反転しているので，進行方向を表す符号も $\exp(-j\beta z)$ から $\exp(+j\beta y)$ へ反転する．y 軸で考察するときには y が増加する方向に向かう反射波 $V_r e^{-j\beta y}$ を進行波と見なすことになる．

終端点 $y=0$ では $V(0) = Z_L I(0) = V_i e^{-j\beta 0} + V_r e^{j\beta 0}$ が成り立つので式 (3.5.3-1) と式 (3.5.3-2) との和と差を求めることによって，

$$V_i = \frac{1}{2}(Z_L + Z_C)I(0) \tag{3.5.4-1}$$

$$V_r = \frac{1}{2}(Z_L - Z_C)I(0) \tag{3.5.4-2}$$

を得る．終端点 $y=0$ における反射係数 (reflection coefficient) は入射波電圧・電流振幅に対する反射波振幅の比として定義できて，

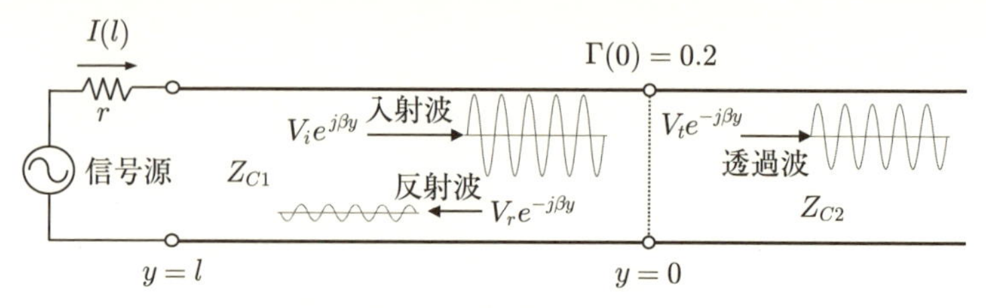

図 3.5.3　特性インピーダンスの異なる伝送線路の接続による正弦波信号の透過と反射

$$\Gamma_v(0) = \frac{V_r}{V_i} = \frac{\frac{1}{2}(Z_L - Z_C)I(0)}{\frac{1}{2}(Z_L + Z_C)I(0)} = \frac{Z_L - Z_C}{Z_L + Z_C} \tag{3.5.5-1}$$

$$\Gamma_i(0) = \frac{I_r}{I_i} = -\frac{V_r}{V_i} = -\frac{Z_L - Z_C}{Z_L + Z_C} \tag{3.5.5-2}$$

と求まる．この式から分かるように負荷インピーダンスが $Z_L = Z_C$ を満足するときインピーダンスの不連続性が無くなり，$\Gamma_v(0) = 0$ となって反射が起きない無反射条件となる．また，$\Gamma_v(0) = -\Gamma_i(0)$ となっているので電圧と電流では反射時に位相が反転することになる．反射されなかったエネルギーはすべて負荷に供給され消費される．

負荷を特性インピーダンスの異なる分布定数線路に置換しても同様の考え方が成立する．特性インピーダンスが Z_{C1} と Z_{C2} である 2 つの分布定数線路が接続されて正弦波信号が Z_{C1} の分布定数線路からインピーダンス不整合点に入射すると反射だけでなく透過波も発生する．反射係数は式 (3.5.5-1) において Z_L を Z_{C2} に，Z_C を Z_{C1} に置き換えればよく，

$$\Gamma_v(0) = \frac{Z_{C2} - Z_{C1}}{Z_{C2} + Z_{C1}} \tag{3.5.6}$$

となる．エネルギー保存則にしたがって透過波エネルギーは反射されなかった成分となる．透過波振幅比率は，1 から式 (3.5.6) を差し引いた量

$$1 - \Gamma_v(0) = 1 - \frac{Z_{C2} - Z_{C1}}{Z_{C2} + Z_{C1}} = \frac{2Z_{C1}}{Z_{C2} + Z_{C1}} \tag{3.5.7}$$

で表される．入射波に対して反射波も生じる．入射波に対して反射波と透過波が伝搬して行く様子を図 3.5.3 に示した．$Z_{C2}/Z_{C1} = 1.5$，$\Gamma_v(0) = 0.2$ の例である．

以後，実用性の高いパラメータである電圧反射係数 $\Gamma_v(0)$ をもっぱら用いることとし，下添字 v を省略して $\Gamma(0)$ と記す．$\Gamma(0)$ を用いて式 (3.5.1-1,2) を表すと，

$$V(y) = V_i(e^{j\beta y} + \Gamma(0)e^{-j\beta y}) \tag{3.5.8-1}$$

$$I(y) = \frac{V_i}{Z_C}(e^{j\beta y} - \Gamma(0)e^{-j\beta y}) \tag{3.5.8-2}$$

と表すことができる．入射波が電圧振幅 V_i を有するとき，反射波電圧振幅が $V_i\Gamma(0)$ になるという分かりやすい状況を示している．

また，反射係数を特性インピーダンス Z_C で規格化して考えると考察を一般化できる．高周波信号を扱うときには $Z_C = 50\,\Omega$ で規格化することが多い．規格化負荷を小文字で z_l と表記すると，次式となる．

$$\Gamma(0) = \frac{z_l - 1}{z_l + 1} \tag{3.5.9}$$

一般には z_l はリアクタンス成分 x を有する複素数 $z_l = r + jx$ であるので，式 (3.5.9) に代入して整理すると，

$$\Gamma(0) = \frac{r + jx - 1}{r + jx + 1} = \frac{(r^2 + x^2 - 1) + j2x}{r^2 + x^2 + 2r + 1} = |\Gamma(0)|\, e^{j\theta} \tag{3.5.10}$$

となって電圧反射係数も複素数になる．ここで，

$$|\Gamma(0)| = \sqrt{\frac{(r-1)^2 + x^2}{(r+1)^2 + x^2}}$$

$$\theta = \tan^{-1} \frac{2x}{r^2 + x^2 - 1}$$

である．$z_l = 1$ が無反射条件となることは明らかである．特性インピーダンス Z_C が $50\,\Omega$ の場合，無反射条件は負荷が実抵抗 $50\,\Omega$ であることに他ならない．θ は，信号成分全体を表した式 (3.1.14) と比較すると，入射波と反射波との位相差 $\theta = \theta^+ - \theta^-$ となることが分かる．

負荷点から y の位置における反射係数は式 (3.5.5-1) と同様にして入射波と反射波の電圧振幅比として求めることができる．任意の位置 y における入射波ならびに反射波の電圧振幅は，それぞれ $V_i e^{j\beta y}$ ならびに $V_i e^{-j\beta y}$ であるので

$$\Gamma(y) \equiv \frac{V_r e^{-j\beta y}}{V_i e^{j\beta y}} = \frac{V_r}{V_i} e^{-2j\beta y} = \Gamma(0)e^{-2j\beta y} \tag{3.5.11}$$

が得られる．式 (3.5.10) を代入すると

$$\Gamma(y) = |\Gamma(0)|\, e^{j(\theta - 2\beta y)} \tag{3.5.12}$$

となる．これを複素反射係数 (complex reflection coefficient) と呼ぶことにする．インピーダンス不整合点からの距離 y に応じて大きさ $|\Gamma(0)|$ の反射係数が複素平

面上を $-2\beta y$ だけ位相回転することになる．本書では負号は時計方向回転にとる．入射と反射電圧との間に生じたオフセット位相 θ は，周波数に対して変化するが伝搬距離に対して定数である．位相回転に伴って物理的に観測される現象については，次節以降で定在波として説明する．

3.6 定在波

分布定数線路上でインピーダンス不連続点が存在すると，伝搬速度が変化するとともに，電圧や電流に反射が生じる．反射の大きさを表す指標としてすでに電圧反射係数を学んだ．すると入射波と反射波とが分布定数線路上に同時に存在することになる．このとき電圧振幅を観測すると，線形合成波として見える．これは，その場に立ち止まって時間振動する見かけ上進行しない波である．これを定在波 (standing wave) と呼ぶ．

定在波の様子を考察するために，任意の地点 y における電圧と電流振幅 $V(y)$ と $I(y)$ の変化を調べてみよう．式 (3.5.3-1, 2) に式 (3.5.12) を代入して整理すると，

$$V(y) = V_i e^{j\beta y}\left(1 + \frac{V_r}{V_i}e^{-2j\beta y}\right) = V_i e^{j\beta y}\left\{1 + |\Gamma(0)|\, e^{j(\theta - 2\beta y)}\right\} \quad (3.6.1)$$

$$Z_C I(y) = V_i e^{j\beta y}\left(1 - \frac{V_r}{V_i}e^{-2j\beta y}\right) = V_i e^{j\beta y}\left\{1 - |\Gamma(0)|\, e^{j(\theta - 2\beta y)}\right\} \quad (3.6.2)$$

を得る．式 (3.6.1)，式 (3.6.2) の中括弧中に現れた θ は，すでに述べたように入射電圧と反射電圧との位相変化量である．また，式 (3.5.5) が示すように反射係数は電圧と電流では位相が反転しているので，中括弧の中の $|\Gamma(0)|$ の前の符号が反転している．符号反転だけであるので，電圧振幅の変化の様子が分かれば電流の変化も自ずと理解できることになる．複素反射係数 $\Gamma(y) = |\Gamma(0)|e^{j(\theta-2\beta y)}$ を図 3.6.1 に示すような

$$\Gamma(y) = u + jv = (u, v) \quad (3.6.3)$$

なる u-v 複素平面上に描いて，電圧振幅の振る舞いを考えてみよう．いま，$y = 0$ では $|\Gamma(0)|e^{j\theta}$ である $\Gamma(y)$ は，ある距離 y だけ離れた位置では時計回り（反時計回り方向が $+$）に $2\beta y$ だけ位相が回転して $|\Gamma(0)|e^{j(\theta-2\beta y)}$ となる．位相の回転に伴う電圧振幅の変化は式 (3.6.1) において $\{1 + |\Gamma(0)|e^{j(\theta-2\beta y)}\}$ の変化を追うこと

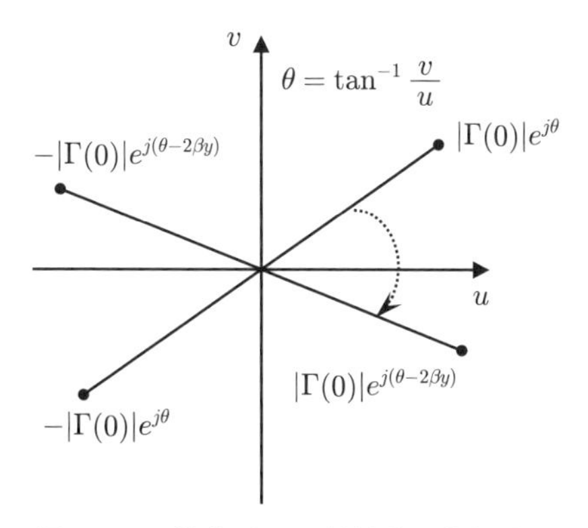

図 3.6.1　複素電圧反射係数の位相変化

になる．これは，図 3.6.2 に示すように座標 $(-1, 0)$ から $|\Gamma(0)|e^{j(\theta-2\beta y)}$ に至るベクトル $\mathbf{A} = 1 + |\Gamma(0)|e^{j(\theta-2\beta y)}$ の軌跡を追うことに他ならない．V_i に掛かる $e^{j\beta y}$ の因子のために，振幅が距離によって変化するように考えてしまう読者もいるかもしれないが，そのときには式 (3.1.14) ならびに図 3.3.1 をもう一度眺めてみて欲しい．煩雑さを避けるために省いている時間振動項を付け加えて考えれば，$e^{j\beta y}$ が位置によって決まる相対位相を与えているに過ぎず，$V_i \cos(\omega t + \beta y)$ で振動している成分と理解できるであろう．ベクトル $\mathbf{B} = 1 - |\Gamma(0)|e^{j(\theta-2\beta y)}$ は電流振幅を示しており，原点対称な位置となる．

さて，y の変化に伴う $V(y)$ の大きさの変化は，式 (3.6.1)，式 (3.6.2) より次のように求まる．

$$
\begin{aligned}
|V(y)| &\equiv \left|V_i e^{j\beta y}\right| \left|1 + |\Gamma(0)|\, e^{j(\theta-2\beta y)}\right| \\
&= |V_i| \sqrt{\left\{1 + |\Gamma(0)|\, e^{j(\theta-2\beta y)}\right\}\left\{1 + |\Gamma(0)|\, e^{-j(\theta-2\beta y)}\right\}} \\
&= |V_i| \sqrt{1 + |\Gamma(0)|^2 + 2\,|\Gamma(0)| \cos(\theta - 2\beta y)} \qquad (3.6.4)
\end{aligned}
$$

$$
\begin{aligned}
|I(y)| &\equiv \left|I_i e^{j\beta y}\right| \left|1 - |\Gamma(0)|\, e^{j(\theta-2\beta y)}\right| \\
&= |I_i| \sqrt{1 + |\Gamma(0)|^2 - 2\,|\Gamma(0)| \cos(\theta - 2\beta y)} \qquad (3.6.5)
\end{aligned}
$$

入射波と反射波とが線形合成されて，位置によって振幅が変化するこのような波 $V(y)$ ならびに $I(y)$ を定在波といい，$|V(y)|$ と $|I(y)|$ を定在波分布と呼んでいる．負荷インピーダンスが開放 $(Z_L = \infty)$ または短絡 $(Z_L = 0)$ されると反射係数はそれぞれ $|\Gamma(0)| = 1$, $\cos\theta = \pm 1(\theta = 0 \text{ or } \pi)$ となるので式 (3.6.4) は，

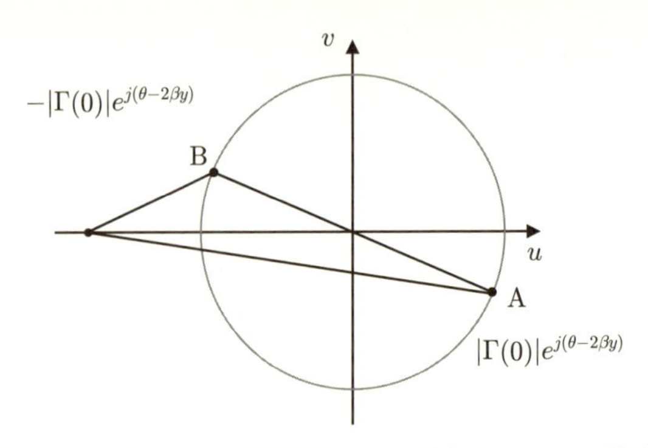

図 3.6.2　複素電圧反射係数の y に対するベクトル軌跡

$$|V(y)| = |V_i|\sqrt{2+2\cos(2\beta y)}$$
$$= \sqrt{2+2(2\cos^2(\beta y)-1)} = 2\,|\cos(\beta y)| \tag{3.6.6-1}$$

$$|I(y)| = |I_i|\sqrt{2-2\cos(2\beta y)} = \sqrt{2-2(1-2\sin^2(\beta y))} = 2\,|\sin(\beta y)| \tag{3.6.6-2}$$

となる．式 (3.6.6-1, 2) で表された変化を図示すると，図 3.6.3 となる．実線が電圧分布，破線が位相が反転している電流分布を示している．終端点が極大と極小値を示すのが分かる．負荷インピーダンスが実抵抗によって終端されても $\theta = 0$ となるので，終端点で極大または極小値となる．$Z_L = 2Z_C = 2R_C$ の例を図 3.6.4 に示した．破線は電流の変化を示している．伝搬距離 y 方向に対して $\lambda/2$ の周期で定在波が分布するのが分かる．複素インピーダンスの場合，$\theta \neq 0$ となって負荷端では極大・極小値とはならない．

電圧定在波分布の極大値 $|V(y)|_{\max}$，極小値 $|V(y)|_{\min}$ の比を電圧定在波比 ρ(VSWR; Voltage Standing Wave Ratio) という．次式によって与えられる．

$$\rho = \frac{|V(y)|_{\max}}{|V(y)|_{\min}} = \frac{1+|\Gamma(0)|}{1-|\Gamma(0)|} \tag{3.6.8}$$

インピーダンス整合の良さを示す指標として，マイクロ波通信技術領域では頻繁に用いる量である．1 に近いほど部品の性能が高いことを意味する．

ここで，伝送される電力についても考察しておこう．時間平均電力 P_{avg} は，伝送線路上を伝搬している電圧と電流が式 (3.5.8-1, 2) で表されていたので，これを用いると入射波電圧振幅と反射係数との間に

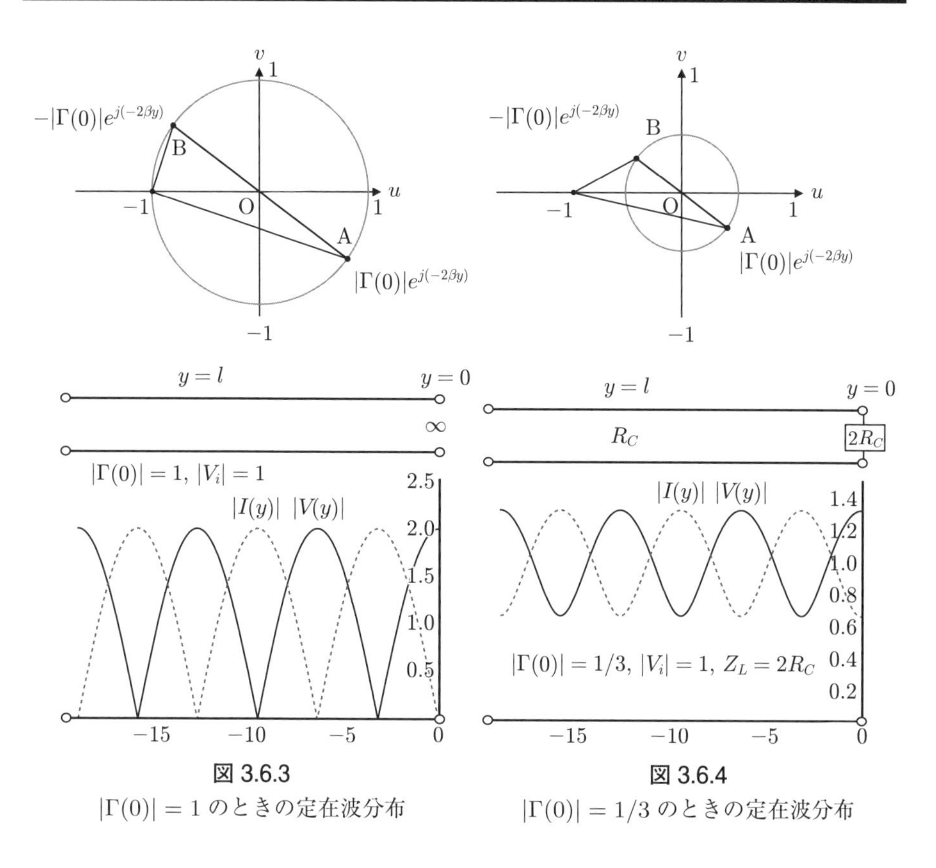

図 3.6.3
$|\Gamma(0)| = 1$ のときの定在波分布

図 3.6.4
$|\Gamma(0)| = 1/3$ のときの定在波分布

$$P_{avg} = \frac{1}{2}\left[\frac{V(y)}{\sqrt{2}}\frac{I(y)^*}{\sqrt{2}} + \frac{V(y)^*}{\sqrt{2}}\frac{I(y)}{\sqrt{2}}\right] = \frac{1}{2}\frac{|V_i|^2}{Z_C}\left\{1 - |\Gamma(0)|^2\right\} \qquad (3.6.9)$$

なる関係があることが分かる．ここで，特性インピーダンス Z_C は実数であることを仮定した．

3.7 入力インピーダンスと整合回路

3.7.1 入力インピーダンス

任意の地点 y における電圧 $V(y)$ と電流 $I(y)$ との比によって，その点から負荷を見込む入力インピーダンス (input impedance) $Z(y)$ を定義することができる．図 3.7.1 に示したように，地点 $AA'(y = l_A)$ から右を見込む入力インピーダンス Z_{in} を求めてみよう．$Z(y)$ は式 (3.5.3-1, 2) より，

$$Z(y) = \frac{V(y)}{I(y)} = Z_C \frac{V_i e^{j\beta y} + V_r e^{-j\beta y}}{V_i e^{j\beta y} - V_r e^{-j\beta y}} \tag{3.7.1}$$

となる．式 (3.5.11) を代入すると，入力インピーダンスと反射係数との関係が

$$Z(y) = Z_C \frac{1+\Gamma(0)e^{-2j\beta y}}{1-\Gamma(0)e^{-2j\beta y}} = Z_C \frac{1+\Gamma(y)}{1-\Gamma(y)} \tag{3.7.2}$$

と，見通しやすくなる．さらに，式 (3.5.5-1) を式 (3.7.1) へ代入して整理すると，

$$Z(y) = Z_C \frac{Z_L + jZ_C \tan\beta y}{Z_C + jZ_L \tan\beta y} \tag{3.7.3}$$

が得られる．導出は読者自ら試みて欲しい．式 (3.5.9) で行ったのと同様に特性インピーダンスに対しても規格化を行うと，式 (3.7.2) と式 (3.7.3) は，それぞれ次のようになる．

$$z(y) = \frac{1+\Gamma(y)}{1-\Gamma(y)} \tag{3.7.4}$$

$$z(y) = \frac{z_L + j\tan\beta y}{1 + jz_L \tan\beta y} \tag{3.7.5}$$

ここで，$z_L = Z_L/Z_C$ である．

負荷インピーダンスの値に応じて変化する入力インピーダンス $z(y) = r + jx$ の様子を眺めてみよう．

(i)　$z_L = 1$（負荷整合）；負荷と特性インピーダンスが一致しているので距離に関係なく $z(y) = 1$ となる．負荷整合状態であるので $\Gamma(0) = 0$ すなわち反射波が無く $V_r = 0$ である．図 3.7.2 に示すように無反射負荷は無限に長い分布定数線路が構成されていると見なすこともできる．

(ii)　$z_L = 0$（短絡）；規格化入力インピーダンスは $z(y) = j\tan\beta y$ となって，リアクタンス成分が接続されている複素インピーダンスとして振る舞う．図 3.7.3(a) には分布定数線路の構成を，同図 (b) には βy とリアクタンス成分

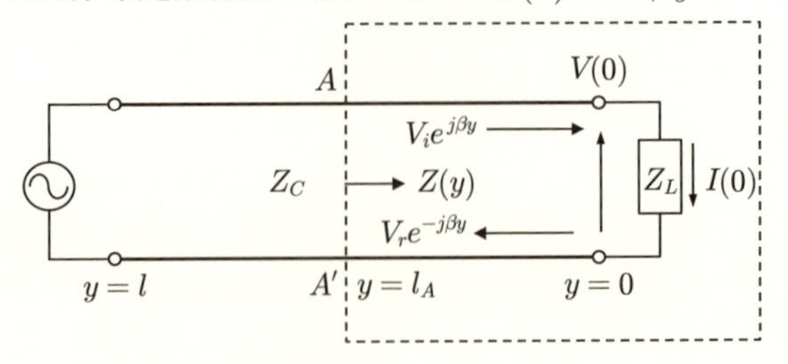

図 3.7.1　負荷を見込む入力インピーダンス

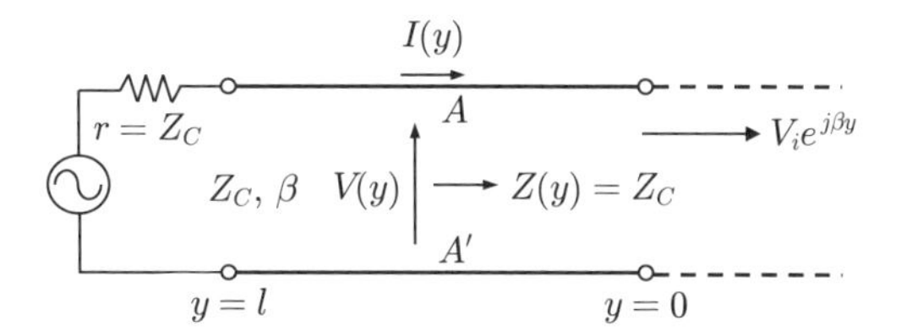

図 3.7.2 無反射負荷と等価な分布定数線路

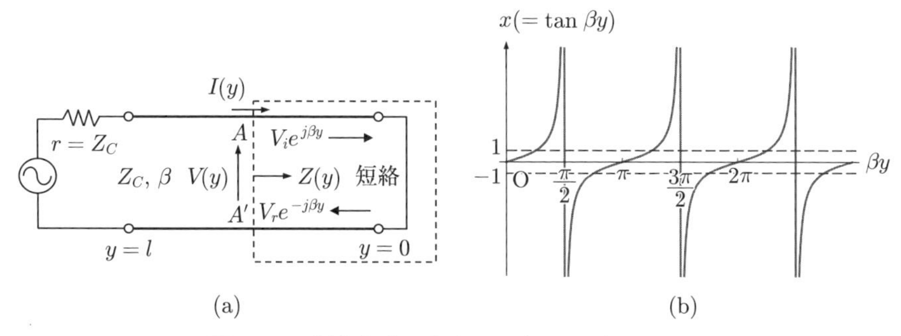

図 3.7.3 短絡負荷のときの入力インピーダンス

x との関係を示す．$\beta y = \pi/2$ のとき $z(y = \pi/\beta 2) = \infty$ となる．$\beta y = \pi/4$ のときに $x = 1$ となるので，インピーダンス整合条件となることが分かる．インピーダンス整合条件となる具体的線路長を求めてみると，$\beta y = (2\pi/\lambda)y = 2\pi(y/\lambda)$ の関係にあるので，$y = \lambda/8$ となる．波長に対する相対的距離が重要であることが分かる．

(iii) $z_L = \infty$（開放）；規格化入力インピーダンスは $z(y) = -j\cot\beta y$ となる．図 3.7.4(a) には分布定数線路の構成を，同図 (b) には短絡時と同様に βy とリアクタンス成分 x との関係を示す．短絡時とは位相が $\pi/2$ だけシフトして振る舞うだけの違いしか生じず，長さによってインピーダンスの見え方が異なってくる．一般には終端点が開放端であっても $z_L(y) \neq \infty$ となっている．$y \ll \lambda$ を満足するような十分に短い距離では，$z_L(y) = \infty$ と見なせる．集中定数回路はこの状態に対応する．$y = \lambda/4$ の条件では，$\cot\beta y = 0$ となって短絡と等価となる．図 3.7.3(b) と図 3.7.4(b) とをよく見比べてみると，$\beta y = \pi/2(y = \lambda/4)$ ごとに短絡と開放が反転している．この特性が後ほどインピーダンス変換を行う上で重要となる．

(iv) $z_L = jx_L$（リアクタンス負荷）；リアクタンス性負荷の値は，図 3.7.2 からも分かるように，終端点が短絡された $x_L = \tan(\beta y_L)$ なる分布定数線路長

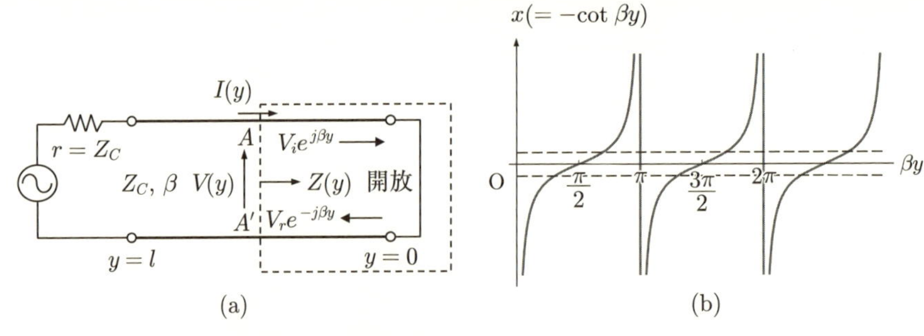

図 3.7.4　開放負荷のときの入力インピーダンス

y_L に置き換えることができる．すると，式 (3.7.5) は，

$$
\begin{aligned}
z(y) &= \frac{jx_L + j\tan\beta y}{1 - x_{L\,\tan}\tan\beta y} = j\frac{\tan\beta y_L + \tan\beta y}{1 - \tan\beta y_L \tan\beta y} \\
&= j\tan\beta(y_L + y)
\end{aligned}
\tag{3.7.6}
$$

と表現できる．jx_L を負荷とする長さが y の分布定数線路は，線路長を y_L だけ伸ばしてその終端を短絡させた分布定数回路と等価であると言える．また，$\pi/2$ に対応する長さ分をさらに拡張すれば，終端点が開放の場合である $z_L = \infty$ と等価となる．

分布定数線路長とインピーダンスとの関係を表 3.7.1 にまとめている．高い周波数帯においてインダクタンス成分やキャパシタンス成分を集中定数回路によって実現できないような場合でも，分布定数回路によって実現できるので実用性が高い．

表 3.7.1　分布定数回路とインピーダンスとの関係

	$Z_L = 0$	$Z_L = \infty$
$\lambda/4 > y$　Z_L	$jx(x > 0)$	$-jx(x > 0)$
$y = \lambda/4$　Z_L	$x = \infty$	$x = 0$
$\lambda/2 > y > \lambda/4$　Z_L	$-jx(x > 0)$	$jx(x > 0)$

【例題 3.6】 図 3.7.5 に示すように特性インピーダンスが R_C，位相定数が β，長さが l からなる無損失分布定数線路に負荷 Z_L が接続されている．この分布定数線路の伝搬遅延時間を計測すると 5 ns/m であった．$\beta = 10\pi$ のとき，搬送波周波数はいくらか？

また，$R_C = 50\,\Omega$, $l = 8$ cm, $Z_L = 50 + j50\,\Omega$ のとき，負荷を見込む入力インピーダンス Z_{in} はいくらになるか？　さらに変調信号帯域が 100 MHz（片側帯域 50 MHz）であるとき，信号帯域の範囲で Z_{in} はどの程度違いが生じるか，示しなさい．

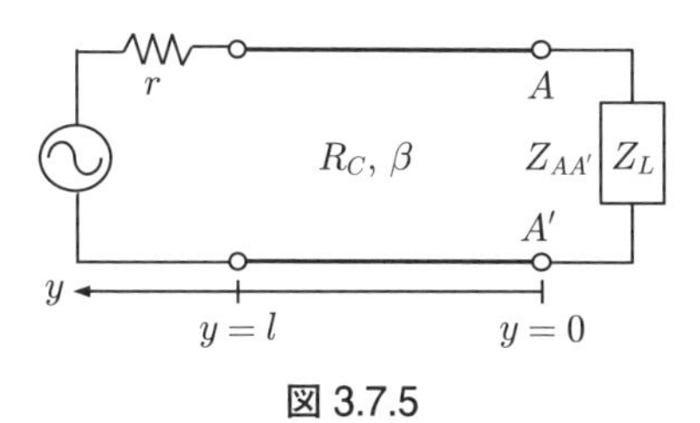

図 3.7.5

解答　遅延時間が 5 ns なので，位相速度は $v_p = 1/5\,\text{ns} = 2 \times 10^8$ ms. $\beta = 2\pi/\lambda$ より $\lambda = 0.2$ m. $f\lambda = v_p$ なので，$f = 10$ GHz となる．

次に，Z_{in} を求める．式 (3.7.5) を用いて $z(l)$ を求めて，$R_C = 50\,\Omega$ を掛けることになる．負荷の規格化インピーダンスは $Z_L/R_C = 1 + j1$ である．$\tan\beta y = \tan\{(10\pi) \times 0.08)\} \fallingdotseq -0.727$. これを a と置くと

$$z(l) = \{(1 + j1) + ja\}/\{1 + j(1 + j1)a\} \cong 0.44 + 0.34j \tag{3.7.7}$$

となるので，$R_C = 50\,\Omega$ を乗じて $Z_{in}(8\,\text{cm}) = 22 + j17\,\Omega$ が得られる．

変調信号帯域に対する Z_{in} の変化量を求める．周波数変化量を Δf，それに伴う波長変化量を $\Delta\lambda$ とすると，$(f + \Delta f)(\lambda - \Delta\lambda) = v_p$ が成り立つ．2 次の変化量を無視すると，$\Delta f/f = \Delta\lambda/\lambda$ となる．変調信号帯域は 100 MHz なので，周波数変位は $\Delta f/f = 100\,\text{MHz}/10\,\text{GHz} = 1\%$. 波長に換算すると，$\lambda = 0.2$ m を中心に $\pm 0.5\%$ 変化させて $\lambda' = 0.2\,\text{m} \pm 0.1$ cm となる．$\tan\beta' y = \tan(2\pi y/\lambda') = a + \Delta a$ とすると，変化量は $+0.265\% - 0.263\%$ となるので $\Delta a/a = 0.528\%$ である．この結果を式 (3.7.7) に反映して Z_{in} の変化量を求めると，

$$Z_{in} \pm \Delta z \cong (22 \pm 0.045) + j(17 \pm 0.85)\,\Omega$$

となって実部抵抗成分が 0.4%，虚部リアクタンス成分が 1% の変化量となる．インピーダンスの変化は変調信号帯域では無視できることが分かる．

このように分布定数回路は，終端点負荷 Z_L を $Z(y)$ に変換するインピーダンス変換回路として，またその応用としてインピーダンス整合回路 (impedance matching network) として機能させることができる．具体的にその利用方法を調べてみよう．

初めに，4 分の 1 波長線路によるインピーダンス変換である，特性インピーダンス Z_C，位相定数 β を有する無損失分布定数回路で構成されている．変換機能図路を図 3.7.6 に示す．特性インピーダンス Z_C，位相定数 β を有する無損失分布定数回路で構成されている．$y = l$ の地点と $l + \lambda/4$ の地点から見込んだ入力インピーダンスを比較してみる．式 (3.7.5) よりそれぞれ

$$z(l) = \frac{z_L + j\tan\beta l}{1 + jz_L\tan\beta l} \tag{3.7.8}$$

$$z(l+\lambda/4) = \frac{z_L + j\tan\beta(l+\lambda/4)}{1 + jz_L\tan\beta(l+\lambda/4)} \tag{3.7.9}$$

となる．両者の積をとると，

$$z(l)z(l+\lambda/4) = 1 \tag{3.7.10}$$

が得られる．読者自ら導いてみて欲しい．l が任意の値であるので，$\lambda/4$ 離れた点でのインピーダンスとの間に逆数の関係があることが分かる．式 (3.7.10) は特性インピーダンス Z_C で規格化しているので，具体的インピーダンス値を代入すると，

$$Z(l)Z(l+\lambda/4) = {Z_C}^2 \tag{3.7.11}$$

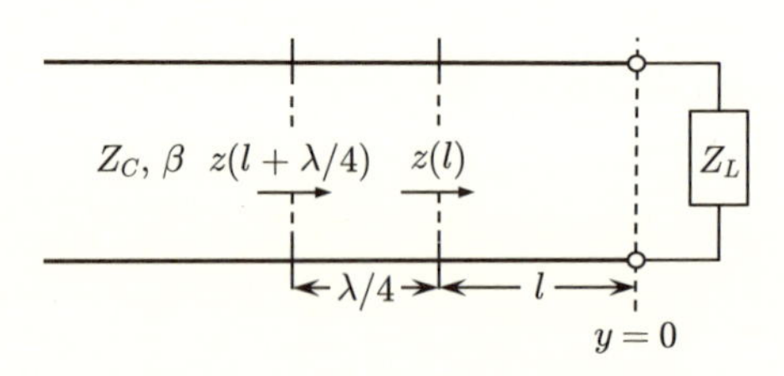

図 3.7.6 4 分の 1 波長線路の効果

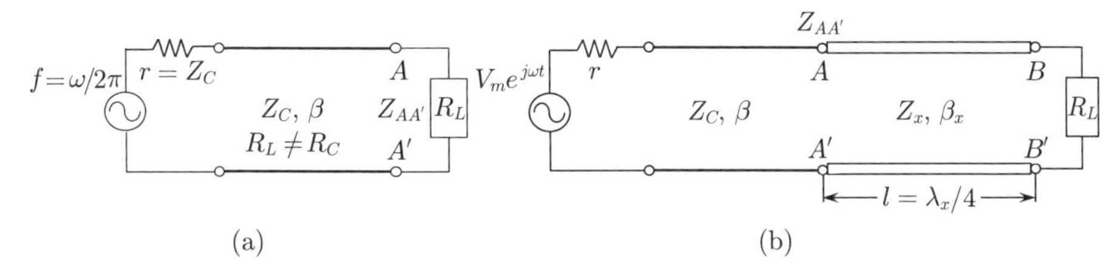

図 3.7.7 4 分の 1 波長インピーダンス整合回路

の関係が得られる．式 (3.7.10) はさらに

$$z(l) = z(l + \lambda/2) \tag{3.7.12}$$

の関係に展開できる．読者自ら確認されたい．

次に，4 分の 1 波長線路によるインピーダンス整合回路の設計例を示そう．図 3.7.7(a) は，信号源の出力インピーダンス r は無損失分布定数線路の特性インピーダンス Z_C とは整合しているが，負荷 R_L とは一致していない構成を示している．$r = Z_C$ ではあるが $r \neq R_L$ という関係である．搬送波周波数は $f = \omega/2\pi$ とする．ところが，図 3.7.7(b) に示すように，“ある特性” を有する分布定数回路を無損失分布定数線路と負荷との間に挿入すると，インピーダンス不整合を解消できる．“ある特性” の分布定数回路が，インピーダンス整合回路である．

挿入する整合回路は特性インピーダンス Z_x，位相定数 β_x，回路長 $l_x/4$ であるとする．インピーダンスが整合するように，これら 3 つのパラメータを決定する．

地点 AA' から右を見るインピーダンスを $Z_{AA'}$，BB' から負荷を見込むインピーダンスを $Z_{BB'}$（ここでは，$= R_L$）とすると，式 (3.7.10) により

$$Z_{AA'} Z_{BB'} = {Z_x}^2 \tag{3.7.13}$$

の関係が成り立つことになる．地点 AA' では伝送されてきた信号の反射が生じないように，左側と右側でインピーダンスが一致している必要があるので，$Z_{AA'} = Z_C = R_C$ を満たすことが条件となる．したがって，

$$Z_x = \sqrt{R_L R_C} \tag{3.7.14}$$

が成り立って，Z_x が求まる．Z_x の値は，整合回路に用いる伝送媒体の材料を決めれば，比誘電率 ε_r，誘電体厚，銅箔厚，幅をパラメータとして設計できる（例題 3.7 参照）．次に，1/4 波長に対応する線路長 l を決めることになる．ε_r が分か

っているので，位相速度が $\varepsilon_r = (c/v_p)^2$ によって求まり，$f\lambda_x = v_p$ の関係から波長が求まる．したがって，回路長 l_x が特定できる．特性インピーダンス Z_x の設計を次の例題で試みてみよう．

【例題 3.7】 マイクロストリップラインの特性インピーダンス設計

ガラスエポキシ系プリント基板上に 1/4 波長整合回路をマイクロストリップラインによって構成する．特性インピーダンス Z_x が 50 Ω となるようにストリップライン幅 w を設計しなさい．ただし，$\varepsilon_r = 4.7$，誘電体厚 = 1.6 mm の基板材料を用いることとする．

解答 特性インピーダンスを計算する近似式はいくつかの種類が提案されている．いずれでも大差ないが，本書では $w/h \geq 1$ に対する近似式[1]

$$R_C = \frac{120\pi}{\sqrt{\varepsilon_e}\left[\frac{w}{h} + 1.393 + 0.667\ln\left(\frac{w}{h} + 1.444\right)\right]} \tag{3.7.15}$$

を用いてみる．$w = 2.9$ mm を得る．ここで，$\varepsilon_e \equiv \frac{\varepsilon_r+1}{2} + \frac{\varepsilon_r-1}{2}\frac{1}{\sqrt{1+12h/w}}$ である．

参考として，著者が試作したマイクロストリップライン評価基板の特性例を図 3.7.8 に示す．挿入した写真は $w = 2.78$ mm の試作例である．ネットワークアナライザによる測定では 51 Ω であった．他に 4 種類の w を試作し測定した結果をプロットしている．式 (3.7.15) を用いて計算した特性インピーダンスと良く一致している．ネットワークアナライザによる S パラメータ（3.9.1 項で説明）と位相遅延特性の測定結果も，それぞれ図 3.7.9(a), (b) に示した．S21 が減衰定数 α に対応し，S11 が電圧反射係数 $\Gamma(0)$ に対応している．設計の参考にされたい．

3.7.2 スタブ整合回路

インピーダンス整合には，他にスタブ (stub) 整合回路もよく用いられる．スタブ回路の構成上アドミタンスを用いた設計となる．アドミタンスによる設計手法を学んで欲しい．次節で説明するスミスチャートによる設計も有用である．複素インピーダンスと複素アドミタンスに慣れた方には便利である．

図 3.7.10 はスタブ整合回路の構成を示している．整合の目的は，これまでと同

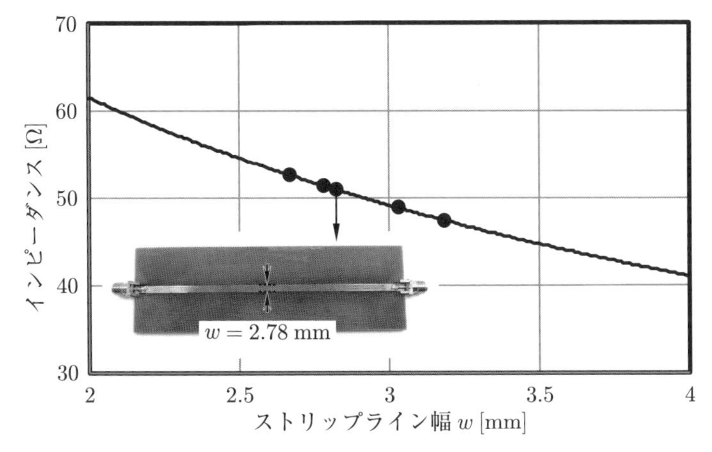

図 3.7.8 50 Ω マイクロストリップラインの試作例
（挿入写真は，ガラスエポキシ基板によるストリップライン；$w = 2.78$ mm）

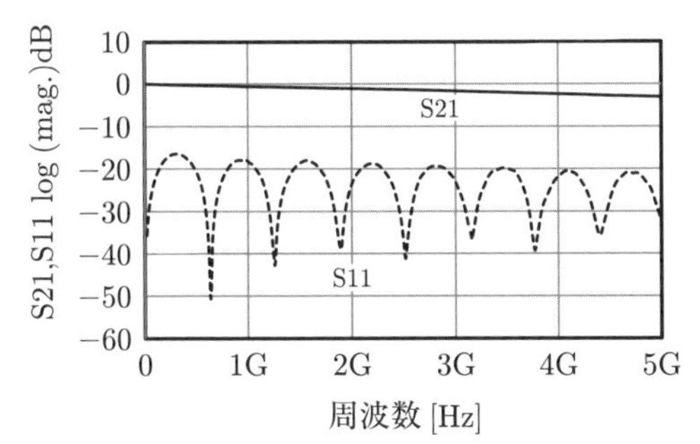

試作マイクロストリップ線路振幅特性 S21 と反射減衰量 S11 測定

図 3.7.9

じく，負荷 Z_L が特性インピーダンス Z_C と整合していないとき，A–A' 点から右を見込むインピーダンス $Z_{AA'}$ を Z_C に一致させることである．ここで次のようにインピーダンスをアドミタンスに置換する；$Z_C = 1/Y_C$，$Z_L = 1/Y_L$．さらに，規格化インピーダンスを用いたのと同様に Y_C で規格化した規格化アドミタンスを採用し，小文字の y で表す．インピーダンスで表現した式 (3.7.5) をアドミタンスで表現すると，z_L を y_L へ単純に置換するだけでよく，

$$y(l) = \frac{y_L + j \tan \beta l}{1 + j y_L \tan \beta l} \tag{3.7.16}$$

となる．ここで，y_L は規格化負荷アドミタンスである．

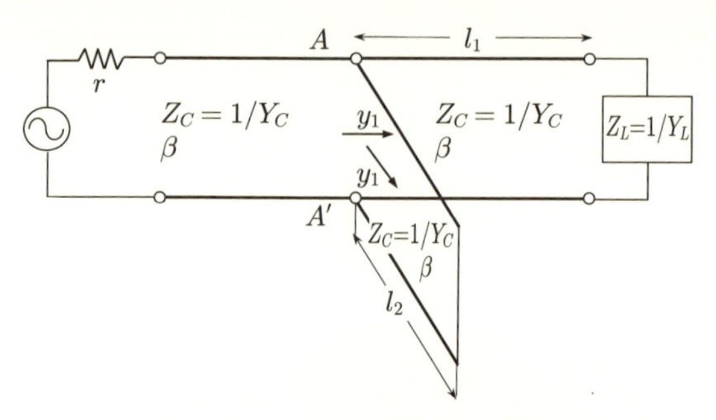

図 3.7.10　スタブ整合回路構成

さて，A-A' 点から負荷を見込む規格化アドミタンスを y_1，スタブを見込む規格化アドミタンスを y_2 とすると，整合条件は，

$$y_1 + y_2 = 1 \tag{3.7.17}$$

である．y_1 は式 (3.7.16) にしたがい，

$$y_1 = \frac{y_L + j\tan\beta l_1}{1 + jy_L\tan\beta l_1} \tag{3.7.18}$$

となり，y_2 は終端短絡条件を代入して，

$$y_2 = -j\cot\beta l_2 \quad \text{（終端短絡の場合）} \tag{3.7.19}$$

が得られる．式 (3.7.18) と式 (3.7.19) とを式 (3.7.17) へ代入すると，

$$y_1 + y_2 = \frac{y_L + j\tan\beta l_1}{1 + jy_L\tan\beta l_1} - j\cot\beta l_2 = 1 \tag{3.7.20}$$

が成り立つ．

ここで，負荷は一般にサセプタンス成分を有するので $y_L = g_L + jb_L$ と置いて式 (3.7.20) へ代入する．g_L と b_L は負荷が確定した時点で既知であるので，式 (3.7.20) を整理して l_1 と l_2 を g_L と b_L を使って表すことができれば，目的を達成できる．そのために実部と虚部ごとに整理すると，

$$\begin{aligned} &g_L + g_L\cot\beta l_2\tan\beta l_1 \\ &\quad + j(b_L + \tan\beta l_1 - \cot\beta l_2 + b_L\cot\beta l_2\tan\beta l_1) \\ &= 1 - b_L\tan\beta l_1 + jg_L\tan\beta l_1 \end{aligned} \tag{3.7.21}$$

が得られて，左辺と右辺が恒等的に成立するためには，

$$\begin{cases} g_L + g_L \cot\beta l_2 \tan\beta l_1 = 1 - b_L \tan\beta l_1 \\ b_L + \tan\beta l_1 - \cot\beta l_2 + b_L \cot\beta l_2 \tan\beta l_1 = \tan\beta l_1 \end{cases} \tag{3.7.22}$$

となる．この連立方程式を解くことにより，

$$\tan\beta l_1 = \frac{1 - g_L}{b_L \pm g_L\sqrt{\dfrac{{b_L}^2 + \{1 - g_L\}^2}{g_L}}} = \frac{1 - g_L}{b_R \pm \sqrt{g_L\{{b_L}^2 + (1 - g_L)^2\}}} \tag{3.7.23}$$

$$\tan\beta l_2 = \frac{\pm\sqrt{g_L}}{\sqrt{{b_L}^2 + \{1 - g_L\}^2}} \tag{3.7.24}$$

が得られる．複合は 2 式間で同順である．これでスタブの長さが求まる．

【例題 3.8】 図 3.7.11 に示すように信号源からの信号を 50 Ω 負荷へ電力の無駄無く伝送したい．信号源は等価電流源となっており，その出力インピーダンスを信号中心周波数（搬送波周波数）である 1.55 GHz で測定したところ $Z_s = 100 - j150\,\Omega$ であった．スタブ回路を用いてインピーダンス整合を図って負荷へ最大の効率で電力を伝えたい．適切な分布定数線路長 l_1 と l_2 を設計しなさい．ただし，回路の特性インピーダンス $Z_C = 50\,\Omega$，位相定数 $\beta = 70.6$ rad/m であるとする．

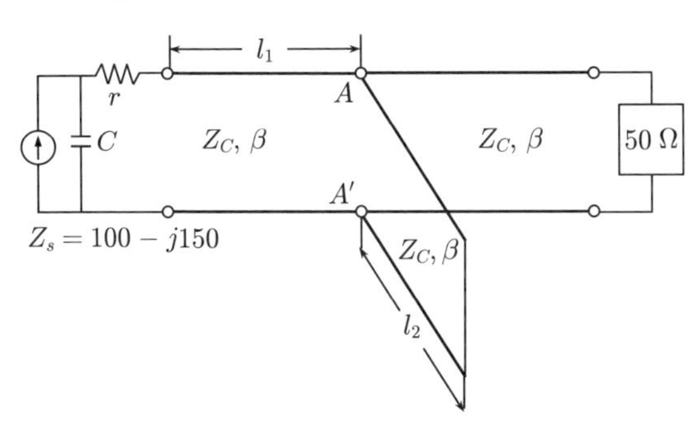

図 3.7.11 スタブ回路を用いたインピーダンス整合

解答 信号源側のインピーダンスが整合していないことになるので，負荷インピーダンスが整合していなかった図 3.7.10 のモデルにおいて右と左を入れ換えれて考えれば良い．規格化出力インピーダンスを求めると，$z_S = 2 - j3$ である．これを規格化アドミタンスへ変換すると，$y_s = 0.15 + j0.23$ となる．A-A′ 点から左信号源を見込むアドミタンスを y_1，スタブを見込む規格

化アドミタンスを y_2 とし，負荷端で $y_1 + y_2 = 1$ を満足させるように変換を行う．短絡スタブ回路を用いることにすると，$y_2 = -j\cot\beta l_2$ であるので虚数部を操作できる．そこで y_1 によって実部 0.15 を 1 へ変換できれば，それに伴う虚数部を y_2 で打ち消せば良い．$y_1 = 1 + jb$ と置くと，式 (3.7.17) に $y_s = 0.15 + j0.23$ を代入して

$$1 + jb = \frac{(0.15 + j0.23) + j\tan\beta l_1}{1 + j(0.15 + j0.23)\tan\beta l_1} \tag{3.7.25}$$

となる．すでに学んだように実部と虚部それぞれについて恒等的に成立するとして解くと，$\tan\beta l_2 = -7.7$ または 1.49，ならびに $b = 2.3$ が得られる．1.49 を採用して l_1 を求めると $l_1 = 1.4$ cm と求まる．$y_1 = 1 + j2.3$ となったので，$y_2 = -j2.3$ となるスタブ長を求めれば良いことになる．$b = 2.3 = \cot\beta l_2$ より $l_2 = 0.58$ cm と求まる．

実はこの例題中の信号源はフォトダイオードによる光信号受信に対する等価回路構成を示している．フォトダイオードは直流としては理想的電流源として機能するが，1.55 GHz の周波数帯では浮遊容量が顕在化して，等価回路のようなインピーダンスを示したものである．このスタブ回路による効果は非常に大きかったことを記しておく[9]．

3.8 スミスチャート (The Smith Chart)

スミスチャートは伝送線路設計問題を解くにあたって，コンピュータの性能が著しく発達した今日でも，最も有力かつ簡便な手段であると言える．多くの設計技術者が今日でも用いている．AT&T ベル研究所の研究者であった Phillip Smith 氏が 1936 年に発明した設計用図表である．スミスチャートを図 3.8.1 に示す．分布定数線路で起きている現象，ならびに反射率とインピーダンスまたはアドミタンスとの関係を詳細な計算を行うことも無く図式的に理解させてくれるので，直感力を養える味の良い道具である．以下，構成を理解して役立てて欲しい．

規格化インピーダンスと反射係数は，相互に交換関係が成立していることを既に学んだ．それは，次の関係式による．

$$z = \frac{1+\Gamma}{1-\Gamma} \quad \text{または} \quad \Gamma = \frac{z-1}{z+1} \tag{3.8.1}$$

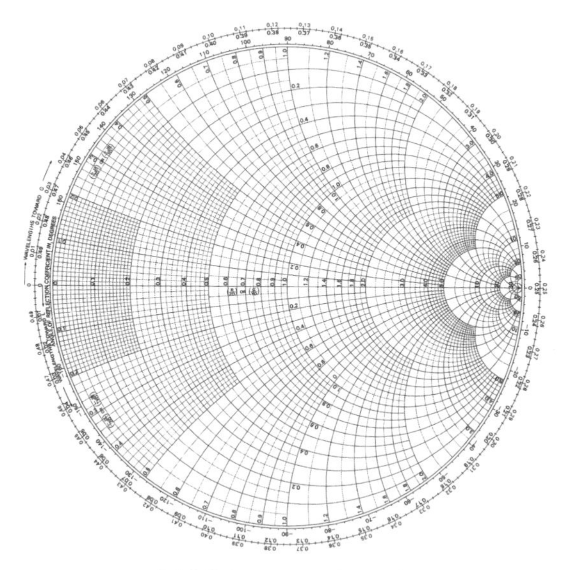

図 3.8.1 スミスチャート

いずれも複素数であるので，複素平面上で実部と虚部の関係付けを行えば，パラメータ間の交換関係にたどり着ける．$z = r + jx$ と $\Gamma = u + jv$ を式 (3.8.1) を用いて関係付けると，

$$r + jx = \frac{1 + u + jv}{1 - (u + jv)} = \frac{(1 + u) + jv}{(1 - u) - jv} \tag{3.8.2}$$

が得られる．式 (3.8.2) の等号は実部と虚部がそれぞれ等しいときに成り立つので，分母の複素共役を掛けて整理すると，

$$r = \frac{1 - u^2 - v^2}{(1 - u)^2 + v^2} \tag{3.8.3-1}$$

$$x = \frac{2v}{(1 - u)^2 + v^2} \tag{3.8.3-2}$$

が得られる．u-v 複素平面上での振る舞いを考察できるように式変形を行うと，

$$\left(u - \frac{r}{1 + r}\right)^2 + v^2 = \left(\frac{1}{1 + r}\right)^2 \tag{3.8.4-1}$$

$$(u - 1)^2 + \left(v - \frac{1}{x}\right)^2 = \left(\frac{1}{x}\right)^2 \tag{3.8.4-2}$$

となる．r と x をそれぞれパラメータにして描いたのが図 3.8.2(a), (b)，両者を

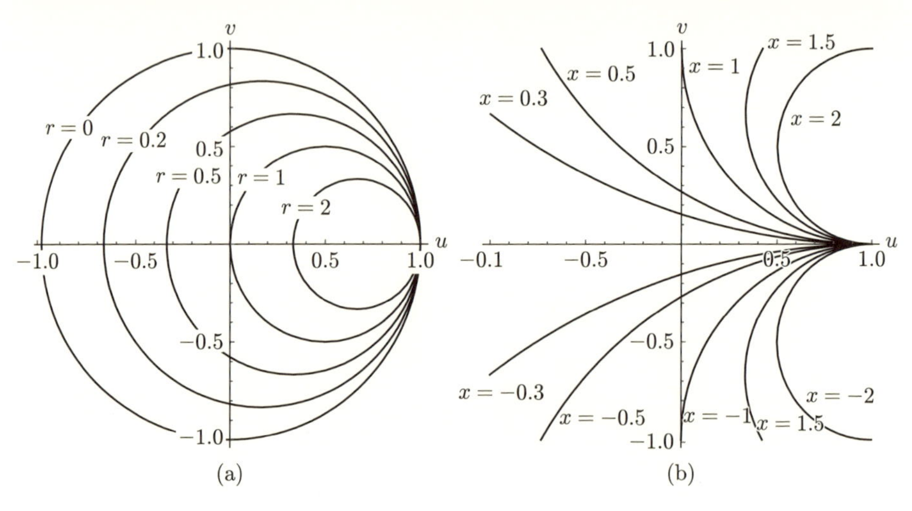

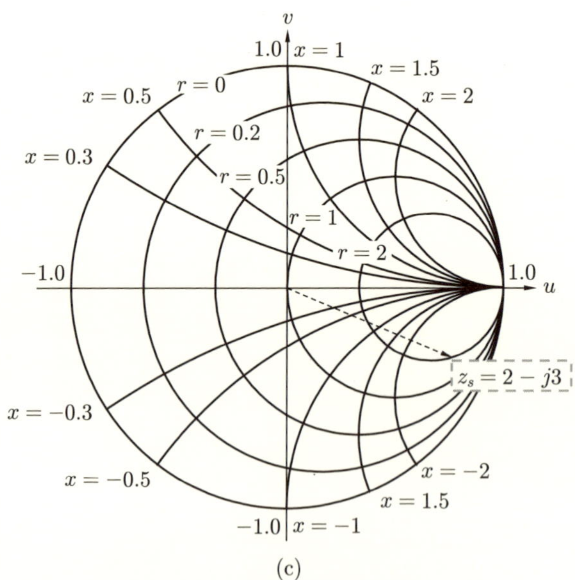

図 3.8.2　スミスチャートができるまで

同時に描いたのが同図 (c) である．図 3.8.2(a) は抵抗成分 r をパラメータとして，中心が $(r/(1+r), 0)$，半径が $1/(1+r)$ の円の軌跡を示している．r の値にかかわらず $(1,0)$ の点を通過する円群である．図 3.8.2(b) はリアクタンス成分 x をパラメータとして中心が $(\pm 1, 1/x)$，半径が $1/|x|$ の円群を u-v 座標系の中で範囲 $-1 <= (u,v) <= 1$ で示した結果である．$0 < v$ の領域にある円群は誘導（インダクタンス）成分を，$v < 0$ の領域にある円群は容量 (キャパシタンス) 成分を表している．図 3.8.2(c) に示したように，両者の交点がインピーダンスを表すとともに，原点から交点までの半径が反射係数を示している．複素反射係数の動きを描いた図 3.6.3，3.6.4 と一緒に眺めてみて欲しい．インピーダンスと反射係数との関係が見えてくると思う．これだけでは実用的とは言えず，外輪に波長で規格化した線路長 (y/λ) ならびに回転角も表示されているので，分布定数線路の線路長を容易に求めることができるようになっている．この点がスミスチャートの真骨頂と言えよう．

例題 3.8 で示した規格化信号源インピーダンス $z_s = 2 - j3$ を図 3.8.2(c) 上に示すと矢印の位置となる．原点からの距離を目視で求めると，0.7 から 0.8 程度が読み取れる．計算では $|\Gamma| = |1-j3|/|3-j3| = \sqrt{10/18} \fallingdotseq 0.75$ となって概算一致する．これが反射係数の大きさであって，複素反射係数 $\Gamma(y) = |\Gamma(0)|e^{j(\theta-2\beta y)}$ における $|\Gamma(0)|$ に相当し，u 軸から時計方向への回転角が信号源インピーダンス $z_s = 2 - j3$ が示す位相角 θ である．入射と反射波との間にこれだけの位相変化量を与えることになる．信号源から伝送線路が y だけ伸びたところで観測する複素反射係数は $2\beta y$ [rad] だけ時計回りに回転することになる．スミスチャートには，線路長 (y/λ) ならびに回転角も表示されているので，分布定数線路の線路長を求めることができるが，規格化線路長と回転角の間に少しだけ注意を払う必要がある．$2\beta y = 4\pi(y/\lambda) = 720^\circ(y/\lambda)$ の関係にあるので，$y/\lambda = 0.5$ が一周 360° に対応しているということである．次の例題でこの点を確認してみよう．

【例題 3.9】 図 3.7.1 において，負荷 $Z_L = 50 + j50\,\Omega$，特性インピーダンス $Z_C = 50\,\Omega$，線路長 $l_A = 10\,\mathrm{cm}$，波長 $\lambda = 40\,\mathrm{cm}$ のとき，Z_{in} を求めなさい．

解答　負荷規格化インピーダンス z_L は，

$$z_L = \frac{50 + j50}{50} = 1 + j1$$

である．このインピーダンスをチャート上にプロットして u-v 平面の原点を

中心に円を描くと，図 3.8.3 に示すように反射係数 $|\Gamma(0)| \triangleq 0.58$ が求まる．このときの y/λ の読み取り値 0.161 は，負荷が入射波に与える位相変化量 θ を規格化長で表した量である．ここから反射係数上のプロット点を $l/\lambda = 10/40 = 0.4$ だけ時計方向（スミスチャート上では WAVELENGTHS TOWARD G と表示）に回転させる．1 周が 0.5 に対応しているので，反時計方向に 0.1 戻るのと等価である．結末として，0.061 の位置にたどり着く．この点を示したのが $\mathrm{O}\Gamma'$ の矢印である．この矢印と反射係数 $|\Gamma(0)|$ の円との交点における r と x の値を読み取ると，それぞれ概ね 0.44 と 0.34 であることが分かる．したがって，入力インピーダンス Z_{in} は $z_{in} = 50 \times (0.44 + j0.34) = 22 + j17\,\Omega$ と求まる．

例題 3.8 もスミスチャートを用いて l_1，l_2 を求めることができる．読者自ら試みて欲しい．

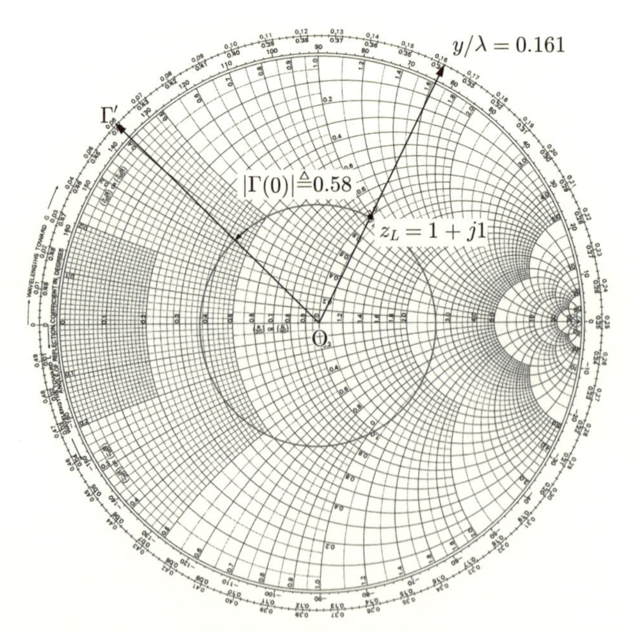

図 3.8.3　例題 3.9 の解法

3.9 分布定数回路の行列表現

分布定数回路で特徴的行列表現は散乱行列 (scattering matrics) である．散乱行列を理解した上で電気回路でも学んだ縦続 (F) 行列，インピーダンス (Z) 行列，アドミタンス (Y) 行列を用いて分布定数回路を表現する．

3.9.1 散乱行列

読者はすでに 2 端子対回路の特性をインピーダンス (Z) 行列，アドミタンス (Y) 行列，縦属 (F) 行列によって表現する手法を学んでいると思う．これらは，電圧と電流で回路特性を測定または評価できることを前提としている．ところが，高周波回路では，被測定系の特性に影響を及ぼすこと無く電圧や電流情報をピックアップして測定することは困難である．オシロスコープのプローブも分布定数回路として働くので，被測定対象に接触させれば，等価的にスタブを構成して分布定数回路の特性は変化する．一般に高周波回路で評価に用いる量は電力である．被測定系への入力電力と系からの出力電力を何らかの形で関係付けると被測定系をブラックボックスとして電気的特性を把握することもできる．“何らかの関係付け” に散乱行列を用いており，その表現手法を学ぶことによって高周波回路の特性把握が容易になる．ここでは，散乱行列の考え方を学んで，高周波回路や部品の解析ならびに設計に活かそう．

2 端子対回路に外部から正弦波信号を入力して，その応答を考察する．図 3.9.1 は，2 端子対回路の電気的特性評価を行うための測定系の構成を示している．2 端子対回路は被測定系 (DUT; Device Under Test) であり，分布定数線路を介して正弦波信号源ならび負荷が接続されている．信号伝搬の座標軸は，2 端子対回路の両端を原点として遠ざかる方向へとる．2 端子対回路へ向かう信号を入力波として右肩添字に $+$ の記号を，2 端子対回路が出力して遠ざかる信号を出力波として $-$ の記号を記すこととする．出力波は，2 端子対回路によって散乱された波，と見なすこともできるので，散乱波と呼ぶこともある．信号源側と負荷側にある分布定数線路の特性インピーダンスは同一である必要はなく，ここでは Z_{c1}，Z_{c2} とする．また，信号源と負荷は入れ替わることもある．

図 3.9.1 に示した信号波は，進行波と後退波を用いて表した式 (3.2.3-1)，式 (3.2.3-2) をもとに，次式のように変形できる．

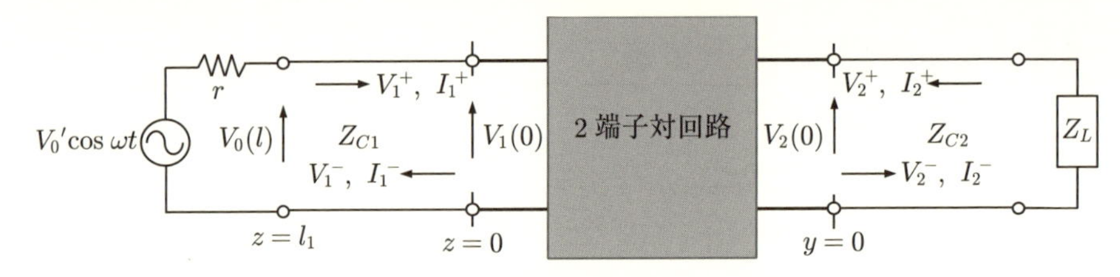

図 3.9.1　2端子対回路評価系の構成

$$V_1(z) = \sqrt{Z_{c1}}\left(\frac{V_1^+}{\sqrt{Z_{c1}}}e^{-j\beta z} + \frac{V_1^-}{\sqrt{Z_{c1}}}e^{j\beta z}\right)$$

$$V_2(y) = \sqrt{Z_{c2}}\left(\frac{V_2^+}{\sqrt{Z_{c2}}}e^{-j\beta y} + \frac{V_2^-}{\sqrt{Z_{c2}}}e^{j\beta y}\right) \tag{3.9.1}$$

$$I_1(z) = \frac{1}{Z_{c1}}\left(\frac{V_1^+}{\sqrt{Z_{c1}}}e^{-j\beta z} - \frac{V_1^-}{\sqrt{Z_{c1}}}e^{j\beta z}\right)$$

$$I_2(y) = \frac{1}{\sqrt{Z_{c2}}}\left(\frac{V_2^+}{\sqrt{Z_{c2}}}e^{-j\beta y} - \frac{V_2^-}{\sqrt{Z_{c2}}}e^{j\beta y}\right) \tag{3.9.2}$$

特性インピーダンスを陽に示したのは，電力流による評価を行い易くするためである．2端子対回路両端である $z = y = 0$ で観測できる電圧・電流振幅成分を，それぞれ $\mathbf{V} = [V_1(0),\ V_2(0)]^T$，$\mathbf{I} = [I_1(0),\ I_2(0)]^T$ とすると入力波と出力波を用いて，

$$\mathbf{V} = \mathbf{V}^+ + \mathbf{V}^- \tag{3.9.3}$$

$$\mathbf{I} = \mathbf{I}^+ - \mathbf{I}^- \tag{3.9.4}$$

と表すことができる．ここで，入力波と出力波の振幅値をそれぞれ次のようなベクトル表示でまとめた．

$$\mathbf{V}^+ = \begin{bmatrix} V_1^+ \\ V_2^+ \end{bmatrix}, \quad \mathbf{I}^+ = \begin{bmatrix} I_1^+ \\ I_2^+ \end{bmatrix} \tag{3.9.5}$$

$$\mathbf{V}^- = \begin{bmatrix} V_1^- \\ V_2^- \end{bmatrix}, \quad \mathbf{I}^- = \begin{bmatrix} I_1^- \\ I_2^- \end{bmatrix} \tag{3.9.6}$$

このような関係を理解した上で，新たに2端子対回路に対する信号流ペア (a_1, a_2)，(b_1, b_2) を，ベクトル量として導入する．2端子対回路への信号流入，流出の様子を図 3.9.2 に示した．その成分は式 (3.9.1)，式 (3.9.2) のパラメータを用いて

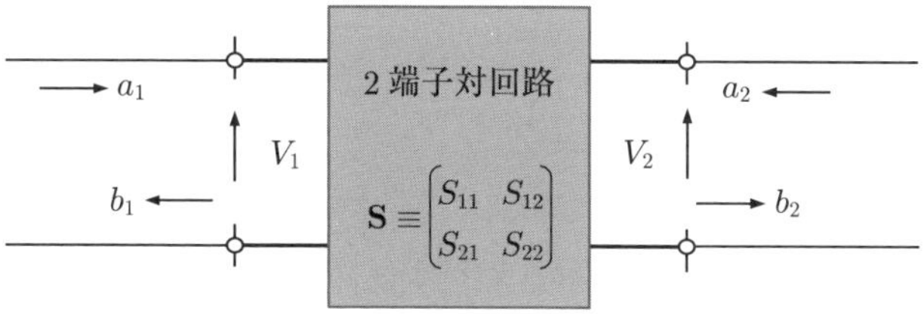

図 3.9.2 散乱行列の定義

$$\mathbf{a} = [a_1 = V_1^+/\sqrt{Z_{C1}},\ a_2 = V_2^+/\sqrt{Z_{C2}}]^T \tag{3.9.7}$$

$$\mathbf{b} = [b_1 = V_1^-/\sqrt{Z_{C1}},\ b_2 = V_2^-/\sqrt{Z_{C2}}]^T \tag{3.9.8}$$

と関係づけることができる．これらのパラメータは，入力電力 P_i と出力電力 P_r との間に次のような関係を満足することになる．

$$\begin{aligned} P_i &= |a_1|^2 + |a_2|^2 \\ P_r &= |b_1|^2 + |b_2|^2 \end{aligned} \tag{3.9.9}$$

無損失 2 端子対回路では $P_i = P_r$ が成り立つ．式 (3.9.7)，式 (3.9.8) で示したベクトルを，

$$\mathbf{b} = \mathbf{Sa} \tag{3.9.10}$$

なる関係で結合できる 2×2 正方行列を

$$\mathbf{S} \equiv \begin{pmatrix} S_{11} & S_{12} \\ S_{21} & S_{22} \end{pmatrix} \tag{3.9.11}$$

と定義する．この正方行列 $\mathbf{S}$ を散乱行列と言い，Scattering の頭文字をとって S 行列とも呼んでいる．S 行列は，2 端子対回路によって入射波 $\mathbf{a}$ がどのように散乱されるか（反射されるか）を教えてくれることになる．

各要素の物理的意味は，

S_{11}；入力反射係数　　S_{12}；逆方向利得

S_{21}；順方向利得　　S_{22}；出力反射係数

と解釈できる．

2 端子対回路の両側に接続された分布定数線路の特性インピーダンスに関して $Z_{C1} = Z_{C2} = Z_C$ であれば，$\mathbf{a}$ と $\mathbf{b}$ の要素は，

$$\mathbf{a} = [V_1^+, V_2^+]^T \tag{3.9.12}$$

$$\mathbf{b} = [V_1^-, V_2^-]^T \tag{3.9.13}$$

と単純化できる．S 行列の各要素を測定するネットワークアナライザと呼ばれる測定器では，$Z_{C1} = Z_{C2} = Z_C = 50\,\Omega$ の厳密な校正を行った後に，図 3.9.1 に示した構成で測定が行われる．ネットワークアナライザは入射波 $\mathbf{a}$ と反射波 $\mathbf{b}$ を分離することができるが，被測定対象回路自身では分離できず，式 (3.9.3) に示すように入力波と出力波の合成波が観測されることになる．

$Z_{C1} = Z_{C2} = Z_C$ の条件が満たされるとき，式 (3.9.5) と式 (3.9.6) の間には，

$$\mathbf{V}^+ = Z_C\mathbf{I}^+,\ \mathbf{V}^- = Z_C\mathbf{I}^- \tag{3.9.14}$$

が成り立つ．

測定器からの信号源には正弦波を用い，その周波数を変化させて被測定対象である 2 端子対回路の電気的特性を把握することになる．重要なことは，反射係数や利得は位相回転を含むので S 行列の各要素は複素数となる，ということである．

3.9.2　Z, Y, F 行列

はじめに 2 端子対回路の行列表現を簡単に復習しておこう．一度学んだ内容でも違った角度から眺めると理解が深まるものである．図 3.9.3 に示したのは典型的な 2 端子対回路である．端子 1–1′ では電圧 V_1 が観測されていて，電流 I_1 が回路に流入している．端子 2–2′ では電圧 V_2 が観測されており，電流 I_2 が回路から流れ出ている，というモデルである．多くの教科書では 2 端子対回路の端子 2–2′ 側電流について，Z, Y 行列の場合，慣例的に流入する方向を正と定義し，F 行列では流出する方向を正と定義している．本書でも同じ定義を採用し，混乱を避けるために流出する電流を $-\overrightarrow{I}_2$ と記載し，流入する電流を $\overleftarrow{I}_2$ と記載する．インピーダンス (Z) 行列，アドミタンス (Y) 行列を使って入出力特性を表現すると，それぞれ

$$\mathbf{V} = \begin{bmatrix} V_1 \\ V_2 \end{bmatrix} = \mathbf{Z}\begin{bmatrix} \overrightarrow{I}_1 \\ \overleftarrow{I}_2 \end{bmatrix} = \mathbf{ZI} \tag{3.9.15}$$

と表すことができる．ここで，

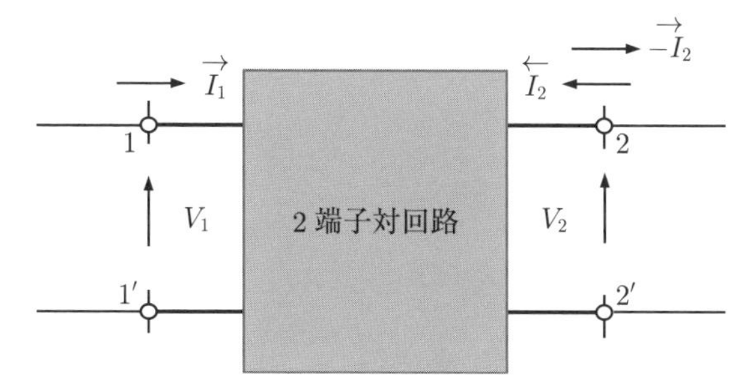

図 3.9.3 Z, Y, F 行列表現上の回路定義

$$\mathbf{Z} = \begin{bmatrix} z_{11} & z_{12} \\ z_{21} & z_{22} \end{bmatrix} \tag{3.9.16}$$

である．同値であるが，アドミタンス関係を用いて表現すると

$$\mathbf{I} = \begin{bmatrix} \overrightarrow{I}_1 \\ \overleftarrow{I}_2 \end{bmatrix} = \mathbf{Y} \begin{bmatrix} V_1 \\ V_2 \end{bmatrix} = \mathbf{YV} \tag{3.9.17}$$

である．アドミタンス行列を定義すると，

$$\mathbf{Y} = \begin{bmatrix} y_{11} & y_{12} \\ y_{21} & y_{22} \end{bmatrix} \tag{3.9.18}$$

となる．ここで，$\mathbf{Z}^{-1}$ と $\mathbf{Y}^{-1}$ が存在するとき，$\mathbf{E}$ は単位行列として $\mathbf{ZY}^{-1} = \mathbf{Z}^{-1}\mathbf{Y} = \mathbf{E}$ が成り立つ．

【例題 3.10】 2 端子対回路における Z 行列と S 行列との変換関係を導きなさい．

解答　式 (3.9.5)，式 (3.9.6)，式 (3.9.15) から

$$(\mathbf{V}^+ + \mathbf{V}^-) = \mathbf{Z}(\mathbf{I}^+ - \mathbf{I}^-)$$

式 (3.8.14) ならびに $\mathbf{V}^- = \mathbf{SV}^+$ を代入すると，

$$(\mathbf{E} + \mathbf{S})\mathbf{V}^+ = \frac{1}{Z_C}\mathbf{Z}(\mathbf{E} - \mathbf{S})\mathbf{V}^+$$

これが $\mathbf{V}^+$ に対して恒等的に成立するので，

$$\mathbf{Z} = Z_C(\mathbf{E}+\mathbf{S})(\mathbf{E}-\mathbf{S})^{-1} \tag{3.9.19}$$

の関係が導かれることになる．同様に，

$$\mathbf{S} = (\mathbf{Z}-Z_C\mathbf{E})(\mathbf{Z}+Z_C\mathbf{E})^{-1} \tag{3.9.20}$$

の変換関係も成り立つ．ここで，$\mathbf{E} = \begin{pmatrix} 1 & 0 \\ 0 & 1 \end{pmatrix}$ である．式 (3.9.19) は反射係数を求めた式 (3.5.5-1) を行列へ拡張した形になっていることに気づいて欲しい．つまり $\mathbf{S}$ はエネルギーを反射させる量を表現する行列であることに他ならない．

次に F 行列である．端子 2 における電流の向きに注意して

$$\begin{bmatrix} V_1 \\ \vec{I}_1 \end{bmatrix} = \mathbf{F} \begin{bmatrix} V_2 \\ -\vec{I}_2 \end{bmatrix} \tag{3.9.21}$$

ただし，

$$\mathbf{F} \equiv \begin{bmatrix} A & B \\ C & D \end{bmatrix} \tag{3.9.22}$$

となる．

【例題 3.11】 F 行列要素 A, B, C, D を Z 行列要素 z_{11}, z_{12}, z_{21}, z_{22} を用いて表しなさい．ただし，$z_{21} \neq 0$ とする．

解答　式 (3.9.5) から z_{21} で割って，I_1 を求めると

$$I_1 = \frac{1}{z_{21}}V_2 - \frac{z_{22}}{z_{21}}I_2$$

これを $V_1 = z_{21}I_1 + z_{12}I_2$ へ代入して，

$$V_1 = \frac{z_{11}}{z_{21}}V_2 - \left(\frac{z_{11}z_{22}}{z_{21}} - z_{12}\right)I_2$$

が得られる．式 (3.9.21) と比較すると

$$\left(\begin{array}{ll} A = \dfrac{z_{11}}{z_{21}} & B = \dfrac{z_{11}z_{22}}{z_{21}} - z_{12} \\ C = \dfrac{1}{z_{21}} & D = \dfrac{z_{22}}{z_{21}} \end{array}\right) \tag{3.9.23}$$

となる．これから

$$\left(\begin{array}{ll} z_{11} = \dfrac{A}{C} & z_{12} = \dfrac{BC - AD}{C} \\ z_{21} = \dfrac{1}{C} & z_{22} = -\dfrac{D}{C} \end{array}\right) \tag{3.9.24}$$

も容易に導くことができる．

さて，特性インピーダンス Z_c，伝搬定数 γ，長さ l によって構成される分布定数線路を 2 端子対回路網と見なすと，式 (3.1.24-1)，式 (3.1.24-2) は行列表現できることが分かる．式 (3.1.24-1)，式 (3.1.24-2) に双曲線関数

$$\cosh x = \frac{1}{2}(e^x + e^{-x}) \tag{3.9.25}$$

$$\sinh x = \frac{1}{2}(e^x - e^{-x}) \tag{3.9.26}$$

を代入して整理すると，

$$\begin{aligned} V(z) &= (V_0^+ + V_0^-)\cosh(\gamma z) - (V_0^+ - V_0^-)\sinh(\gamma z) \\ I(z) &= \frac{1}{Z_C}\left((V_0^+ - V_0^-)\cosh(\gamma z) - (V_0^+ + V_0^-)\sinh(\gamma z)\right) \end{aligned} \tag{3.9.27}$$

と変形できる．信号源側では，$V(0) = V_0 = V_0^+ + V_0^-$ と $I(0) = (1/Z_C)(V_0^+ - V_0^-) = I_0$ が境界条件として成り立つ．ここで，V_0 は送信端で観測できる電圧振幅，I_0 は電流振幅を示している．代入して行列として整理すると

$$\left[\begin{array}{c} V(z) \\ I(z) \end{array}\right] = \left[\begin{array}{cc} \cosh(\gamma z) & -Z_C \sinh(\gamma z) \\ -(1/Z_C)\sinh(\gamma z) & \cosh(\gamma z) \end{array}\right]\left[\begin{array}{c} V(0) \\ I(0) \end{array}\right] \tag{3.9.28}$$

が得られる．行列式 $|\mathbf{F}|$ を求めると，

$$|\mathbf{F}| = AD - BC = \cosh^2(\gamma l) - \sinh^2(\gamma l) = 1 \tag{3.9.29}$$

となる．したがって，逆行列が容易に求まって，

$$\begin{bmatrix} V(0) \\ I(0) \end{bmatrix} = \mathbf{F}^{-1} \begin{bmatrix} V(z) \\ I(z) \end{bmatrix} \tag{3.9.30}$$

$$\mathbf{F}^{-1} = \begin{bmatrix} \cosh(\gamma z) & Z_C \sinh(\gamma z) \\ (1/Z_C)\sinh(\gamma z) & \cosh(\gamma z) \end{bmatrix} \tag{3.9.31}$$

となる．これは，端子2側の信号から端子1である信号源の電圧・電流を求める関係式となる．さらに，無損失伝送線路の場合，減衰定数が0となり，位相定数βのみが残ってくるので，式(3.9.28)は

$$\begin{bmatrix} V(z) \\ I(z) \end{bmatrix} = \begin{bmatrix} \cos(\beta z) & -jR_C \sin(\beta z) \\ -(1/jR_C)\sin(\beta z) & \cos(\beta z) \end{bmatrix} \begin{bmatrix} V(0) \\ I(0) \end{bmatrix} \tag{3.9.32}$$

となる．

【例題 3.12】 分布定数回路に関するF行列を与えた式(3.9.28)からインピーダンス行列(Z)を求めなさい．

解答　式(3.9.24)に代入すれば良いので，

$$z_{11} = \frac{A}{C} = \frac{-Z_C}{\tanh(\gamma l)}$$

$$\begin{aligned} z_{12} = B - \frac{AD}{C} &= -Z_C \left\{ \sinh(\gamma l) - \frac{\cosh^2(\gamma l)}{\sinh(\gamma l)} \right\} \\ &= -Z_C \left\{ \frac{\sinh^2(\gamma l) - \cosh^2(\gamma l)}{\sinh(\gamma l)} \right\} \\ &= \frac{-Z_C}{\sinh(\gamma l)} \end{aligned}$$

$$z_{21} = \frac{1}{C} = \frac{-Z_C}{\sinh(\gamma l)}$$

$$z_{22} = \frac{D}{C} = \frac{-Z_C}{\tanh(\gamma l)}$$

整理すると，

$$\mathbf{Z} = \begin{pmatrix} \dfrac{-Z_C}{\tanh(\gamma l)} & \dfrac{-Z_C}{\sinh(\gamma l)} \\ \dfrac{-Z_C}{\tanh(\gamma l)} & \dfrac{-Z_C}{\tanh(\gamma l)} \end{pmatrix}$$

が得られる.

集中定数回路では **F** 行列が最も実用上有用とされるが，分布定数回路では高周波回路が中心となるので，S 行列が実用上重要となる．**Z**, **Y** 行列との変換を用いて回路設計が行われることが多い．はじめにも述べたように，概念の大きさでは，分布定数回路論が集中定数回路論を包含することになる．分布定数回路論は電磁界理論を回路理論へ展開する導入理論とも言える．その結果を用いた集中定数回路論が回路設計を行いやすくしているだけである．本質的には電磁気学が概念の基本にある.

****** 演習問題 ******

問題 3.1 時間振動項を $e^{j\omega t}$ とするとき，次の複素量で表される電圧振幅の瞬時表現を示しなさい.

(1) $V = 1 + j1$ (2) $V = 25 + j125$

問題 3.2 真空中を電磁波が光速 $c = 3 \times 10^8$ [m/s] で伝搬するとき，2 つの周波数 $f_1 = 100$ MHz, $f_2 = 3$ GHz に対応する波長と位相定数はそれぞれいくらになるか？

問題 3.3 誘電体媒質中では一般に位相速度 v_p は真空中に比べて遅くなる．例題 3.1 に示した 1 次定数を有する伝送媒体では，位相速度はいくらか？ 同軸ケーブルなどフッ素樹脂（通称，テフロン）を誘電体材料として使用する伝送媒体では，比誘電率が 2 となる．位相速度はいくらになるか？ ただし，搬送波周波数は 4 kHz，透磁率は μ_0 としなさい.

問題 3.4 1.5 m のプローブを使って周波数 $f_2 = 300$ MHz の正弦波をオシロスコープで観測する．プローブ先端とオシロスコープ受信端では，どれだけの時間遅延が発生しているか？ ただし，測定プローブは問題 3.3 で述べた同軸ケーブルと同じ位相速度とする．その遅延量は位相に換算するといくらになるか？

問題 3.5 次に示す非伝導媒質中の電磁界を表す Maxwell 方程式 (e.1) から出発して電界に対する Helmholtz 方程式 (e.2) を導きなさい．ただし，電界ベクトル $\mathbf{E}$ は，角振動周波数 ω で振動する電界 $\mathbf{E} = \mathbf{E}_0 e^{j\omega t}$ とする．

$$\begin{cases} \nabla \times \mathbf{E} + \dfrac{\partial \mathbf{B}}{\partial t} = 0 \\ \nabla \times \mathbf{B} - \dfrac{\partial \mathbf{D}}{\partial t} = 0 \\ \nabla \cdot \mathbf{D} = 0 \\ \nabla \cdot \mathbf{B} = 0 \end{cases} \tag{e.1}$$

$$\nabla^2 \mathbf{E} + \omega^2 \varepsilon \mu \mathbf{E} = 0 \tag{e.2}$$

問題 3.6 式 (3.1.8) を導きなさい．

問題 3.7 次の規格化インピーダンス z_L に対する反射係数 Γ を求めなさい．

(1) $z = 0.3 + j0.4$　(2) $z = 0.5 - j0$　(3) $z = 0.4 + j0.5$
(4) $z = 1 - j1$

問題 3.8 次の規格化インピーダンス z_L に対する反射係数 Γ と電圧定在波比 VSWRρ を求めなさい．

$$z_L = 0,\ 0.5,\ 1,\ 2,\ \infty$$

問題 3.9 ある2つのマイクロ波部品の仕様に電圧定在波比 VSWR がそれぞれ 1.3, 2 と記されていた．50 Ω 系部品の場合，部品の入力インピーダンスはそれぞれいくらになるか？

問題 3.10 特性インピーダンスが Z_C の伝送線路で電圧振幅を測定したところ定在波が観測され，最大値は $|V|_{\max}$，最小値は $|V|_{\min}$ であった．負荷に供給される電力 P を求めなさい．

問題 3.11 問図 3.1 に示すように，特性インピーダンス 300 Ω の無損失線路に負荷 $600 + j300\ \Omega$ を接続した．負荷から $l = 3\lambda/4$ だけ離れた点から負荷を見込むインピーダンスを求めなさい．計算とスミスチャートの両方を試みてみよ．

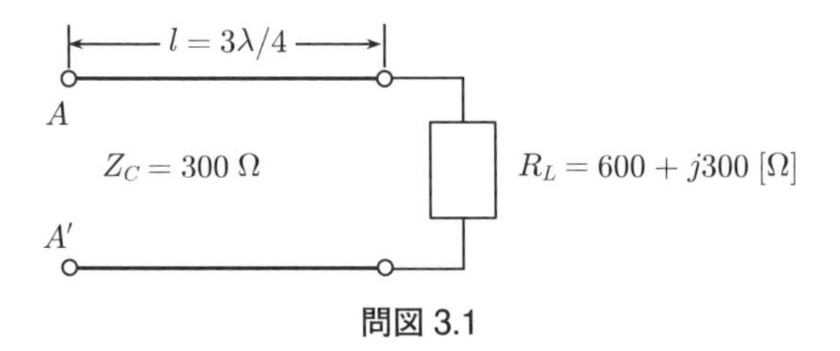

問図 3.1

問題 3.12　問図 3.2 に示すように，特性インピーダンス R_C [Ω] の伝送線路を負荷 R_L [Ω] で終端し，短絡スタブを用いてインピーダンス整合を図りたい．ただし，いずれの伝送線路も位相定数は β である．

(1)　AA' 点から負荷を見込むアドミタンス y_{in} を求めなさい．

(2)　AA' 点から短絡スタブを見込むアドミタンス y_{stab} を求めなさい．

(3)　(1), (2) で得られた結果を用いて題意であるインピーダンス（アドミタンス）整合条件を示しなさい．

(4)　l_1, l_2 を求めなさい．

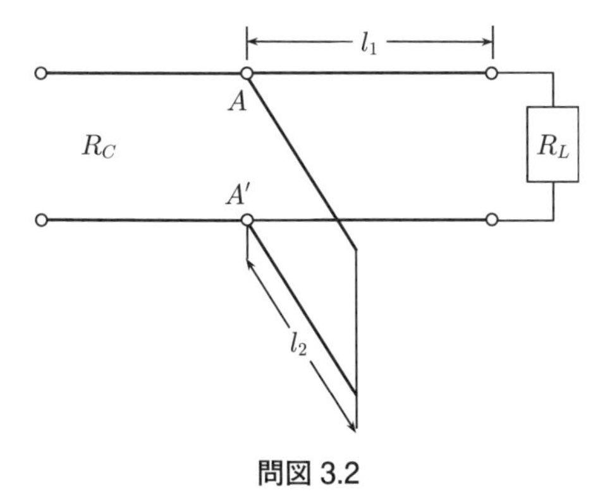

問図 3.2

問題 3.13　問図 3.3 に示すように負荷 $Z_{L_1} = 50 + j75$ [Ω] が接続された分布定数線路に負荷インピーダンス $Z_{L2} = 75 - j125$ [Ω] の伝送線路が接続されている．

(1)　AA' から負荷を見込む長さが $l_1 = 0.4\lambda$ のとき，接続点から見込むアドミタンス $\mathrm{Y}(l_1)$ ならびに電圧反射係数 Γ を求めなさい．

(2)　分布定数線路 II を接続点 AA' から見込むアドミタンス $\mathrm{Y}(l_2)$ を求めなさい．

(3) AA' 点におけるインピーダンスとアドミタンスを求めなさい.

問題 3.14 問図 3.3 において分布定数線路 I, II, III 上の電圧定在波比 (VSWR)ρ_{I}, ρ_{II}, ρ_{III} をそれぞれ求めなさい.

問題 3.15 問図 3.3 に示した分布伝送線路では信号が 100 W の電力を伝送している. このとき, 負荷 Z_{L1}, Z_{L2} で消費される電力を求めなさい.

問題 3.16 例題 3.10 に倣って (Y) と (S) 行列との変換関係を導きなさい.

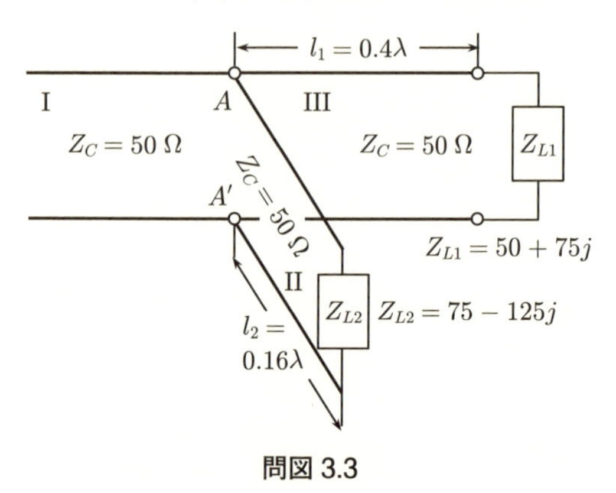

問図 3.3

参考文献

[1] David M. Pozar, *MICROWAVE ENGINEERING* (4th Edition), John Wiley & Sons, Inc., 2012

[2] Amnon Yariv and Pochi Yeh, *PHOTONICS* (6th Edition), Oxford University Press, 2007

[3] 砂川重信, 理論電磁気学 (第 3 版), 紀伊国屋書店, 1999

[4] 太田浩一, 電磁気学の基礎 I, 東京大学出版会, 2012

[5] 内藤喜之, マイクロ波・ミリ波工学, コロナ社, 1986

[6] 伊賀健一, 波多腰玄一, "光エレクトロニクスの玉手箱", 『O plus E』, 2015 年 9 月号

[7] 本宮佳典, "波動光学の風景", 『O plus E』, 2006 年 10 月号

[8] 古賀正文, 奥村康行, 井上友二, "受動バス形式インタフェースにおける反射波による伝送波形劣化", 電子情報通信学会論文誌 B, J70-B, 2, pp.195-

203, 1987

[9] J. Higashiyama, Y. Tarusawa, and M. Koga, "Simply configured Radio on Fiber link yielding positive gain for mobile phone system", IEICE Electronics Express, Vol.11, No.15, pp.1-6, 2014

第4章 通信システム

より大量の情報を含む信号を，より遠方まで送り届けることが通信システムの基本機能である．これまでの章で学んだ通り，あるシステムに入力された信号は，そのシステムが有する特性に依存して，入力された波形とは異なる波形となって出力される．このとき通信システムでは，元の情報の一部が失われるか，誤って伝えられることとなるであろう．また，損失のある伝送線路では，線路が長くなると入力された信号は減衰し，システムに混入する雑音と判別がつかなくなるであろう．本章では，ディジタル通信システムにおける主要なシステム性能である情報伝送速度と伝送距離が，波形歪みによる符号間干渉とシステムに混入する雑音の2つの要因により制限されること，およびこの制限を最小限に抑圧する方法を述べる．4.1節では，雑音の影響下にある通信路においては，通信性能は信号電力と雑音電力の比である信号対雑音電力比と通信路の帯域幅の制限を受けることを述べる．4.2節では，ディジタル通信におけるパルス波形の識別再生機能について簡単に解説し，元の情報が誤りなく伝えられるには，受信パルスの繰り返し周期上に1つ設けられる時刻（識別点）における受信振幅のばらつきが小さくなる必要があることを述べる．4.3節では，伝搬する信号波形に歪みが加わる通信路においては，パルス波形劣化によって隣接するパルス符号間の干渉（符号間干渉）が生じ，これにより識別再生時の符合誤りが増加することを述べる．また，この符号間干渉は受信信号のスペクトルがある条件を満足するとき，抑圧されることが示される．4.4節では，雑音と符号間干渉が同時に存在する場合に，送受信系におかれる波形整形フィルタをいかに設定すれば，符号誤りが最少になるかを述べる．最後に4.5節では，搬送波通信における周波数に対して非線形な伝送路の位相偏移を補償する方法を述べる．

4.1 通信系の基本モデルとシャノンの通信定理

本章で扱う通信系の基本モデルを図4.1に示す．

情報源 (information source) から出るメッセージ (message) は，送信機 (transmitter) により，通信路 (channel) を用いた伝送に適した信号に変換されて通信路

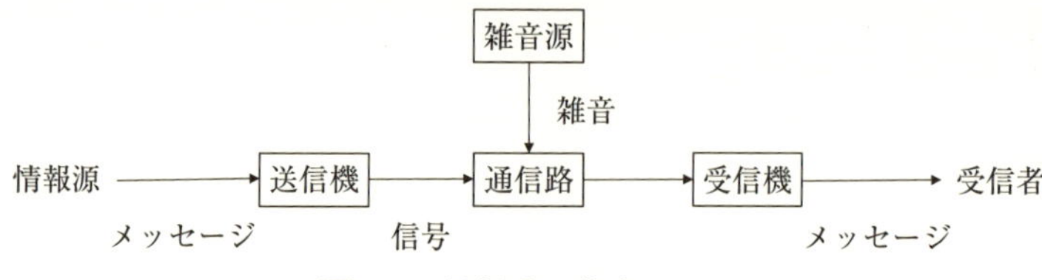

図 4.1　通信系の基本モデル

に送り出される．受信された信号は，受信機 (receiver) において送信機と逆の操作により元の情報形態に変換され，受信者に送り届けられる．雑音源が発生する雑音 (noise) は，その振幅が不規則 (random) に変化し予測不可能な確率過程であり，通信路に混入することにより信号に影響を及ぼす．雑音には，雷などの自然現象や放電管などからの人工放射のように通信システムの外部で発生する外部雑音 (external noise) と，システムの内部に雑音源がある内部雑音 (internal noise) に大別される．図 4.1 にある通信システムの内部雑音には，電子回路上での電子の不規則な熱運動に起源を有する熱雑音 (thermal noise) と信号の電磁気学的運び手である電子または光子そのものの量子性に起源に有するショット雑音 (shot noise) がある．

雑音を含む帯域幅 W [Hz] の通信路が与えられたとき，その通信路を用いて伝送可能な情報量はいくつになるであろうか．1948 年に Claude E. Shannon は，加法性白色ガウス雑音 (AWGN: Additive White Gaussian Noise) が存在する通信路を用いた場合，式 (4.1) で与えられる通信路容量 (channel capacity)C [bit/s] 以内であれば，単位時間あたりの情報量をいくらでも小さい符号誤り率で伝送できるとした[1]．ここで，加法性白色ガウス雑音とは，雑音振幅の確率密度関数がガウス関数型で，振幅スペクトルが着目している帯域内において平坦であり，受信波の振幅が信号振幅と雑音の振幅の和の形で与えられる雑音である．前述の内部雑音である熱雑音とショット雑音は AWGN であると考えられる．また，符号誤り率とは，送信機から送信される信号の情報量 [bit] のうち，受信機において誤って受信される情報量の割合である．

$$C = W \log_2 \left(1 + \frac{S}{N} \right) \tag{4.1}$$

上式において，S は平均信号電力，N は平均雑音電力を表し，S/N は信号対雑音電力比である．本式は Shannon-Hartley の定理 (Shannon-Hartley theorem) と呼ばれる．

【例題 4.1】S/N が 0, 10, 20, 30 dB のとき，単位帯域幅あたりの通信路容量を求めよ．

解答 単位帯域幅あたりの通信路容量は，式 (4.1) において定義されている C（通信路容量）と帯域幅 W を用いて C/W [bit/s/Hz] と表される．したがって，S/N が与えられたときその値は，

$$C/W = \log_2\left(1 + \frac{S}{N}\right)$$

により計算される．S/N が 0 dB，10 dB，20 dB，30 dB のとき，その値はそれぞれ 1.00, 3.46, 6.66, 9.97 [bit/s/Hz] となる．図 4.2 に横軸を信号対雑音電力比 (dB) としたときの上式の値を示す．

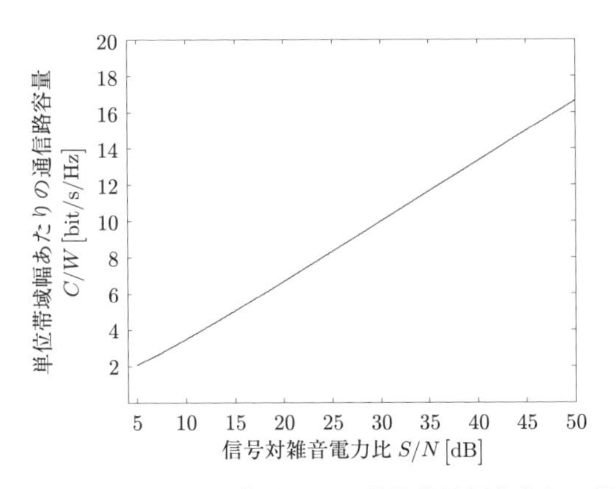

図 4.2 Shannon-Hartley の定理による単位帯域幅あたりの通信路容量

例えば音声通話を行う電話の帯域幅約 3.1 kHz の通話路を用いたモデム通信の通信路容量は，この通信路の S/N を 30 dB とすると，30.9 kbit/s となる．多値直交位相振幅 (QAM) 信号などを用いて，短距離ではこれに近い値が実現できている．また，上述の例題からもわかるように，S/N を 1 から 10 に 10 倍にしたとき，通信路容量は約 3.5 倍になるが，100 (20 dB) から 1000 (30 dB) に 10 倍しても，通信路容量は約 1.5 倍にしか増加しない．通信路容量を大幅に増大するには S/N の向上に加えて通信路の帯域幅の拡大が重要であることがわかる．現代の通信システムにて使用されている通信路の帯域幅については 4.5 節にて述べている．

4.2 ディジタル通信における識別再生

Shannon-Hartley の定理は，情報理論により求められる情報伝送速度の上限を教えるものであるが，具体的な送受信回路や変復調方式が与えられたときの S/N と符号誤り率の関係を与えるものではない．また，現実の通信システムにおける符号誤りは，雑音のみにより発生するものではなく，通信路伝搬による信号波形の変化によっても発生する．雑音や通信路における波形劣化によりどの程度符号誤り率が劣化するか具体的に検討するために，まず 4.2.1 項においてディジタル通信システムのモデルについて概説し，ディジタル通信では識別再生機能が最も重要な機能であることを述べる．4.2.2 項では，その識別再生機能をどのように実現しているか述べ，ディジタル信号パルス周期上の 1 時刻における振幅のばらつきが信号再生の正しさ（符号誤り率）を決定することを述べる．4.2.3 項において，まずは雑音のみを劣化要因としたときの雑音の大きさと符号誤り率の関係を示す．

4.2.1 ディジタル通信システムのモデル

図 4.3 に各種通信機能の配置図の形に具体化したディジタル通信システムのモデルを示す．

情報源がアナログ情報である場合は，信号はアナログ―ディジタル変換 (ADC: Analog to Digital Conversion) され，その波形が離散的な振幅を有するパルス列信号に変換される．代表的な ADC 方式に PCM(Pulse Code Modulation) がある．情報源がコンピュータが扱う信号のようにディジタル信号の場合は，そのまま符号変換部に入力される．したがって，符号変換部に入力される信号はマーク “1” とスペース “0” からなるディジタル符号列（例えば，$\cdots 1100101001 \cdots$）である．符号変換部には，主に次の機能がある．

i) 多重化：複数のディジタル信号系列を時分割多重 (TDM: Time Division Multiplexing) することにより，1 系列の高速ディジタル系列に多重化する．このと

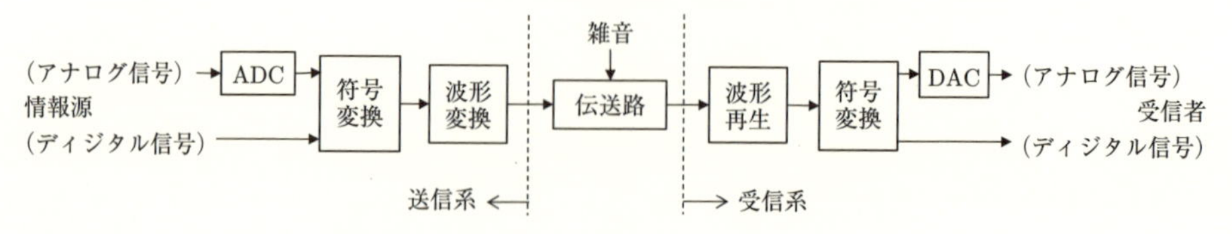

図 4.3　ディジタル通信システムのモデル

き，多重化後の高速パルス列では，パルス幅は狭く，パルス周期は短く（パルス繰り返し周波数は高く）なる．

ii) 誤り訂正符号化：受信側で符号誤りの検出と訂正を行うために，入力符号を元に計算された冗長符号を入力符号に付加する．誤り訂正する際，送信側に問い合わせない方式を前方誤り訂正 (FEC: Forward Error Correction) 方式という．

iii) 伝送路符号化：主に，波形再生部における識別再生のために必要となるタイミング抽出などが良好に行われるように，同符合連続（マークまたはスペース符号が連続すること）を抑圧するための伝送路符号変換 (line coding) が行われる．

符号変換されたディジタル信号は，波形変換部において伝送路の伝達特性に応じて伝送特性が良好な物理量としてのパルス波形信号に変換される．図 4.4(a) に波形変換部の構成を示す．ここでは主に次の機能がある．

a) 波形整形（送信側）：伝送路の通過帯域が制限されてかつ雑音があるとき，受信側の波形再生部において符号間干渉を抑圧し雑音の影響を最小限にするための波形に変換される．これについては 4.3 節にて述べる．

b) 変調：導波管，光ファイバなどの 2 導体系ではない有線伝送路の場合や，移動体通信や衛星通信などにおける無線伝送路の場合などのように伝送路が帯域通過型の場合は，基底帯域 (baseband) にある信号の周波数スペクトルを伝送路の通過帯域にある周波数帯に変換する．そのために，その周波数が通過帯域内にある正弦波電磁界（電流，電圧，電界，磁界など）のパラメータ（振幅，周波数，位相）の値を入力信号に応じて変化させる．これを狭義の変調 (modulation) という．変調される正弦波電磁界を搬送波 (carrier)，変調後の信号を変調波 (modulated wave) といい，変調および変調の逆過程である復調を用いる通信方式を，搬送波通信 (carrier communication) という．ディジタル通信では主な変調方式に ASK（振幅偏移変調；Amplitude Shift Keying），PSK（位相偏移変調；Phase Shift Keying），FSK（周波数偏移変調；Frequency Shift Keying），QAM（直交位相振幅変調；Quadrature Amplitude Modulation）がある．

搬送波通信では，単一の伝送路を搬送波周波数が互いに異なる複数の変調波を多重して送受信することがある．これを周波数分割多重 (FDM: Frequency Division Multiplexing) 方式という．

伝送路を伝搬し受信された信号は，波形再生部に入力され，ここで基底帯域のデ

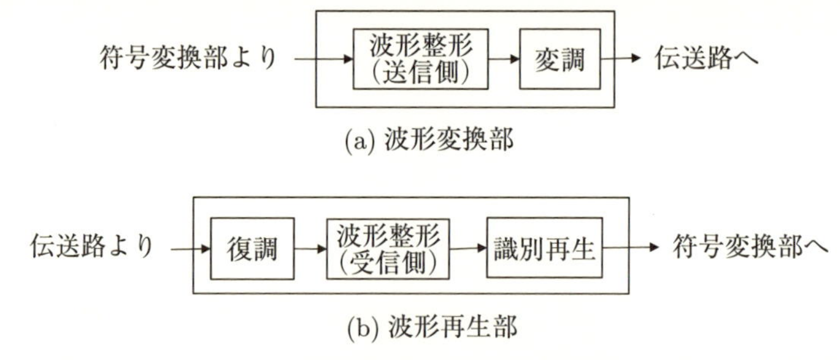

図 4.4　搬送波ディジタル伝送の場合の波形変換部と波形再生部の構成

ィジタル符号が再生される．搬送波ディジタル伝送の場合の，波形再生部の構成を図 4.4(b) に示す．基底帯域通信の場合は，波形変換部における変調機能と波形再生部における復調機能部は無い．波形再生部では送信系の波形変換部の機能に対応して次の機能を有する．

a) 復調 (de-modulation)：搬送波通信の場合は，受信した変調波から元の基底帯域の信号に復元する．受信波が FDM である場合は，復調の前に FDM 分離する．

b) 波形整形 (waveform shaping)：復調により復元された基底帯域信号を受け，符号間干渉が最少となる波形に変換する．詳細は 4.3 節にて述べる．

c) 識別再生 (regeneration)：識別再生部への入力信号の識別時点における振幅とあらかじめ設定されたしきい値 (threshold) を比較しその大小により，規定された離散値を有するディジタル符号系列を再生する．この符号は送信系の符号変換部出力符号に対応する．識別再生機能の詳細は，4.2.2 項にて述べる．

波形再生部の出力信号は符号変換部において，送信系の符号変換と逆の符号変換操作が行われる．この符号変換回路には次の主な機能がある．

i) 伝送路符号逆符号化：送信系の符号変換部にて行われた伝送路符号化の逆符号化を行う．

ii) 符号誤り訂正：送信系にて挿入された冗長符号を用いて，符号誤りの検出と訂正を行う．

iii) 分離：1 系列の高速符号列を時分割分離 (de-multiplexing) により元の複数の低速の符号系列に分離する．

さらに情報がアナログ信号の場合は，ディジタル—アナログ変換 (DAC: Digital to Analog Conversion) され受信者へ送られる．
伝送路符号化，符号誤り訂正，時分割多重分離については通信工学の教科書に譲り，本書では雑音影響下にある波形変換—波形再生について扱う．

4.2.2 識別再生部の機能

伝送路出力の受信波は波形整形部（受信側）を経て波形再生部内の識別再生部に到達する．図 4.5 に識別再生部の機能を示す．

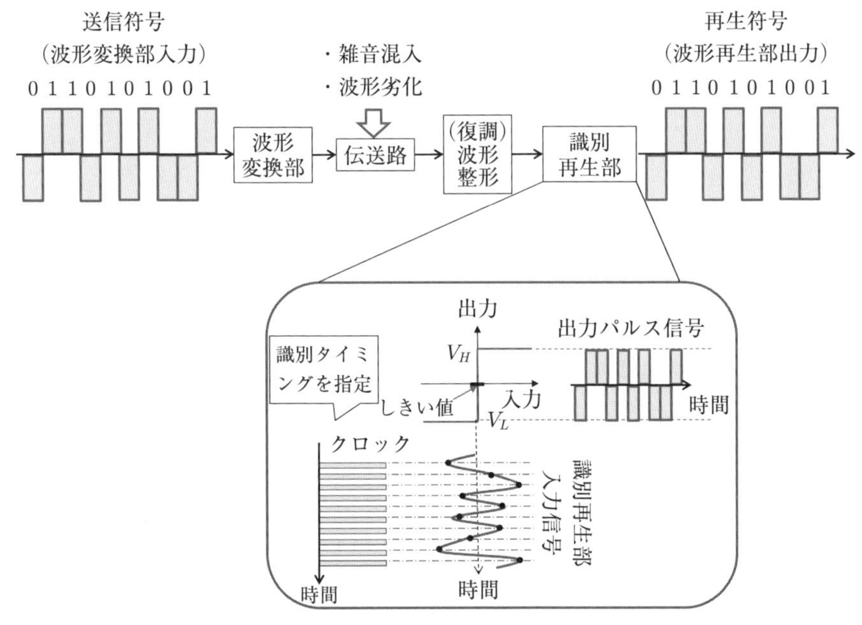

図 4.5　識別再生部の機能

識別再生部に到達した基底帯域のパルス信号は，符号周期と同一の周期の適切なタイミングで信号振幅がしきい値 (threshold level) より大きいか小さいか識別され，それぞれ定格の振幅に変換される．同図の例では，クロックパルス（符号周期と同一の周期を有する振幅一定のパルス列）の立ち上がりタイミングにおいて，零レベルをしきい値とした識別（すなわち，入力信号振幅が正の値か負の値かを識別）を行い，負極ならば符号「0」と判別し振幅 V_L を，正極ならば符号「1」と判別し振幅 V_H の定格振幅の出力パルスとする再生を行っている．

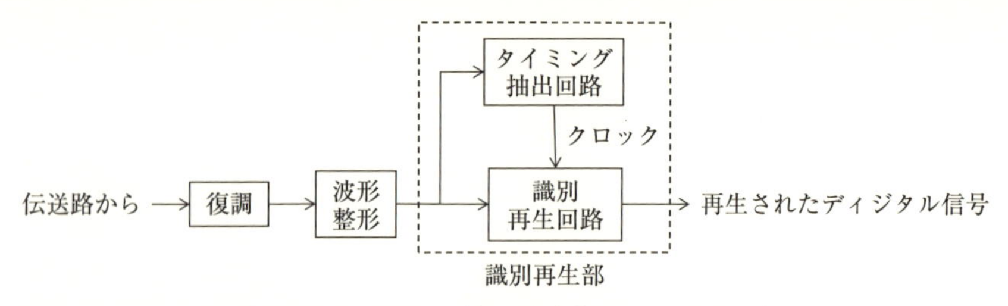

図 4.6　タイミング抽出回路を用いた識別再生

図 4.5 に示したように，識別再生回路には，識別タイミングを決定する機能が必要である．機器間通信のような近距離通信では，識別タイミングを教えるクロック信号を信号線とは別線で送ることが多いが，長距離通信では，線路コストを抑えるためや信号線とクロック線の間の遅延揺らぎが大きくなるため，信号にタイミング成分を含ませて，受信回路の中でタイミングを抽出する方法が採られる．先に述べた，伝送路符号化の目的の 1 つは信号にタイミング抽出に必要な強さのクロック成分を含ませることであった．タイミング抽出回路の適用例を図 4.6 に示す．

タイミング抽出回路は，受信波形を受けてシンボル周波数に等しい繰り返し周波数のパルス列または正弦波を発生し，適切な位相で識別再生回路に提供する回路である．

タイミング抽出原理には，信号が含むシンボル周波数を有する周波数成分を共振器により抽出する方法と，位相同期ループ (PLL: Phase Lock Loop) 回路を用いたものに大きく分類できる．共振器を用いる方法では，共振器の共振周波数を平均シンボル周波数に設定し，共振器の Q 値を高く設定することにより，信号波形に含まれる微弱なタイミング成分のみを出力する．送信符号が RZ（Return to Zero：各符号周期内の後半が零レベルに戻る波形）パルスの場合，“0” 符号連続が続かない限り信号にタイミング成分を含むので，図 4.3 における符号変換部においてマーク率を平準化し同符合連続数をある値以下に抑圧することにより，タイミング成分を含ませることができる．NRZ（Non-Return to Zero：各符号周期の間，その振幅が変化しない波形）パルスの場合は信号波形を微分—整流することにより，シンボル周波数の成分を回復した上で共振器に入力することにより，タイミング成分を抽出できる．

図 4.7 にタイミング抽出回路の他の例を示す．本図では，タンク回路を用いず，位相同期ループ回路を用いている．

位相比較器では入力データとクロックパルスのエッジ（立ち上がり部または立ち

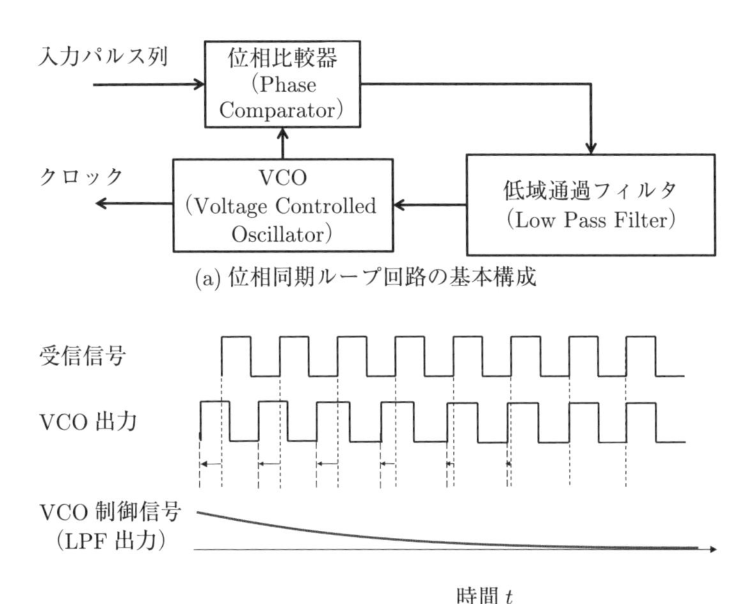

図 4.7 位相同期ループ回路 (PLL) を用いたタイミング抽出回路

下がり部）のタイミング差に比例する信号を出力する．低域通過フィルタにてこれを時間的に平準化することにより，位相誤差量に比例した振幅の制御信号を得る．電圧制御発振器 (Voltage Controlled Oscillator: VCO) は入力制御信号に比例して出力クロックの繰り返し周波数が変化する発振器である．誤差信号が零になるように出力クロックの周波数を変化させ，入力パルスと自身が発振するクロックのタイミングを一致させる．同図の動作例では，VCO 出力クロックの位相が入力信号パルスの位相より進んでいる状態を始状態だとし，その位相差に応じた電圧によりVCO 発振周波数が減少している．その結果，位相差が減少し VCO 制御電圧も零となって位相一致状態となっている．

波形整形部における波形整形 (Re-shaping)，タイミング波形の発生（リタイミング）(Re-timing)，閾値処理によるパルス再生 (Re-generating) の 3 機能を合わせて識別再生の 3R 機能と呼ばれる．アナログ通信に対するディジタル通信の最大の利点はこの 3R 機能により，伝送路において混入した雑音や波形劣化の影響を大幅に抑圧できる点にある．受信側の波形再生と送信側の波形変換を組み合わせた装置を再生中継器 (regenerative repeater) といい，再生中継器を伝送路途中に挿入し，再生中継を繰り返しながら長距離の信号伝送を行う伝送システムを再生中継伝送システムという．ディジタル伝送システムでは，この再生中継により地球規模の領域にわたり高品質な通信を可能にしている．

4.2.3 雑音による符号誤り

4.1 節にて述べた通信容量の制限は，情報理論により与えられるものであった．4.2.2 項に述べた具体的なディジタル伝送方式では，通信性能に制限をもたらす物理的な原因は，信号に混入した雑音による識別タイミングにおける受信振幅のばらつきであると考えることができる．さて，波形変換部に入力するディジタルデータが波形変換部，伝送路，波形再生部を通過し，上述の波形再生部出力のディジタルデータに再生されるまでの過程で生じる符号誤り率はどのように計算されるだろうか．前節に述べたように，送信部出力の送信符号が受信側においてどの程度正しく再現できるかは，受信波形全体の波形やその揺らぎにより決まるものでは無く，識別点における受信信号振幅 V のみにより決定される．簡単のため，基底帯域信号は 2 値のディジタル信号とし，その平均振幅は V_H と V_L とする．伝送路に混入する雑音が，平均値が 0 のガウス型雑音だとすると，信号がハイレベル V_H とローレベル V_L のときの信号の確率密度関数 (PDF: Probability Density Function) はそれぞれ，

$$p_0(V) = \frac{1}{\sqrt{2\pi}\sigma_0} \exp\left\{-\frac{(V - V_L)^2}{2{\sigma_0}^2}\right\} \tag{4.2}$$

$$p_1(V) = \frac{1}{\sqrt{2\pi}\sigma_1} \exp\left\{-\frac{(V - V_H)^2}{2{\sigma_1}^2}\right\} \tag{4.3}$$

となる．式 (4.2)，式 (4.3) とも，V の全区間 $[-\infty, \infty]$ で積分すると 1 になる．${\sigma_0}^2$ および ${\sigma_1}^2$ は，ローレベル信号およびハイレベル信号に重畳されるガウス型雑音の分散 (variance) である．その平方根 σ は標準偏差 (standard deviation) と呼ばれる．受信信号の振幅に対する確率密度関数の例を図 4.8 に示す．

送信符号がスペース“0”を取る確率を p_0，マーク“1”を取る確率を p_1 とすると，マーク送信とスペース送信を合わせた全体の符号誤り率 P_e は次式となる．

$$P_e = p_0 \cdot P(0 \to 1) + p_1 \cdot P(1 \to 0) \tag{4.4}$$

ここで，$P(0 \to 1)$ は，送信符号がスペースのとき，受信側識別再生回路でマークと誤って識別される確率，$P(1 \to 0)$ は送信符号がマークのとき，受信側でス

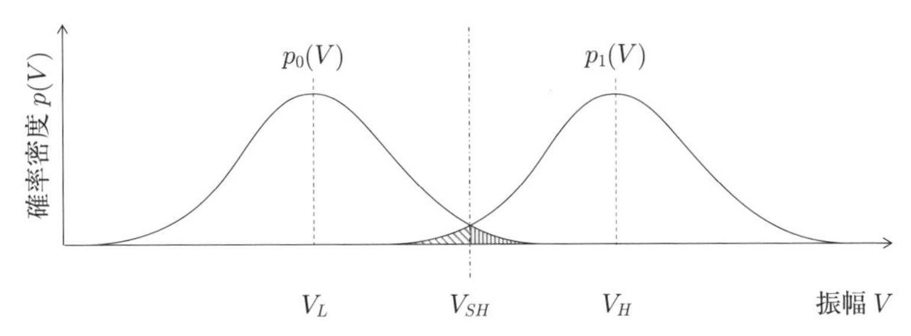

図 4.8 ガウス型雑音が重畳された 2 値パルスの振幅分布

ペースと誤って識別される確率である．なお，$p_0 + p_1 = 1$ である．ここでは簡単のため，マーク時の信号に重畳される雑音とスペース時の信号に重畳される雑音は同一の分散 $\sigma^2 (= {\sigma_0}^2 = {\sigma_1}^2)$ を有するとする．このとき，符号誤り率を最小とする閾値レベル V_{SH} は

$$V_{SH} = \frac{V_H + V_L}{2} \tag{4.5}$$

であるため，$P(1 \to 0) = P(0 \to 1)$ となるので，式 (4.4) は

$$\begin{aligned} P_e &= (p_0 + p_1) \cdot P(0 \to 1) = P(0 \to 1) \\ &= \int_{V_{SH}}^{\infty} \frac{1}{\sqrt{2\pi}\sigma} \exp\left\{ -\frac{(V - V_L)^2}{2\sigma^2} \right\} dV \\ &= \int_{A_S/\sigma}^{\infty} \frac{1}{\sqrt{2\pi}} \exp\left\{ -\frac{u^2}{2} \right\} du = Q(A_S/\sigma) \end{aligned} \tag{4.6}$$

となる．ここで，

$$A_S = V_H - V_{SH} = \frac{V_H - V_L}{2} \tag{4.7}$$

である．また，$Q(z)$ は

$$Q(z) = \frac{1}{\sqrt{2\pi}} \int_z^{\infty} e^{-u^2/2} du \tag{4.8}$$

により定義される関数で，上式右辺の被積分関数 $p(x)$

$$p(x) = \frac{1}{\sqrt{2\pi}} \exp\left\{ -\frac{x^2}{2} \right\} \tag{4.9}$$

は標準正規分布 (standard normal distribution) の確率密度関数，$1 - Q(z)$ は標準正規分布の累積分布関数となる．関数 $Q(z)$ の値を図 4.9 に示す．

【例題 4.2】 誤差関数と式 (4.8) の関係を示せ.

解答 次式により定義される関数は誤差関数 (error function) と呼ばれ，統計によく用いられているため，数学公式集などに数値表が掲載されている.

$$\mathrm{erf}(z) = \frac{2}{\sqrt{\pi}} \int_0^z e^{-t^2} dt \tag{4.10}$$

また，

$$\mathrm{erfc}(z) = 1 - \mathrm{erf}(z) = \frac{2}{\sqrt{\pi}} \int_z^\infty e^{-t^2} dt \tag{4.11}$$

を，相補誤差関数 (complementary error function) という.

式 (4.8) において，$u = \sqrt{2}t$ とおくと

$$Q(z) = \frac{1}{\sqrt{\pi}} \int_{z/\sqrt{2}}^\infty e^{-t^2} dt = \frac{1}{2}\mathrm{erfc}\left(\frac{z}{\sqrt{2}}\right) = \frac{1}{2}\left\{1 - \mathrm{erf}\left(\frac{z}{\sqrt{2}}\right)\right\} \tag{4.12}$$

と導くことができる.

$$\mathrm{erf}(0) = 0,\ \mathrm{erf}(\infty) = 1,\ (\mathrm{erfc}(0) = 1,\ \mathrm{erfc}(\infty) = 0)$$

よって，

$$\mathrm{Q}(0) = 0.5,\ \mathrm{Q}(\infty) = 0,\quad z \text{ の単調減少関数}$$

である. また，z がある程度大きい場合には次の近似式を用いることができる.

$$Q(z) \approx \frac{1}{z\sqrt{2\pi}}\left(1 - \frac{0.7}{z^2}\right) e^{-\frac{z^2}{2}} \tag{4.13}$$

z が 2.4 以上のとき，上式の近似値は真値に対する差がほぼ 1% 未満である.

さて，式 (4.6) における値 A_s/σ は何を意味するだろうか. 2 値の信号の振幅 V_L と V_H を

$$-V_L = V_H = A_S \qquad (V_L < V_H)$$

とする両極性信号であるとすると，その信号パワーは ${A_s}^2$ である. 一方，雑音の

振幅の時間関数を $V_n(t)$ とおくと，その平均電力 P_n は

$$P_n = \overline{V_n{}^2(t)} = \lim_{T\to\infty} \frac{1}{T} \int_{-\frac{T}{2}}^{\frac{T}{2}} V_n{}^2(t)dt \tag{4.14}$$

である．雑音がエルゴード的である，すなわち時間平均と集合平均が等しいとすると，標本点の分散

$$\sigma^2 = E[V_n{}^2(t)] \tag{4.15}$$

と式 (4.14) が等しい，すなわち分散 σ^2 は雑音の電力を表す．したがって，信号対雑音電力比 SNR は

$$SNR = \frac{A_S{}^2}{\sigma^2} \tag{4.16}$$

と与えられる．これを用いて，両極性パルス信号の符号誤り率 P_e は

$$P_e = Q(A_S/\sigma) = Q(\sqrt{SNR}) \tag{4.17}$$

と表すことができる．一般に，雑音により信号品質が決まるディジタル通信系では，符号誤り率は識別再生器に入力される信号の SNR により決まり，その値は多値度，符号方式などに依存する（演習問題 4.1 参照）．

【例題 4.3】 識別器入力信号が振幅 ±2 V の両極性 2 値の信号に，実効電圧 0.4 V のガウス型雑音が重畳されている．符号誤り率を求めよ．

解答　両極性 2 値のパルス信号の符号誤り率は式 (4.17) により与えられる．信号振幅 A_s は 2 V である．通常，雑音振幅の実効電圧は雑音電圧 $V_n(t)$ の二乗平均平方根 (RMS: Root Mean Square) 値で与えられるから，

$$V_{RMS} = \sqrt{\lim_{T\to\infty} \frac{1}{T} \int_{-T/2}^{T/2} V_n{}^2(t)dt} = \sigma$$

となる．$z = A_s/\sigma = 2/0.4 = 5$ における関数 Q の値を図 4.9 のグラフから読み取って，符号誤り率は約 3.0×10^{-7} と求められる．

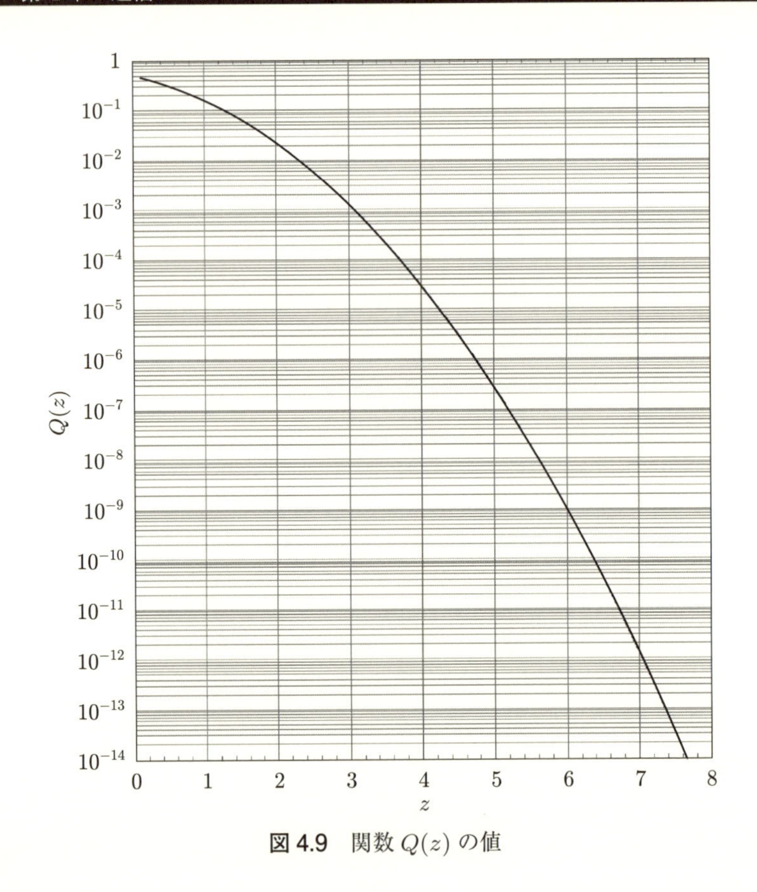

図 4.9　関数 $Q(z)$ の値

4.3 符号間干渉とナイキスト基準

4.3.1 符号間干渉

識別タイミングにおける受信振幅のばらつきを与える主な要因は，上記の雑音以外にパルス波形の波形劣化がある．本節では，パルス波形劣化を原因とする符号間干渉について述べる．前節の図 4.5 では，波形変換部に入力するディジタル符号を便宜上，矩形波を用いて描いた．矩形波の周波数スペクトルはフーリエ変換により得られ，無限大の周波数スペクトル拡がりを有する．このパルスを無歪で伝送するためには，無限大の周波数拡がりの均一な振幅特性と，線形な位相特性を有する伝送線路が必要となる．第 3 章にて述べたように，現実の伝送線路の伝達特性は，振幅特性の通過帯域幅は有限であり，さらに周波数に対して非線形な位相特性を有することがあるので，伝送後のパルス波形は歪みを被り矩形波ではなくなる．一般的に，伝送路の通過帯域幅より広い周波数スペクトルを有する信号波形は，伝送路伝搬により波形は拡がることになる．

【例題 4.4】

時間波形がパルス幅 τ の矩形パルス（図 4.10）の連続スペクトルを求め，無限大の周波数拡がりを有していることを示せ．

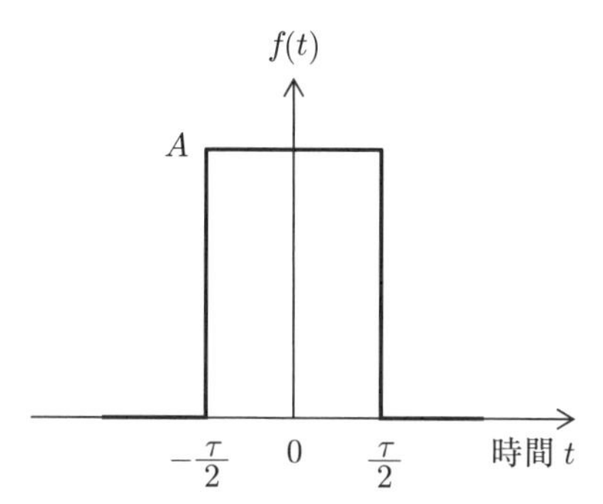

図 4.10　パルス幅 τ の矩形パルス

解答

時間波形 $f(t)$ は次式で与えられる．

$$f(t)=\begin{cases}A\cdots\cdots(|t|\leq\tau/2)\\0\ \cdots\cdots(|t|>\tau/2)\end{cases}\tag{4.18}$$

これをフーリエ変換すると，

$$\begin{aligned}F(\omega)&=\int_{-\infty}^{\infty}f(t)e^{-j\omega t}dt=\int_{-\frac{\tau}{2}}^{\frac{\tau}{2}}Ae^{-j\omega t}dt\\&=A\left[-\frac{1}{j\omega}e^{-j\omega t}\right]_{-\frac{\tau}{2}}^{\frac{\tau}{2}}=2A\frac{\sin(\omega\tau/2)}{\omega}\\&=A\tau\cdot\mathrm{sinc}\left(\frac{\omega\tau}{2}\right)\end{aligned}\tag{4.19}$$

が得られる．ここで，

$$\mathrm{sinc}(x)=\frac{\sin x}{x}\tag{4.20}$$

はシンク関数 (sinc function) と呼ばれる．

$F(\omega)$ の振幅スペクトルを図 4.11(a) に，エネルギースペクトル密度 $|F(\omega)|^2$ を (b) に示す．同図 (b) では横軸は $1/\tau$ で規格化した周波数であり，縦軸，横軸とも対数としている．

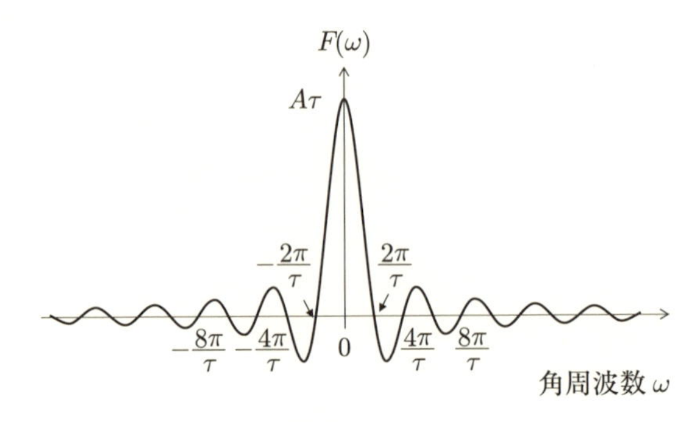

(a) 振幅スペクトル

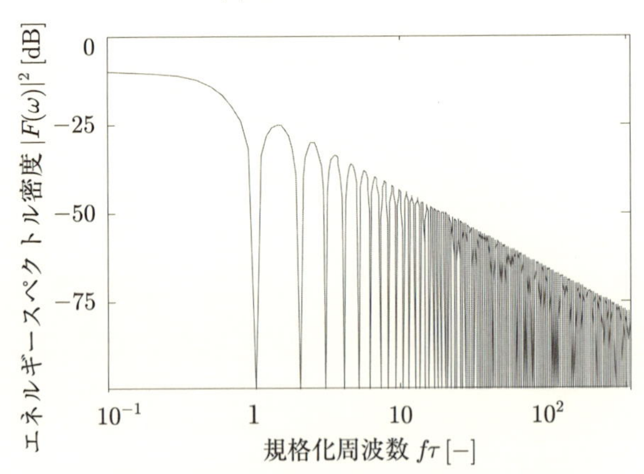

(b) 電力スペクトル密度（横軸，縦軸とも対数）

図 4.11　パルス幅 τ の矩形パルスのスペクトル

パルス幅 τ の増加に対してそのスペクトルは急峻化し $\omega = 0$ において 0 に近づく．$\tau \to \infty$ の極限は信号が振幅 A の直流信号に相当し，このスペクトルは ω に関する δ 関数状となる．逆にパルス幅 τ が減少すると，スペクトル幅は拡がる．簡易のためスペクトル幅を，振幅スペクトルが最初に零になる周波数と定義すると，パルス幅 τ の矩形パルスのスペクトル幅は $1/\tau$ となる．すなわち，パルス幅が短くなるとスペクトルが広がる．一般に，パルス幅とスペクトル幅の積はパルスの時間帯域幅積 (time-bandwidth product) と呼ばれ，パルス波形に依存して，およそ 0.5 から 1 の値を有する（包絡線パルスの場合は当てはまらない場合がある）．

パルス幅 τ が $\tau \neq 0$ なら，スペクトルの振幅は観測する周波数が高くなるにしたがい振動しながら小さくなる．図 4.11(b) よりエネルギースペクトル密度の包絡線は周波数の二乗に反比例して減少するが有限の周波数では零にはならないことがわかる．

伝送路の伝達関数は，有限の周波数帯域幅を有し，また位相特性も一般には周波数に対して非線形な特性を有しているので，伝送路の出力パルスは入力パルス波形から変化する（歪む）ことになる．

この単純な例として，例題 4.4 に示した矩形パルスが周波数伝達関数 $H(\omega)$ が矩形の低域遮断フィルタ (LPF) 型の伝送路に入力された場合の出力波形を求めてみよう．遮断周波数を f_c とすると，伝達関数は，

$$H(\omega) = \begin{cases} 1 \cdots\cdots (|\omega| \leq 2\pi f_c) \\ 0 \cdots\cdots (|\omega| > 2\pi f_c) \end{cases} \tag{4.21}$$

と与えられる．ただし，ここでは伝送路の伝搬遅延時間は無視している．伝送路出力信号のスペクトルは，

$$G(\omega) = H(\omega)F(\omega) \tag{4.22}$$

により求められるから，その出力パルス波形は，上式のフーリエ逆変換から得られる．

$$g(t) = \int_{-2\pi f_c}^{2\pi f_c} G(\omega)e^{j\omega t}d\omega = A\tau \int_{-2\pi f_c}^{2\pi f_c} \mathrm{sinc}\left(\frac{\omega\tau}{2}\right) e^{j\omega t}d\omega \tag{4.23}$$

遮断周波数が $2/\tau$ の場合と $1/\tau$ の場合の計算例を図 4.12 に示す．

同図 (a) と (b) はそれぞれ，LPF 型伝送路の遮断周波数が $2/\tau$ と $1/\tau$ の場合の出力信号スペクトル $G(\omega)$ を示している．同図 (c) はそれぞれの遮断周波数の場合の出力時間波形を示している．破線は入力矩形パルス波形を，太線は遮断周波数が $1/\tau$ のときの出力波形，細線は遮断周波数が $2/\tau$ のときの出力波形を示している．伝送路の遮断周波数が低くなるほど，時間波形は歪みながら拡がることになる．隣接符号パルスの存在時間帯である $\tau/2 \leq |t| < 3\tau/2$ の時間領域にパワーが移行し，

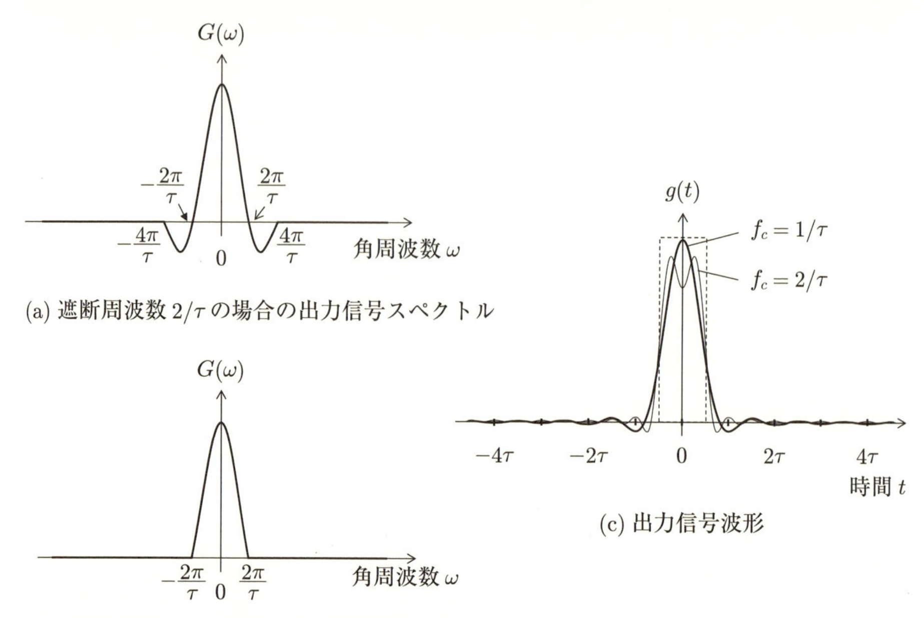

図 4.12 矩形パルスの LPF 型周波数伝達関数の伝送路出力波形

特に隣接パルスの識別時間 $\pm\tau$ の時点で零ではない値をとっていることがわかる．

符号列の伝送において，ある符号パルスの波形拡がりにより，隣接する符号の識別タイミングにパワーが及び，識別動作に影響を与えることを符号間干渉 (ISI: Inter-Symbol Interference) と呼ぶ．図 4.13 に符号間干渉が生じる例を示す．ディジタルデータ“1”と“0”に対して両極性の孤立矩形パルスが伝送路を伝搬することにより図の左下のように波形劣化が生じるとすると，連続データに対する信号波形は，隣接するパルス信号の重ね合わせとなる．例として，送信符号列を 1，1，0，1 とした場合の出力パルス列は同図右下のようになるであろう．識別時刻 t_3 における信号振幅は先行符号の影響を被り，単独パルスの場合の値 V_3 から先行する符号の裾ひき部の値 V_2 の影響を受けて $V_2 + V_3$ に劣化している．しきい値が零に設定されているとすると，この例では識別時点 t_3 において符号誤りは生じないことになるが，明らかにしきい値である零までの余裕度（マージン）は減少しており，雑音の重畳による符号誤りの確率は増加するであろう．

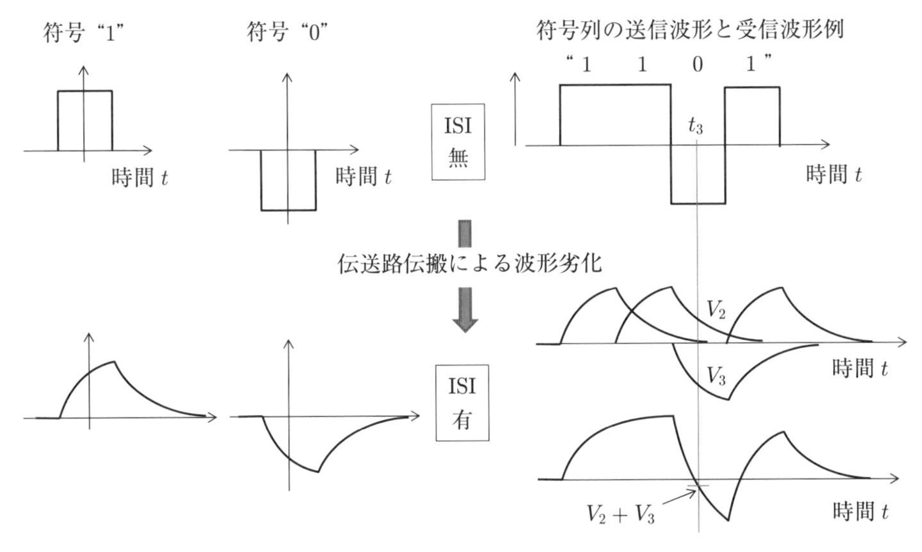

図 4.13 符号間干渉の例

【**例題 4.5**】 ある伝送路の等価回路が例題 2.9 の回路で与えられるとき，符号 1, 0 からなるパルス幅 T の 2 連矩形パルス列（振幅は $+1$，-1 とする）の出力波形を求め，2 つ目のパルスの識別タイミング ($t = 2T$) における識別マージンの劣化量を求めよ．

解答　矩形関数は，正のステップ関数と，時間 T だけ遅れた負のステップ関数の重ね合わせであるから，線形時不変システムである例題 2.9 の回路の応答も，ステップ関数の応答関数の重ね合わせで与えられる．ステップ応答は例題 2.11 に示されている．1 つ目の矩形パルスの応答を図 4.14(a)，(b) に示す．同様に 2 つ目の負の矩形パルスの応答は同図 (d) の中段の図で与えられる．したがって，2 連パルスの応答は同図 (d) の下の図になる．2 つ目のパルスの識別タイミングを $t = 2T$ とすると，その振幅値は例題 2.12 を参照して，

$$o(2T) = \left(1 - e^{-\frac{2T}{CR}}\right) - 2\left(1 - e^{-\frac{2T-T}{CR}}\right) = -1 + \left(2e^{-\frac{T}{CR}} - e^{-\frac{2T}{CR}}\right)$$

となる．例えば，パルス幅 T が $T = 2CR$ の場合は，$o(2T)$ の値は約 -0.75 となり，孤立パルスの振幅値 -1 と比較して識別マージンが約 25% 減少することになる．

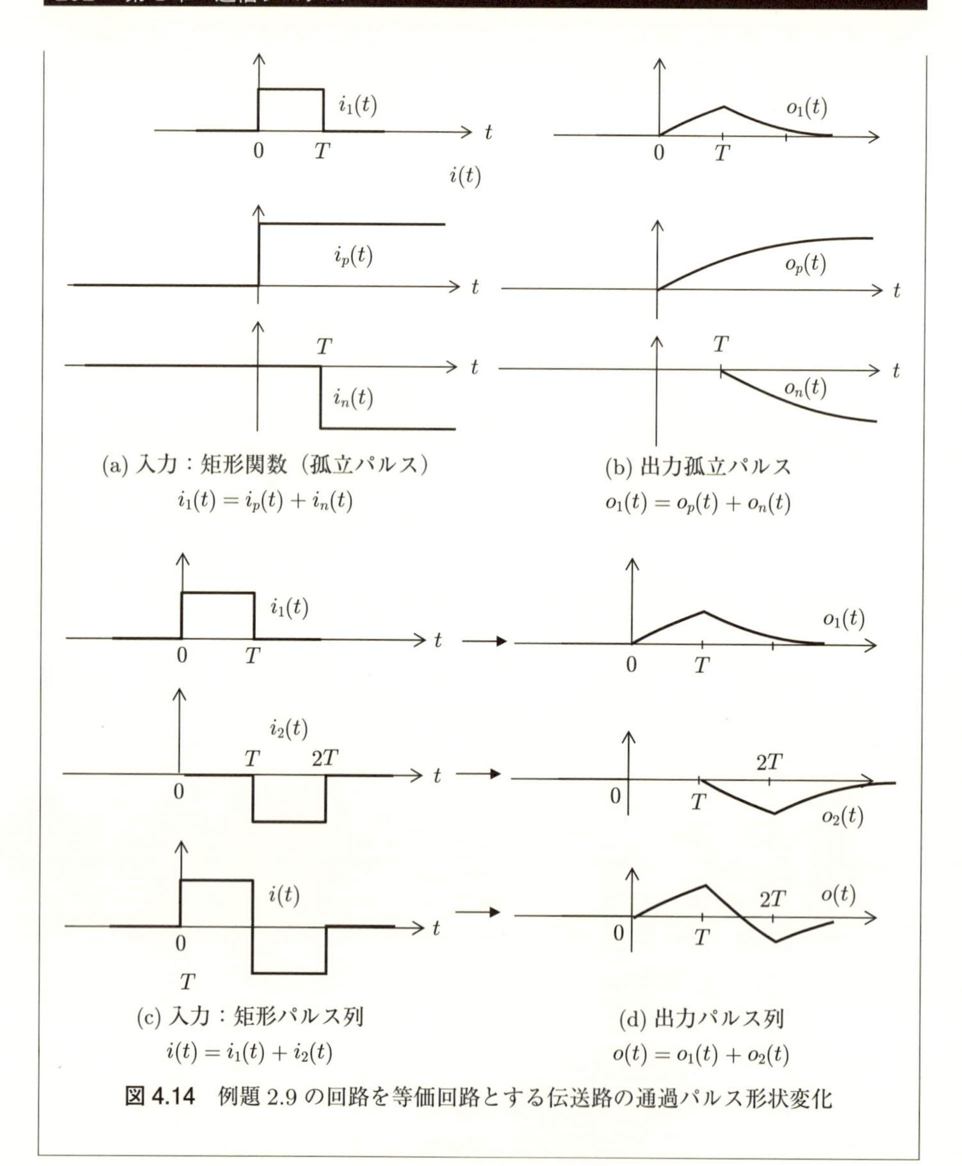

図 4.14　例題 2.9 の回路を等価回路とする伝送路の通過パルス形状変化

【例題 4.6】 識別再生器入力の信号振幅が ±2.0 V の両極性パルス信号で，これに隣接する前後 2 符号からの符号間干渉が加わるとする．前のパルスからの干渉振幅の絶対値が 0.3 V，後続パルスからの干渉振幅の絶対値が 0.1 V とする．さらに，実効振幅 0.4 V のガウス型雑音が重畳される場合の符号誤り率を計算し，例題 4.3 の結果と比較せよ．ただし，受信符号列は完全にランダムとせよ．

解答 識別タイミングにおける識別再生器の受信振幅 V は，信号振幅と干渉信号振幅の和である．例を図 4.15 に示す．
着目する符号がマーク（振幅 +2.0 V）とするとき，前後に隣接する符号がマークかスペースかにより受信振幅は，

+2.0 V+0.3 V（前の符号がマーク） +0.1 V（後続符号がマーク）
+2.0 V+0.3 V（前の符号がマーク） −0.1 V（後続符号がスペース）
+2.0 V−0.3 V（前の符号がスペース）+0.1 V（後続符号がマーク）
+2.0 V−0.3 V（前の符号がスペース）−0.1 V（後続符号がスペース）

の値をとる．受信符号はランダムで，等確率でマークとスペースをとるから，上記 4 つの振幅はそれぞれ 1/4 の確率で生じる．着目している符号がスペースの場合も同様である．したがって，全体の符号誤り率 P_e は，雑音の標準偏差 σ を $\sigma = 0.4$ V とすると，図 4.9 のグラフから

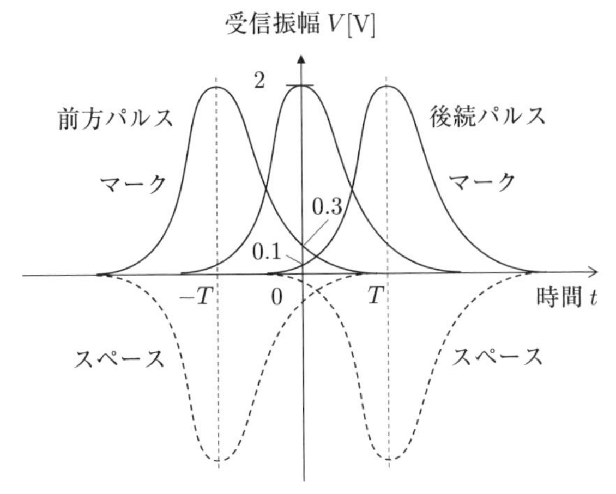

図 4.15 符号間干渉の例（RZ パルス，前後の隣接パルスからのみの干渉の場合）

$$P_e = \frac{1}{4}Q(2.4/0.4) + \frac{1}{4}Q(2.2/0.4) + \frac{1}{4}Q(1.8/0.4) + \frac{1}{4}Q(1.6/0.4)$$
$$\approx 9 \times 10^{-6}$$

と求められる．例題 4.3 に示した符号間干渉が無く，雑音による劣化のみがある場合の符号誤り率 3×10^{-7} から，符号間干渉により大幅に符号誤り率が悪化することがわかる．

またここでは，隣接する 2 符号分のみからの干渉を想定したが，パルス拡がりの時間幅が長いと，符号パタンにより干渉はより複雑になる．

パルス列の波形劣化による符号間干渉の程度を示すために，アイダイヤグラム (eye diagram)（アイパタンとも呼ばれる）が用いられる．アイダイヤグラムの説明を図 4.16 に示す．アイダイヤグラムは数十以上の符号周期 (T) の時間にわたる時間波形 (a) を時間 T，$2T$，$3T \cdots$ と T の整数倍だけずらしたものを重ね書きし，ある符号周期のみを取り出して描いたものである．図形が人の瞳に似ていることがこの名称の由来である．

図 4.16(b) のハッチング部をアイと呼び，アイが上下（振幅方向）および左右（時間方向）に開いているほど符号間干渉が少ない．上下方向の開き具合を振幅マージン，時間方向の開き具合を時間マージン（または位相マージン）と呼ぶ．振幅マージンを定量的に評価するために次式により定義されるアイ開口度 (eye opening)O が用いられる．

$$O = \frac{h}{H} \tag{4.24}$$

また，アイ開口劣化は $1 - O$ で表される．

入力符号列が例えば 1, 0, 1, 0, 1, 0 のような短い周期の繰り返しパタンの場合はアイ開口劣化は生じない．孤立パルスが伝送路伝搬により拡がる時間幅における符

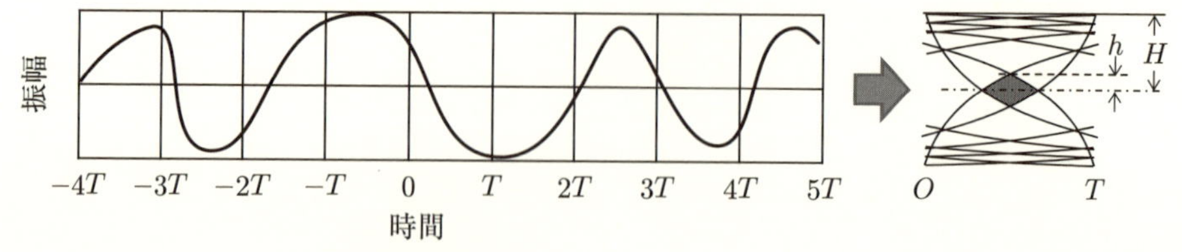

(a) 時間波形　(b) アイダイヤグラム

図 4.16 時間波形とアイダイヤグラム

号パタンが複数あることで伝送後の波形パタンが異なることによりアイが小さくなる．これをパタン効果 (pattern effect) という．

【例題 4.7】 M 値の多値パルス伝送における 1 符号周期内のアイの個数はいくつか．

解答　図 4.16 のような 2 値パルスにおけるアイの個数は 1 つであるが，M 値パルスにおいては符号周期内に縦に（$M-1$）個並ぶことになる．

【例題 4.8】 伝導体からなる同軸線路の減衰定数 α は式 (3.2.10) により与えられている．簡単のため，同式における中心導体と外部導体の間にある誘電体による電力損失を無視すると次式のように簡略化される．

$$\alpha = \frac{1}{2}\sqrt{\frac{\omega\varepsilon}{2\sigma}}\left(\frac{1}{a}+\frac{1}{b}\right)\Big/\log\left(\frac{b}{a}\right) \tag{4.25}$$

ここで，ω は角周波数，ε は誘電体の誘電率（実数），σ は導体の電導率，a は内部導体の半径，b は外部導体の内径である．矩形パルスに対する，長さ z の同軸ケーブル出力パルスの波形を表す式を求めよ．

解答　同軸ケーブルの長さを z とすると，その出力振幅の対入力比 $L(\omega)$ は

$$L(\omega) = e^{-\alpha z} = e^{-Kz\sqrt{\omega}},\ \ K = \frac{1}{2}\sqrt{\frac{\varepsilon}{2\sigma}}\left(\frac{1}{a}+\frac{1}{b}\right)\Big/\log\left(\frac{b}{a}\right) \tag{4.26}$$

と表される．K は角周波数に依存しない比例係数である．位相定数を β_o とすると，この同軸線路の伝達関数 $H(\omega)$ は，

$$H(\omega) = e^{(-K\sqrt{|\omega|}-j\beta_o)z},\ \ \beta_o = \omega\sqrt{\varepsilon\mu_o}$$

と与えられる．μ_o は真空の透磁率である．入力信号 $f(t)$ のフーリエ変換を $F(\omega)$ とすると，同軸ケーブル出力信号の連続スペクトルは，

$$G(\omega) = H(\omega)F(\omega)$$

となる．したがって，長さ L の同軸ケーブルの出力パルス波形 $g(t)$ は，フーリエ逆変換を用いて

$$g(t) = \frac{1}{2\pi}\int_{-\infty}^{\infty} G(\omega)e^{j\omega t}d\omega$$
$$= \frac{1}{2\pi}\int_{-\infty}^{\infty} A\tau \cdot \mathrm{sinc}\left(\frac{\omega\tau}{2}\right) e^{(K\sqrt{|\omega|}-j\beta_o)z}e^{j\omega t}d\omega \tag{4.27}$$

と与えられる．ここで，τ は入力矩形パルスのパルス幅であり，式 (4.19) を用いている（例題 4.4 参照）．また $\beta_o = \omega\sqrt{\varepsilon\mu_o}$ における誘電率 ε が周波数に依存しないとすると上式の被積分関数のうちの指数関数部分は，

$$e^{(K\sqrt{|\omega|}-j\beta_o)z}e^{j\omega t} = e^{K\sqrt{|\omega|}z}e^{j\omega(t-z\sqrt{\varepsilon\mu_o})}$$

と変形できる．指数部の $z\sqrt{\varepsilon\mu_o}$ は距離 z を伝搬速度 $1/\sqrt{\varepsilon\mu_o}$ で除したもので，同軸線の伝搬遅延時間を表すため，出力波形には影響しない．

入力矩形パルスのパルス幅 τ を $\tau = 12(Kz)^2$, $1.2(Kz)^2$, $0.12(Kz)^2$ としたときの出力パルス波形の計算例を図 4.17 に示す．

パルス幅が狭くなるに従い，入力波形と比較した同軸線路出力波形の広がり方が顕著になり，裾ひきが大きくなることがわかる．

符号系列が疑似的にランダムな NRZ パルス列を，この同軸線路に入力した場合の出力波形のアイダイヤグラム計算例を図 4.18 に示す．

符号周期が短くなると（すなわち符号速度が高くなると），符号間干渉が顕著化しアイダイヤグラムにおけるアイ開口度が減少することがわかる．

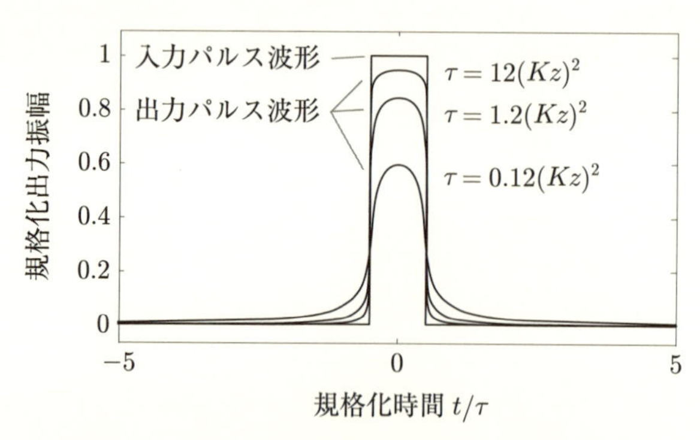

図 4.17　矩形パルスの同軸線路出力波形計算例

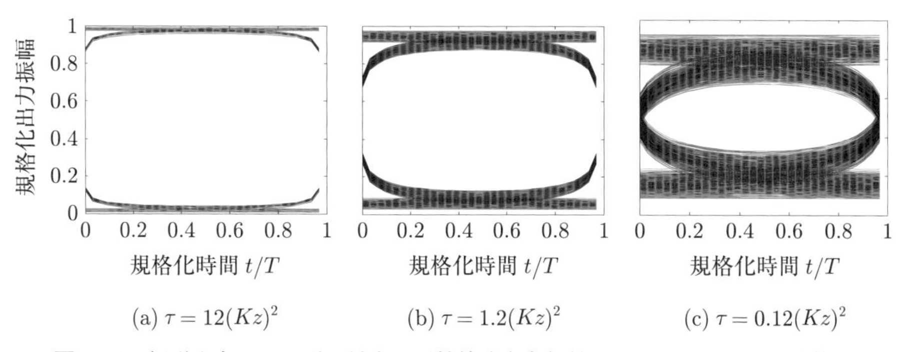

図 4.18 矩形入力パルス列に対する同軸線路出力信号のアイダイヤグラム計算例

4.3.2 ナイキスト基準

帯域制限がある伝送路を伝搬し，識別再生部入力において符号間干渉が無い波形があるのだろうか．これを考えるため，符号間干渉が生じる通信系モデルとして図 4.19 を考える．

図中の四角部の伝送系は，図 4.5 における送信部における波形変換部から受信系の波形再生部における波形整形部までに相当する．この伝送系にインパルス $\delta(t)$ が印加された伝送系を想定すると，伝達関数 $G(\omega)$ が識別再生器に入力する信号の連続スペクトルとなる．識別再生器に入力する時間波形 $g(t)$ は $G(\omega)$ のフーリエ逆変換で与えられる．識別再生器では，識別タイミング $t = nT$,（n：整数）における標本値について識別するので，符号間干渉が無い条件は

$$g(nT) = \begin{cases} g(0)(\neq 0) & n = 0 \\ 0 & n \neq 0 \end{cases} \tag{4.28}$$

である．これはすなわち，$g(t)$ をパルス周期の T の単位インパルス列 $\delta_T(t)$ により標本化した波形である $g(t)\delta_T(t)$ が

$$f(t) = g(t)\delta_T(t) = g(0)\delta(t) \tag{4.29}$$

となることが符号間干渉が無い条件である．これをナイキストの第一基準 (Niquist first criterion) という．上式の左辺 $f(t) = g(t)\delta_T(t)$ のフーリエ変換 $F(\omega)$ は，2 つの時間関数の積となっているため，定理 1.2（逆畳み込み定理）と単位インパルス列のフーリエ変換 $\Delta_T(\omega)$

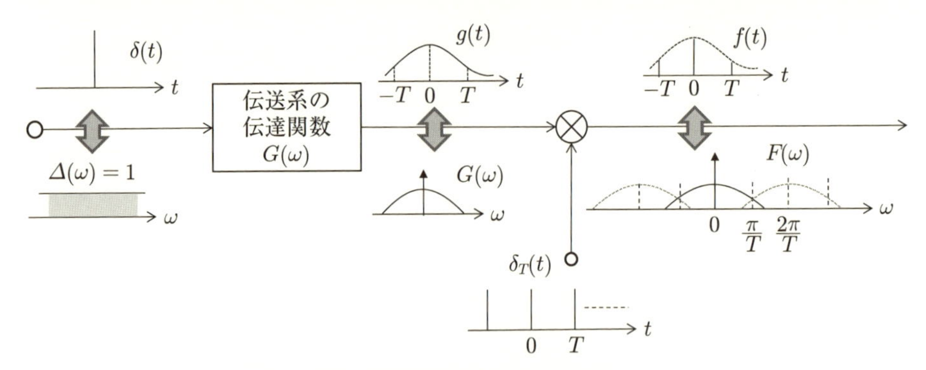

図 4.19　符号間干渉がある波形伝送モデル

$$\Delta_T(\omega) = \frac{1}{T}\sum_{-\infty}^{\infty}\delta(\omega - n\omega_o),\ \ \omega_o = \frac{2\pi}{T} \tag{4.30}$$

を用いて，

$$F(\omega) = \frac{1}{T}\sum_{-\infty}^{\infty}G(\omega - n\omega_o) \tag{4.31}$$

となる．

これが，式 (4.29) 右辺のフーリエ変換 $(= g(0))$ と等しくなるので，結局

$$\sum_{-\infty}^{\infty}G(\omega - n\omega_o) = T\cdot g(0) \tag{4.32}$$

が，符号間干渉が無い条件である．これがナイキストの第一基準を満足する伝達関数の条件となる．

$G(\omega)$ の実部を $X(\omega)$，虚部を $Y(\omega)$ とし，

$$G(\omega) = X(\omega) + jY(\omega) \tag{4.33}$$

とおくと，これらに対して，次式が成り立つことが条件となる．

$$\sum_{-\infty}^{\infty}X(\omega - n\omega_o) = T \tag{4.34}$$

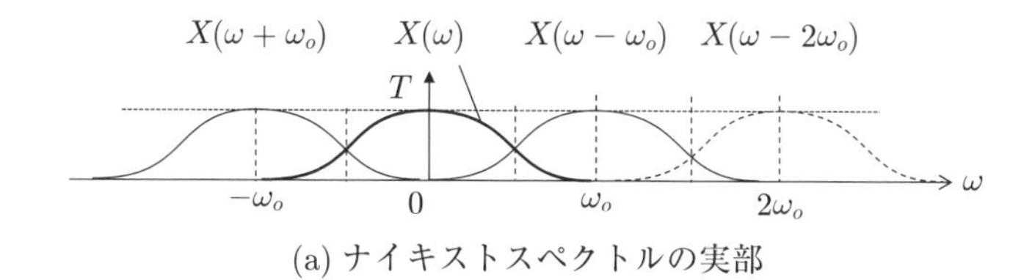

(a) ナイキストスペクトルの実部

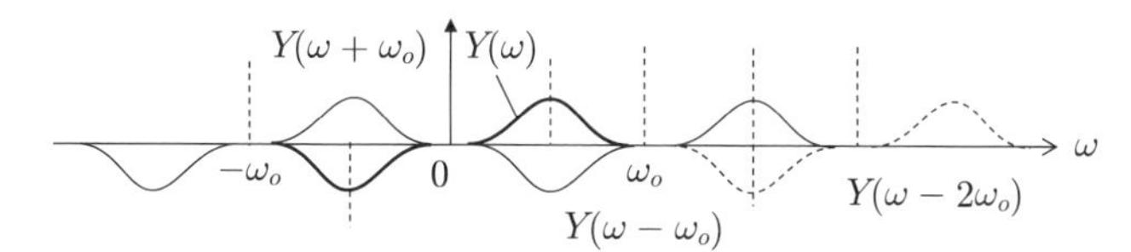

(b) ナイキストスペクトルの虚部

図 4.20 ナイキスト第一基準を満足するスペクトル例

$$\sum_{-\infty}^{\infty} Y(\omega - n\omega_o) = 0 \tag{4.35}$$

ただし，$g(0)$ は任意なのでここでは 1 とした．

$g(t)$ は実関数なので，$X(\omega)$ は偶関数，$Y(\omega)$ は奇関数である．この条件を満足するスペクトル波形の例を図 4.20 に示す．$0 \leqq \omega \leqq \omega_o$ におけるスペクトル波形 $X(\omega)$ は，$\omega = \omega_o/2$ を中心として反対称形をしている．また，$X(\omega_o/2) = X(0)/2$ である．

したがって，隣接するスペクトル $X(\omega \pm \omega_o)$ との和が ω に対して一定となり，式 (4.32) を満たすこととなる．

ナイキストの第一基準を満たすスペクトルの代表的なものに，コサインロールオフ (cosine roll-off) 特性がある．このスペクトル特性は次式で与えられる．

$$G(\omega) = \begin{cases} T & \left(|\omega| \leq \dfrac{\omega_o(1-\beta)}{2}\right) \\ T\cos^2\left[\dfrac{\pi}{2\omega_o\beta}\left(|\omega| - \dfrac{\omega_o(1-\beta)}{2}\right)\right] & \left(\dfrac{\omega_o(1-\beta)}{2} \leq |\omega| \leq \dfrac{\omega_o(1+\beta)}{2}\right) \\ 0 & \left(\dfrac{\omega_o(1+\beta)}{2} \leq |\omega|\right) \end{cases} \tag{4.36}$$

β はロールオフ率 (roll-off factor) と呼ばれる．

上式に対応するインパルス応答は，上式をフーリエ逆変換することにより

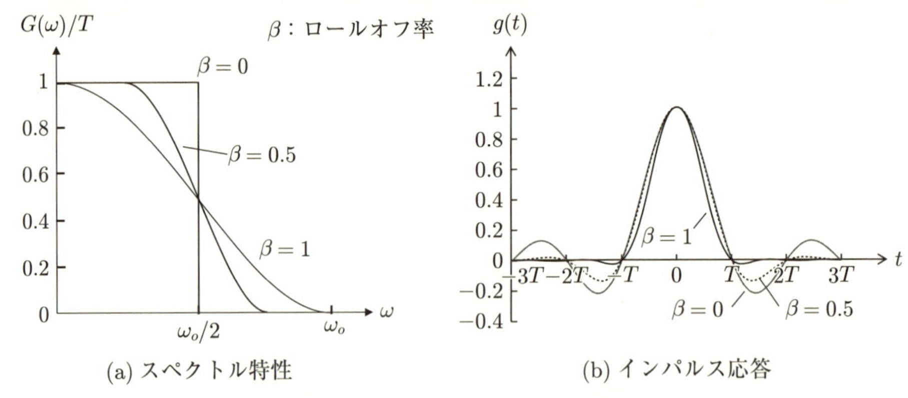

(a) スペクトル特性　　　　(b) インパルス応答

図 4.21　コサインロールオフ特性

$$g(t) = \mathrm{sinc}\left(\frac{\pi t}{T}\right)\frac{\cos(\pi\beta t/T)}{1-(2\beta t/T)^2} \tag{4.37}$$

と与えられる．いくつかの β に対するスペクトル特性とインパルス応答特性例を図 4.21 に示す．

$\beta = 0$ のとき，パルスは最少のスペクトル広がり $1/(2T)$ [Hz] となる．これはナイキスト帯域幅 (Nyquist bandwidth) と呼ばれる．したがって，帯域幅 B の伝送路が与えられたとき，符号間干渉なく伝送できる最速のパルス繰り返し周波数は $2B$ である．このとき，インパルス応答は $t = nT$ の標本点近傍で急峻に変化するので，識別タイミング余裕は小さい．$\beta = 1$ のときのスペクトル特性を全コサインロールオフ (full cosine roll-off) 特性，または 2 乗余弦 (raised cosine) 特性と呼ぶ．このとき所用帯域幅はナイキスト帯域幅の 2 倍になるが，識別波形におけるオーバーシュート／アンダーシュートは小さくなり，識別タイミング余裕も大きくなる．

図 4.22 にコサインロールオフ特性を有する 4 値振幅パルス (PAM) 列のアイダイヤグラムの計算例を示す．

識別タイミング $t = nT$（n は整数）において波形の値が，± 0.5，± 1.5 に確定し，符号間干渉が完全に抑圧されている．また，ロールオフ率が小さくなると，アイ開口の時間幅が小さくなり，識別タイミングの余裕が小さくなることがわかる．

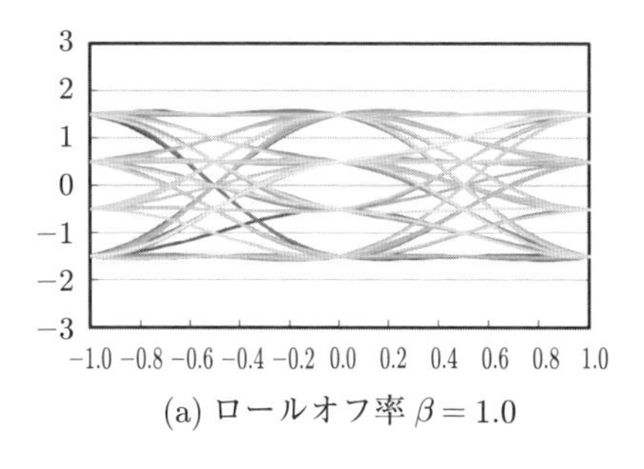

(a) ロールオフ率 $\beta = 1.0$

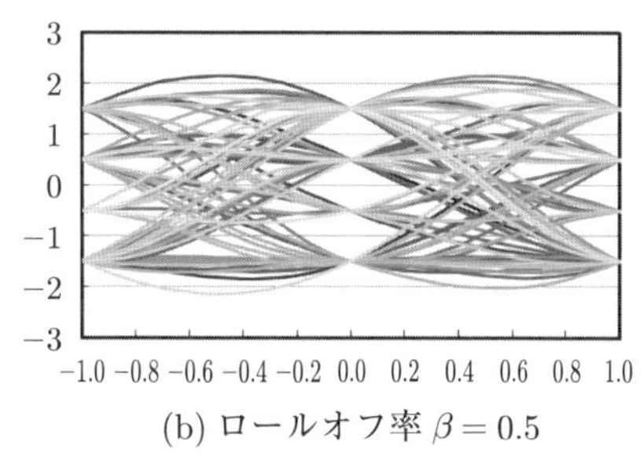

(b) ロールオフ率 $\beta = 0.5$

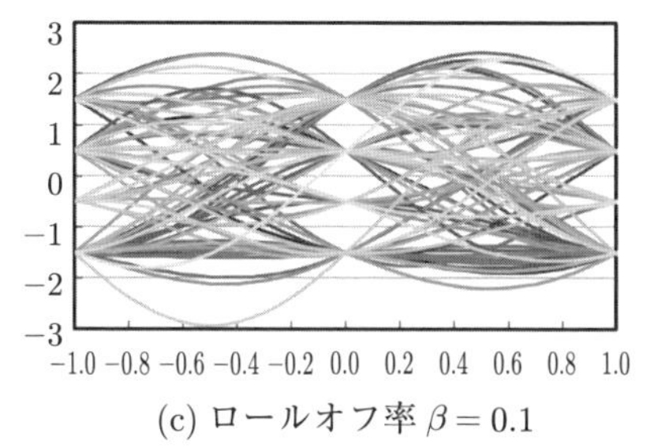

(c) ロールオフ率 $\beta = 0.1$

図 4.22 4 値振幅変調ナイキストパルスのアイダイヤグラム計算例

【例題 4.9】 基底帯域において 120 Mbit/s の情報伝送速度を 8 値の多値符号を用いて符号間干渉が無く伝送したい．ナイキスト帯域幅を求めよ．

解答　120 Mbit/s の情報伝送速度を 8 値符号を用いて伝送するので，符号速度 R は

$$R = \frac{120 \times 10^6}{\log_2 8} = 40\ \mathrm{Msymbol/s}$$

である．符号周期 T はその逆数をとって 25 ns となる．したがって，ナイキスト帯域幅は $1/(2T)$ [Hz] であるから，20 MHz となる．尚，搬送波通信におけるナイキスト帯域幅は $1/T$ となる．

4.4 整合フィルタと信号等化

4.3 節では，符号間干渉を無くすためのナイキスト基準を満足する条件として，識別再生器への入力信号のスペクトル $G(\omega)$ が式 (4.32) を満足するナイキストス

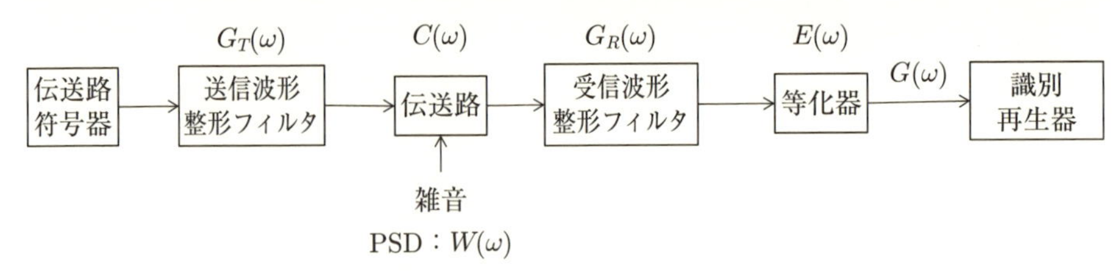

図 4.23　伝送系の波形伝送モデル

ペクトルであれば良いことを述べた．ここで，雑音の混入も含めた伝送系の波形伝送モデルを整理すると，図 4.23 のようになる．

等化器 (Equalizer) は伝送路の伝搬による波形劣化を相殺するために用いられるもので，その伝達関数を $E(\omega)$ とする．識別再生器への入力スペクトルは，送信波形整形フィルタ，伝送路，等化器，受信波形整形フィルタの伝達関数の積になる．

$$G(\omega) = G_T(\omega)C(\omega)E(\omega)G_R(\omega) \tag{4.38}$$

ここで，$G_T(\omega)$ は送信器の送信波形整形フィルタの伝達関数，$C(\omega)$ は伝送路の伝達関数，$G_R(\omega)$ は受信器の受信波形整形フィルタの伝達関数である．等化器の伝達関数が伝送路における波形劣化を補償するものとして次式を満足するとすると

$$E(\omega)C(\omega) = 1 \tag{4.39}$$

式 (4.38) は次式のように簡略化される．

$$G(\omega) = G_T(\omega)G_R(\omega) \tag{4.40}$$

すなわち，符号間干渉を抑圧する条件は，識別再生器に入力する信号 $G(\omega)$ がナイキスト第一基準を満足するということであって，送信波形整形フィルタと受信波形整形フィルタの選択には自由度がある．送信側および受信側の波形整形フィルタの最適な選択は，雑音耐力最大化の観点から決めることができることを以下に述べる．識別再生器入力信号の信号対雑音電力比 SNR を最大にする，受信側の波形整形フィルタを整合フィルタ (matched filter) という．伝送路に混入する雑音が加法性雑音の場合の整合フィルタの特性は以下のように数学的に求められる．

識別再生器への入力波形 $g(t)$ は，フーリエ逆変換により次式で与えられる．

$$g(t) = \frac{1}{2\pi}\int_{-\infty}^{\infty} G_T(\omega)G_R(\omega)e^{j\omega t}d\omega \tag{4.41}$$

また，伝送路から混入する雑音のパワースペクトル密度 (PSD) を $W(\omega)$ とすると，識別再生器入力点における雑音電力は次式によって与えられる．

$$N = \frac{1}{2\pi}\int_{-\infty}^{\infty} W(\omega)|G_R(\omega)|^2 d\omega \tag{4.42}$$

信号電力は，式 (4.41) の絶対値の二乗であるから，時刻 t_o における信号対雑音電力比 R は

$$R(t_o) = \frac{1}{2\pi}\frac{\left|\displaystyle\int_{-\infty}^{\infty} G_T(\omega)G_R(\omega)e^{j\omega t_o}d\omega\right|^2}{\displaystyle\int_{-\infty}^{\infty} W(\omega)|G_R(\omega)|^2 d\omega} \tag{4.43}$$

と求められる．一般に複素関数 $a(\omega)$，$b(\omega)$ に対して次の Cauchy-Schwarz の不等式が成立する．

$$\left|\int_{-\infty}^{\infty} a(\omega)b(\omega)d\omega\right|^2 \leq \int_{-\infty}^{\infty} |a(\omega)|^2 d\omega \cdot \int_{-\infty}^{\infty} |b(\omega)|^2 d\omega \tag{4.44}$$

ここで，等号は

$$a(\omega) = kb^*(\omega) \tag{4.45}$$

のとき成立する．アスタリスクは位相共役を表し，k は任意の比例定数である．ここで，次の変換

$$a(\omega) = G_R(\omega)\sqrt{W(\omega)}, \quad b(\omega) = \frac{G_T(\omega)e^{j\omega t_o}}{\sqrt{W(\omega)}} \tag{4.46}$$

を行うと式 (4.44) は，

$$\left|\int_{-\infty}^{\infty} G_T(\omega)G_R(\omega)e^{j\omega t_o}d\omega\right|^2 \leq \int_{-\infty}^{\infty} W(\omega)|G_R(\omega)|^2 d\omega \cdot \int_{-\infty}^{\infty} \frac{|G_T(\omega)|^2}{W(\omega)} d\omega \tag{4.47}$$

となる．したがって，式 (4.43) と式 (4.47) を見比べて，時刻 t_o における信号対雑音電力比 R は

$$R(t_o) \leq \frac{1}{2\pi}\int_{-\infty}^{\infty} \frac{|G_T(\omega)|^2}{W(\omega)} d\omega \tag{4.48}$$

を満足することになる．等号は

$$G_R(\omega)W(\omega) = kG_T{}^*(\omega)e^{-j\omega t_o} \tag{4.49}$$

のとき成立する．

雑音が白色雑音の場合には雑音のパワースペクトル密度 $W(\omega)$ は ω に依存しない定数となる．雑音の両側パワースペクトル密度を $N/2$ とおくと，$W(\omega)$ は

$$W(\omega) = \frac{N}{2} \tag{4.50}$$

となるので，式 (4.48) および式 (4.49) は下式となる．

$$R(t_o) \leq \frac{1}{\pi N}\int_{-\infty}^{\infty} |G_T(\omega)|^2 d\omega \tag{4.51}$$

$$G_R(\omega) = \frac{2k}{N}G_T{}^*(\omega)e^{-j\omega t_o} \tag{4.52}$$

式 (4.52) における t_o は受信側波形整形フィルタ出力の時間遅延量を表しているため，整形フィルタの特性とは切り離して考えられる．さらに定数係数は信号対雑音電力比 R に影響を与えないのでこれらを無視すれば，受信側波形整形フィルタの伝達関数 $G_R(\omega)$ が

$$G_R(\omega) = G_T{}^*(\omega) \tag{4.53}$$

のとき，信号対雑音電力比が最大値をとる．

【例題 4.10】 送信側波形整形フィルタのインパルス応答が $g_T(t)$ であったとき，整合フィルタのインパルス応答 $g_R(t)$ を求めよ．

解答　インパルス応答は伝達関数のフーリエ逆変換であるから，整合フィルタの場合には，式 (4.53) および式 (1.85) を適用して

$$\begin{aligned} g_R(t) &= \frac{1}{2\pi}\int_{-\infty}^{\infty} G_R(\omega)e^{j\omega t}d\omega = \frac{1}{2\pi}\int_{-\infty}^{\infty} G_T{}^*(\omega)e^{j\omega t}d\omega \\ &= \frac{1}{2\pi}\int_{-\infty}^{\infty} G_T(-\omega)e^{j\omega t}d\omega = \frac{1}{2\pi}\int_{-\infty}^{\infty} G_T(\omega)e^{j\omega(-t)}d\omega \\ &= g_T(-t) \end{aligned}$$

となる．すなわち，整合受信フィルタのインパルス応答は受信パルス波形の時

間反転波形になる．

【例題 4.11】 入力信号波形が矩形パルスであるとき，受信器の整合フィルタのインパルス応答を求めよ．またそのときの整合フィルタ応答波形はどのようになるか．

解答 整合フィルタのインパルス応答は，例題 4.10 より入力波形の時間反転であり，1 つのパルス伝搬における時間応答を考える場合には，それに遅延時間を与えたものである．その様子を図 4.24 に示す．

入力信号波形を $g_T(t)$ とすると，受信整合フィルタのインパルス応答 $g_R(t)$ は，

$$g_R(t) = g_T(t_o - t)$$

整合フィルタの出力波形は，入力信号とインパルスレスポンスの畳み込み積分で与えられるから，整合フィルタの出力波形 $y(t)$ は

$$y(t) = \int_{-\infty}^{\infty} g_T(\tau)g_R(t-\tau)d\tau = \int_{-\infty}^{\infty} g_T(\tau)g_T(t_o+\tau-t)d\tau$$

となる．下図 (c) に示したように，受信整合フィルタの出力パルス波形は，パルス幅（半値全幅）T での三角波形となる．

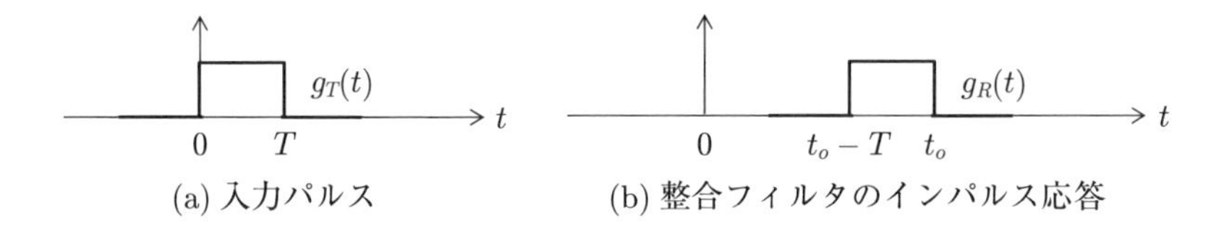

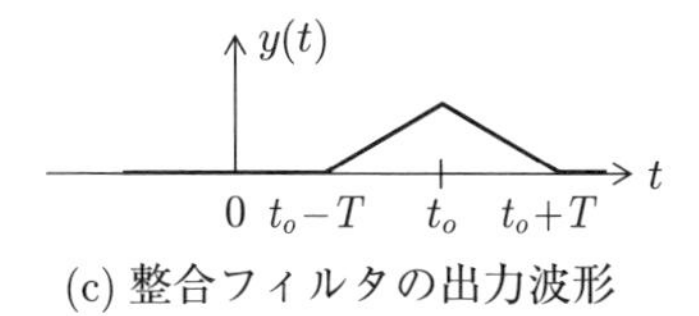

図 4.24 矩形入力パルスに対する整合フィルタのインパルス応答と出力波形

雑音が白色雑音である系において整合フィルタを用いた場合，識別再生器への入力パルスのスペクトルの波形は，$|G_T(\omega)|^2$ となる．同時に，符号間干渉を抑圧するには，このスペクトルがナイキスト基準を満たすスペクトル（式 (4.32)）を満たせばよい．ナイキスト基準を満たすスペクトルを $G_{NQ}(\omega)$ と置くと，信号対雑音電力比を最大とする波形整形フィルタは，送信側波形整形フィルタの伝達関数を実数関係とすると

$$G_R(\omega) = G_T(\omega) = \sqrt{G_{NQ}(\omega)} \tag{4.54}$$

で与えられる．すなわち，送信側と受信側の波形整形フィルタは同一の特性を持たせればよいことがわかる．この条件を満足するフィルタはナイキストフィルタの平方根の関数になっているため，ルートナイキストフィルタなどと呼ばれることがある．この条件を満足するとき，符号間干渉がなく同時に，受信信号対雑音電力比が最大となる．代表的なルートナイキストフィルタにルートコサインロールオフフィルタがある．すなわち，式 (4.32) の平方根の関数を伝達関数とする送受信波形整形フィルタである．

さて，雑音が白色雑音の場合の式 (4.51) の右辺は達成可能な最大の信号対雑音電力比を表している．電力に関するパーセバルの定理から，受信パルスの全エネルギー E は次式で与えられる．

$$E = \frac{1}{2\pi}\int_{-\infty}^{\infty} |G_T(\omega)|^2 d\omega \tag{4.55}$$

したがって，達成可能な最大の信号対雑音電力比 R_{max} は，

$$R_{\max} = \frac{E}{N/2} \tag{4.56}$$

と与えられる．すなわち整合フィルタを用いた受信系では，信号対雑音電力比は受信パルスのエネルギーと混入する白色雑音のパワースペクトル密度のみにより決定されることになる．

4.5 搬送波通信における波形劣化

ディジタル信号（“0”，“1” の符号）をそのままパルスの振幅や時間位置，パルス幅などの物理量に対応付けて，パルス列をやり取りする方式を基底帯域（ベースバンド）通信 (baseband communication) といい，無線通信路や導波管通信路，

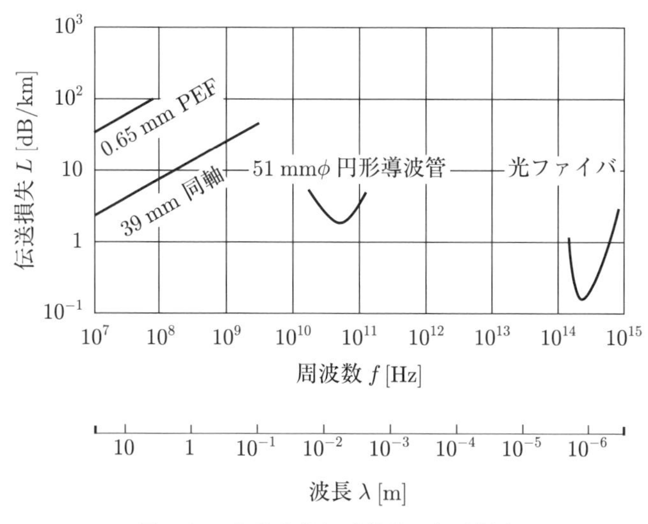

図 4.25 各種有線伝送線路の伝送損失

光ファイバ通信路などの帯域通信路を伝送させるために高周波の搬送波の振幅，周波数，位相などの物理量に対応付けた搬送波パルスをやり取りする方式を搬送波（キャリア）通信 (carrier communication) という．また，基底帯域の信号により高周波の搬送波のパラメータを変化させることを狭義の変調，逆過程を復調と呼ぶことは前に述べた．

遠距離無線通信は，開口面アンテナを用いて自由空間に電磁波を伝搬させて通信を行う．障害物の無い真空中を開口面アンテナを用いて送受信する場合の受信電力 P_r は，次式のフリスの伝達公式 (Friis transmission equation) に従う．

$$P_r = \frac{P_t A_t A_r}{c^2 r^2} f^2 \tag{4.57}$$

ここで，P_t は送信電力，A_t，A_r はそれぞれ，送信アンテナと受信アンテナの有効面積，c は光速，r は送受信アンテナ間の距離，f は用いる無線搬送波の周波数である．同一の大きさのアンテナを用いる限り，周波数が高いほど受信電力が大きくなることがわかる．固定無線通信，移動体通信，衛星通信などの実際の無線通信システムでは，大地や構造物に対する回折，雨，霧，気体による吸収や散乱などを考慮し，主にマイクロ波からミリ波領域の搬送波が利用されている．有線伝送路の場合は，平衡対線路，同軸線路，導波管，光ファイバなどの線路が伝送路として利用されている．それぞれの線路の単位長さあたりの損失例を図 4.25 に示す．図中

「PEF」は多心化平衡対の絶縁体に発泡ポリエチレンを用いたケーブルである.

2線式の平衡対ケーブルや同軸ケーブルは，直流も伝送することができるが，伝送路材質の金属の有限の電導率により，周波数の平方根に比例して伝送損失が増加する．円形導波管は導波管内壁境界における電界が零に近くなるため，導波管金属材料の導電損の影響を小さくでき，マイクロ波からミリ波帯域において最少損失となる．1970年代に低損失光ファイバが実用化されるまで，低損失伝送路として有望視されていた．シリカ系ガラスを材料とする表面波伝送路である光ファイバ伝送路は，波長1.3 μm から1.5 μm において損失が0.2 dB/km 程度とすべての伝送線路のなかでも最も低い伝送損失を実現しており，長距離通信システムの大部分の通信トラヒックを支えている．図4.25においてそれぞれの有線伝送路において，伝送損失が低損失である搬送波周波数の範囲を見てみよう．図4.25では横軸は対数であることに注意されたい．同軸伝送路では，10 dB/km 以下である範囲はDC〜数百MHzである．円形導波管では谷状のカーブの底を周波数範囲とすると数十GHz，光ファイバは数十THzであることがわかる．光ファイバ伝送路は，広帯域性と低損失性を兼ね備えた伝送路ということができる.

本節では，搬送波通信における各種ディジタル変復調技術については他の教科書に譲り，搬送波通信における波形劣化に焦点を当てることとする.

搬送波通信における波形劣化要因

伝送路における波形劣化の物理的要因は主に次の4つである.

i) 伝送路損失の周波数依存性：3.2節で述べたように，伝搬定数の実数部である損失定数が周波数に依存する場合であり，主に伝送線路の媒質に依存する.

ii) 伝送路の群速度分散：3.3節で述べたように，伝搬定数の虚数部である位相定数が周波数に対して非線形に変化している場合の群速度分散により生じる．この大きさも伝送線路の媒質の特性に依存する.

iii) 反射波による干渉：送信器と受信器を結ぶ伝送路が複数ある場合，それらの伝送路を伝搬し，受信器に到達した受信波が干渉して生じる．主に無線通信における，大地面および人口構造物の壁面による反射波と直接波の干渉や，光ファイバの偏波モード分散による偏波間の干渉がこれにあたる.

iv) 変復調回路の帯域制限：変調器や復調器の変調／復調周波数特性の非平坦性により生じる.

要因 i) については例題 4.8 において述べた．ここでは要因 ii)，搬送波通信における伝送路の群速度分散による信号の搬送波包絡線パルス波形劣化について具体的に論じよう．3.3 節において，伝送路の位相定数 β が搬送波周波数 ω_o からのずれ Ω の二乗以上の依存性を有するとき，群速度が包絡線パルスの周波数成分により異なるため，伝送後には波形が劣化することを学んだ．送信信号パルス（伝送路入力信号パルス）のスペクトルを $F(\omega)$ とすると，伝送路出力信号パルスのスペクトル $G(\omega)$ は，

$$G(\omega) = F(\omega) e^{-\alpha L} e^{-j\beta(\omega)L} \tag{4.58}$$

となる．ただし，ここでは簡単のため損失定数 α は周波数依存性がないとする．L は伝送路長である．ここで，式 (3.3.13) に倣い

$$\begin{aligned} &\beta(\omega) = \beta_o + \beta_1 \Omega + \frac{1}{2!}\beta_2 \Omega^2 + \frac{1}{3!}\beta_3 \Omega^3 + \cdots, \\ &\text{ただし，} \Omega = \omega - \omega_o,\ \beta_m = \left.\frac{d^m \beta}{d\omega^m}\right|_{\omega=\omega_o} \quad (m = 0,\ 1,\ 2,\ \ldots) \end{aligned} \tag{4.59}$$

と記すと，右辺第一項は，周波数に無依存な伝搬に伴う位相回転（中心周波数 ω_o における位相回転），第 2 項は伝搬遅延時間（群遅延），第 3 項は群遅延分散，第 4 項は群遅延分散の周波数（線形）依存項に対応する．

ここで，伝送路を光ファイバとして光パルスの波形劣化を計算してみよう．光ファイバ通信の分野では光ファイバ伝搬における群速度分散を表す量として，単位長さあたり，単位波長差あたりの群遅延時間差 D がよく用いられる．これは光ファイバの波長分散と呼ばれている．群遅延時間と波長分散 D の関係を図 4.26 に示す．

波長分散 D は次式により与えられる．

$$D = \frac{1}{L}\frac{d\tau}{d\lambda} \tag{4.60}$$

通常は，長さ 1 km の光ファイバの群遅延時間 [ps] を波長で微分した場合の微分係数 (1 nm あたり) を波長分散 D [ps/nm/km] で表す．図 4.26 では，波長分散 D が波長に比例して変化している場合を示している．標準的な長距離伝送用光ファイバ（長波長帯シングルモード光ファイバ）の分散曲線の例を図 4.27 に示す．全体の波長分散は，シリカの材料分散と，導波路形状により決まる構造分散の和になる．標準的な光ファイバの場合，波長分散が零になる波長（零分散波長）は 1.3

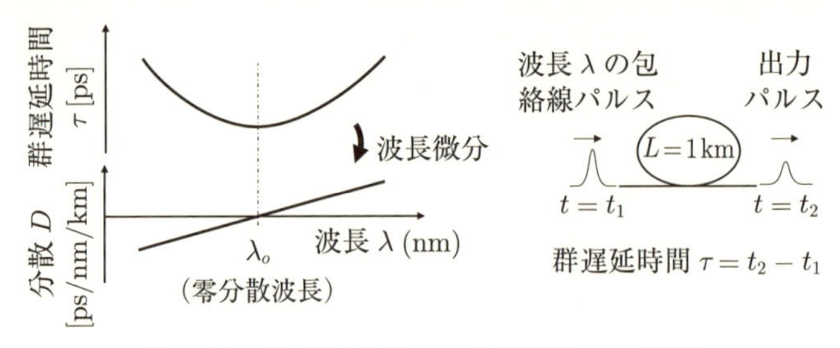

図 4.26 群遅延時間 τ と波長分散 D の関係

μm 帯になる．光ファイバのコアとクラッドの屈折率分布を工夫することにより構造分散量を小さく（負の量を大きく）し，全体として波長分散を長波長側（多くは 1.5 μm 帯）に偏移させた光ファイバを零分散波長シフト光ファイバ（通常，分散シフト光ファイバ）と呼ぶ．

式 (4.59) 右辺第 1 項と第 2 項はパルス波形劣化をもたらさないためここでは無視し，さらに，入力パルスの周波数スペクトル帯域幅が狭く，右辺第 4 項を無視できるとすると，式 (4.58) は

$$G(\omega) = F(\omega)e^{-\alpha L}e^{-j\frac{1}{2}\beta_2\Omega^2 L} \tag{4.61}$$

となる．したがって，伝送路出力信号パルス波形 $g_o(t)$ は，フーリエ逆変換を用いて，

$$\begin{aligned} g_o(t) &= \tfrac{e^{-\alpha L}}{2\pi}\int_{-\infty}^{\infty} F(\omega)e^{-j\frac{1}{2}\beta_2\Omega^2 L}e^{j\omega t}d\omega \\ &= \tfrac{e^{-\alpha L}}{2\pi}\int_{-\infty}^{\infty} F(\omega_o+\Omega)e^{-j\frac{1}{2}\beta_2\Omega^2 L}e^{j(\omega_o+\Omega)t}d\Omega \end{aligned} \tag{4.62}$$

により求められる．

式 (4.59) により定義される β_2 と D の関係を求める．群速度 v_g は式 (3.3.14) より

$$v_g = \frac{d\omega}{d\beta} \tag{4.63}$$

であるから，長さ L の伝送路の群遅延時間 τ は，

$$\tau = \frac{L}{v_g} = L\frac{d\beta}{d\omega} \tag{4.64}$$

と求められる．単位長さあたりの群遅延分散（単位角周波数差あたりの群遅延時間差）は上式を角周波数 ω で微分し長さ L で除することにより以下のように求めら

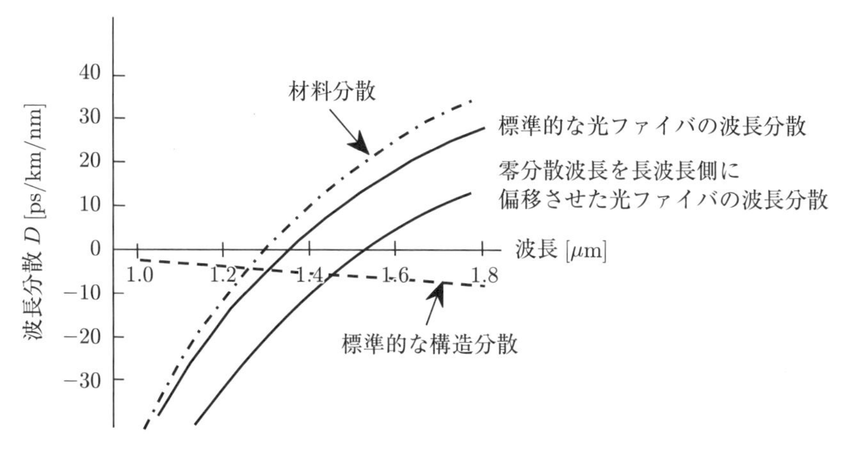

図 4.27 標準的な長距離伝送用光ファイバの分散

れる.

$$\frac{1}{L}\frac{d\tau}{d\omega} = \frac{d^2\beta}{d\omega^2} \tag{4.65}$$

ところで，単位角周波数差あたりの遅延時間差と，単位波長差あたりの遅延時間差の関係として，

$$\frac{d\tau}{d\omega} = \frac{d\tau}{d\lambda}\frac{d\lambda}{d\omega} = \frac{1}{2\pi}\frac{d\tau}{d\lambda}\frac{d\lambda}{df} = \frac{1}{2\pi}\frac{d\tau}{d\lambda}\left(-\frac{c}{f^2}\right) = -\frac{\lambda^2}{2\pi c}\frac{d\tau}{d\lambda} \tag{4.66}$$

が得られる．β_m の定義（式 (4.59) 下段）と式 (4.60) で定義される波長分散 D を用いると，

$$\begin{aligned}\beta_2 &= \frac{1}{L}\frac{d\tau}{d\omega} = -\frac{c}{2\pi f^2}\left(\frac{1}{L}\frac{d\tau}{d\lambda}\right) = -\frac{\lambda^2}{2\pi c}\left(\frac{1}{L}\frac{d\tau}{d\lambda}\right)\\ &= -\frac{\lambda^2}{2\pi c}\left(\frac{10^{-12}}{10^{-9}\cdot 10^3}D\left[\frac{\mathrm{ps}}{\mathrm{nm}\cdot\mathrm{km}}\right]\right)\\ &= -10^{-6}\frac{\lambda^2}{2\pi c}\left(D\left[\frac{\mathrm{ps}}{\mathrm{nm}\cdot\mathrm{km}}\right]\right) \quad [\mathrm{s^2m^{-1}}]\end{aligned} \tag{4.67}$$

の関係が得られる．ここで，λ は角周波数 ω_o に対応する波長である．したがって，この波長分散 D[ps/nm/km] を用いると，式 (4.62) の出力信号波形は次式により与えられる．

$$g_o(t) = \frac{e^{-\alpha L}}{2\pi}\int_{-\infty}^{\infty} F(\omega_o+\Omega)e^{j\frac{\lambda^2 D}{4\pi c}\Omega^2 L\times 10^{-6}}e^{j(\omega_o+\Omega)t}d\Omega \tag{4.68}$$

【例題 4.12】包絡線パルスとして光パルスを考え，光パワーの時間波形がガウス型でパルス幅（ここでは，光パルスのパワーが $1/e$ となる全幅とする）が τ_{in} の光パルスを，波長分散 D，長さ L の光ファイバ伝送路に入力する．光ファイバの出力光パルス波形とそのパルス幅を求めよ．ただし，入力パルスの周波数帯域内で波長分散 D は一定値とせよ．

解答　光ファイバへの入力光パルスの光パワーの時間波形は次式により表すことができる．

$$P_{in}(t) = P_p e^{-\left(\frac{2t}{\tau_{in}}\right)^2} \tag{4.69}$$

ここで，P_p は入力パルスのピークパワーである．波形を図 4.28(a) に示す．

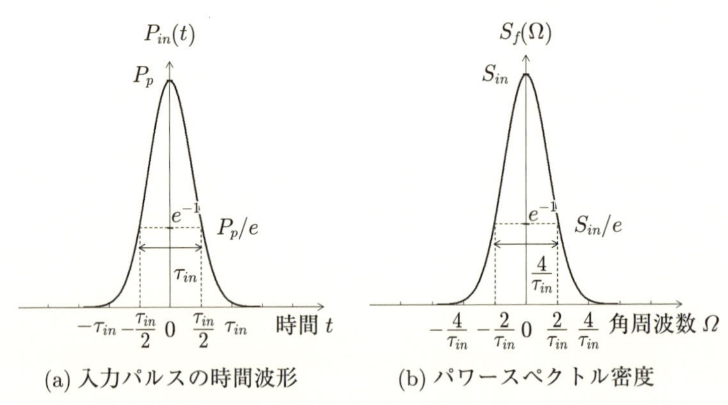

(a) 入力パルスの時間波形　(b) パワースペクトル密度

図 4.28　入力するガウス型光パルスの時間波形と周波数スペクトル

電磁波のパワーは電界振幅の二乗に比例しているので，入力光パルスの電界の複素振幅は，そのピークにおける値を E_p と置くと，次式となる．

$$f(t) = E_p e^{-\frac{1}{2}\left(\frac{2t}{\tau_{in}}\right)^2} \tag{4.70}$$

ここでは，光パルスは包絡線内部で瞬時周波数偏移が無い（コヒーレントな光パルス）を仮定している．この電界複素振幅のフーリエ変換は，式 (1.74) および式 (1.83) のフーリエ変換の関係を用いて，

$$F(\Omega) = E_p \tau_{in} \sqrt{\frac{\pi}{2}} e^{-\frac{\tau_{in}{}^2}{8}\Omega^2} \tag{4.71}$$

と求めることができる．実験的に測定するのはパワースペクトル密度 $S_f(\omega)$

であることが多いので，この式を下に与える．

$$S_f(\Omega) = S_{in} e^{-\frac{{\tau_{in}}^2}{4}\Omega^2} \tag{4.72}$$

S_{in} はパワースペクトル密度のピーク値である．パワースペクトル密度を図 4.28(b) に示す．振幅スペクトルおよびパワースペクトル密度もガウス型となる．パルスの時間幅 (τ_{in}) とスペクトル幅 $(4\tau_{in}^{-1})$ の積は一定であり，パルス幅が狭窄化するとそのスペクトルは拡がることがわかる．

光ファイバの出力信号の電界複素振幅のスペクトル $G(\Omega)$ は，式 (4.61) と式 (4.71) から

$$G(\Omega) = \sqrt{\frac{\pi}{2}} E_p \tau_{in} e^{-\alpha L} e^{-\frac{{\tau_{in}}^2}{8}\Omega^2} e^{-j\frac{1}{2}\beta_2 \Omega^2 L} = G_p e^{-(\frac{{\tau_{in}}^2}{8} + j\frac{1}{2}\beta_2 L)\Omega^2} \tag{4.73}$$

となる．ここで，G_p は光ファイバ出力信号スペクトルの周波数ピークでの値である．

出力信号の電界複素振幅の時間波形は $G(\Omega)$ のフーリエ逆変換により求められる．ここでも式 (1.74) および式 (1.83) のフーリエ変換対の関係を用いることができて，出力光パルスの時間波形は

$$g(t) = \frac{1}{\sqrt{2\pi}\sqrt{\frac{{\tau_{in}}^2}{4} + j\beta_2 L}} G_p e^{-\frac{1}{2}\left(\frac{{\tau_{in}}^2}{4} + j\beta_2 L\right)^{-1} t^2} \tag{4.74}$$

と求められる．出力光パルスの光パワーの時間波形 $P_{out}(t)$ は，複素振幅 $g(t)$ の絶対値の二乗に比例しているので，

$$P_{out}(t) = \frac{e^{-2\alpha L}}{\sqrt{1 + 16{\beta_2}^2 L^2/{\tau_{in}}^4}} P_p e^{-\left(\frac{2t}{\tau_{in}\sqrt{1+16{\beta_2}^2 L^2/{\tau_{in}}^4}}\right)^2} \tag{4.75}$$

と与えられる．出力光パルスのパルス幅 τ_{out} は上式において，指数関数の指数部を -1 とおいて時間 t が満足する 2 つの解の差であるから，次式となる．

$$\tau_{out} = \tau_{in}\sqrt{1 + 16\frac{{\beta_2}^2 L^2}{{\tau_{in}}^4}} = \tau_{in}\sqrt{1 + 4\frac{\lambda^4 D^2 L^2}{\pi^2 c^2 {\tau_{in}}^4} \times 10^{-12}} \tag{4.76}$$

なお，最後の式は式 (4.67) を用いた．上の 2 つの式 (4.75) と式 (4.76) から，係数 b

$$b = \sqrt{1 + 16\frac{{\beta_2}^2 L^2}{{\tau_{in}}^4}} = \sqrt{1 + 4\frac{\lambda^4}{\pi^2 c^2}\frac{D^2 L^2}{{\tau_{in}}^4} \times 10^{-12}} \tag{4.77}$$

に比例してパルス幅が広がり，逆比例してパルスピーク値が減少することがわかる．

符号間干渉による伝送距離制限の目安を，伝送前のパルス幅に対する伝送後のパルス幅の比を規定することにより算出する方法がある．受信パルス波形の拡がりが送信パルス幅の1.2倍を超えない範囲で伝送するとすると，式(4.77)のb係数を1.2とおいて，Lについて解けばよい．限界距離L_{lim}は

$$L_{lim} \simeq \sqrt{0.11\frac{\pi^2 c^2 \tau_{in}^4}{D^2 \lambda^4} \times 10^{12}} = 0.33\frac{\pi c {\tau_{in}}^2}{|D|\lambda^2} \times 10^6 \tag{4.78}$$

と求められる．ここで，変調方式を2値オンオフキーイング（パルスの有無で符号“0”と“1”を伝送する方式）とし，伝送速度をf_c，伝送符号をデューティー比0.5のRZパルスとすると，パルス幅τ_{in}は$f_c^{-1}/2$なので，

$$L_{lim} \simeq 0.33\frac{\pi c}{4|D|\lambda^2 {f_c}^2} \times 10^6 \tag{4.79}$$

と与えられる．例えば，10 Gbit/s，信号波長1550 nm，$D = 4$ ps/nm/kmとすると，目安として約81 kmが符号間干渉制限距離となる．符号間干渉距離はシンボルレートの二乗に反比例して短くなる．

上記のように，伝送路の伝達関数の振幅成分が信号周波数に対して一定ではないとき，または，伝達関数の振幅成分が信号周波数に対して一定であっても，伝達関数の位相成分が信号周波数に対して非線形に変化するとき，伝送路に入力されたパルス波形は伝送路伝搬により歪むことになる．これを等化し伝送路伝搬前の波形に戻すには，式(4.39)を満足するフィルタを用いることを前に述べた．上記の例の光ファイバ伝送路の場合，伝送路光ファイバの長さをLとすると，次の式を満足する光ファイバ（これを分散補償光ファイバと呼ばれる）を復調器の前に挿入することにより等化が可能である．

$$D \cdot L = -D_c \cdot L_c \tag{4.80}$$

ここでD_cは分散補償光ファイバの分散，L_cは分散補償光ファイバの長さである．ここで，光信号の帯域幅のなかで光ファイバの損失は一定としている．光パルス

波形が伝送前に戻ることは，求めた波形劣化したガウシアンパルスに対して，式(4.80) を満足する光ファイバを通過させると，伝送路光ファイバと分散補償光ファイバを合わせた伝達関数は周波数に依存しなくなることから容易にわかる．分散値の符合を伝送路光ファイバのそれと反対にした分散補償光ファイバは，光ファイバの構造分散を変化させることにより，図 4.23 において示した零分散波長を，信号光波長に対して伝送路光ファイバの零分散波長と反対側に移動させることにより得られている．等化は，伝送路の伝達関数が信号光パワーに対して線形である限り，伝送路の前に行ってもよい．また復調後においても可能である．光ファイバ通信の場合の復調は，フォトダイオードを用いて，光信号のパワーに比例した電流を取り出すことを基本としているし，上記の等化を行うには同期検波を行うために，信号光の波長とほぼ等しい波長の局発光源と干渉させ，中間周波数帯で逆の分散を与える方法や，干渉受信波を AD 変換し，ディジタル信号処理技術により分散補償を行う方法がある．

****** 演習問題 ******

問題 4.1　2 値単極性基底帯域パルス伝送における，SNR の関数として符号誤り率を表す式を求めなさい．ただし，雑音はガウス型でマークパルスとスペースパルスに対して等しく付加されるとしなさい．また，マーク率は 0.5 としなさい．

問題 4.2　搬送波ディジタル通信系における 3R 中間中継器の基本構成例を示しなさい．

問題 4.3　基底帯域ディジタル通信において，受信器へ入力するパルス波形 $f(t)$ が，パルス周期 T の半分のパルス幅 $T/2$，ピーク振幅 $f(0)$ を有する RZ 矩形パルスであるとき，次の問いに答えなさい．

(1)　受信波形のスペクトル $F(\omega)$ を求めなさい．
(2)　識別再生器入力パルスが全コサインロールオフ型スペクトルのナイキストスペクトルとするための，波形整形フィルタの伝達関数 $G_R(w)$ を求めなさい．

問題 4.4　インパルス入力に対する送信側波形整形フィルタが，帯域幅 B [Hz] の矩形であるとき，以下の問いに答えなさい．

(1) 送信器出力パルス波形を求めなさい.

(2) 白色雑音を想定し受信側の整合フィルタの伝達関数を求めなさい.

(3) 整合フィルタの出力波形求めなさい.

問題 4.5 光ファイバ伝送系について以下の問いに答えなさい.

(1) 波長 1550 nm のレーザ光を 40 Gbit/s で On-OFF 強度変調したときの，パワー波形のパルス幅（半値全幅）[ps] を求めなさい．ただし，パルス幅はシンボル周期の半分の時間幅とする.

(2) この光パルスの電力密度スペクトルの半値全幅を波長拡がりとして求めなさい．ただし，パルス波形はガウス型と近似し，光搬送波の瞬時周波数は一定とする.

(3) これを 1550 nm 付近で波長分散が 2 ps/nm/km である零分散波長シフト型光ファイバを用いて伝送するときの伝送距離とパルス幅をグラフにプロットしなさい．ただし，時間帯域幅積は 0.5 としなさい.

(4) 上問の条件における分散制限距離を求めなさい．ただし，分散制限距離は，光ファイバ伝送路伝搬に伴う受信パルス幅の拡がりが送信パルス幅の 1.2 倍以下であるという条件により与えられるとする．224 ページの本文記載の計算例と比較せよ.

参考文献

[1] C. E. Shannon, "A mathematical theory of communication", Bell System Technical Journal, Vol.27, pp. 379–423, 623–656, 1948

[2] S. Stein and J. J. Jones, *Modern communications principles*, McGraw-Hill, 1967

[3] B. P. Lathi and Z. Ding, *Modern digital and analog communication systems*, Oxford university press, 2010

付　録

A1.　例題 1.14 の補足

例題 1.14 で用いた積分，

$$\int_{-\infty}^{\infty} e^{-\frac{t^2}{2a^2}}dt = a\sqrt{2\pi} \tag{1.82}$$

を導く．被積分関数は 1 次元座標系の関数であるが，あえて 2 次元座標軸で定義される平面上の積分を考えると値を求めることができる．この平面を x と y の直交座標系で表すと，面積要素は $dxdy$ である（図 A1.1(a)）ことに注意して，次の積分値を考える．

$$I = \int_{-\infty}^{\infty}\int_{-\infty}^{\infty} e^{-\frac{x^2+y^2}{2a^2}}dxdy \tag{A1.1}$$

この積分で，x に関する積分は y に関する積分に対し定数で，その逆も成り立つから，

$$I = \int_{-\infty}^{\infty} e^{-\frac{x^2}{2a^2}}dx \int_{-\infty}^{\infty} e^{-\frac{y^2}{2a^2}}dy = (\int_{-\infty}^{\infty} e^{-\frac{t^2}{2a^2}}dt)^2 \tag{A1.2}$$

一方，同じ積分を極座標系で表すことにする．この場合，面積要素は $rd\theta dr$ になり（図 A1.1(b)），x^2+y^2 は r^2 に置き換えられ，θ の範囲は 0 から 2π，r の範囲は 0 から ∞ となるので，

$$I = \int_0^{\infty}\int_0^{2\pi} e^{-\frac{r^2}{2a^2}}rd\theta dr = \int_0^{2\pi} 1\cdot d\theta \int_0^{\infty} e^{-\frac{r^2}{2a^2}}rdr = 2\pi\int_0^{\infty} e^{-\frac{r^2}{2a^2}}rdr \tag{A1.3}$$

式 (A1.3) の右辺で，$r^2 = u$ とおくと $2rdr = du$ であるから，

$$I = \pi\int_0^{\infty} e^{-\frac{u}{2a^2}}du = \pi\left[-2a^2e^{-\frac{u}{2a^2}}\right]_0^{\infty} = 2a^2\pi \tag{A1.4}$$

式 (A1.2) と式 (A1.4) は等しいので，

$$\left(\int_{-\infty}^{\infty} e^{-\frac{t^2}{2a^2}}dt\right)^2 = 2a^2\pi \tag{A1.5}$$

求める積分は正の値をとることと，$a > 0$ であることから式 (1.82) が求められる．

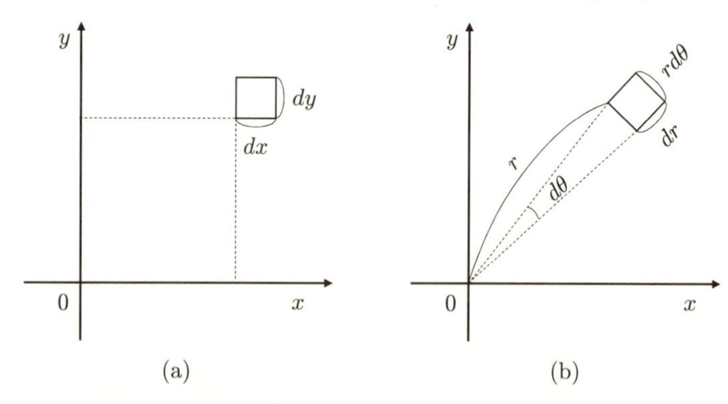

図 A1.1　直交座標系 (a) と極座標系 (b) の面積要素の比較

A2.　誘電体における複素電気感受率の意味

誘電体では電場が印加されると構成粒子が分極する．印加電場 $\mathbf{E}$ に対する分極 $\mathbf{P}$ の応答は誘電体の電気感受率 χ_e によって関係付けられており，次のように定義されている．

$$\frac{\mathbf{P}}{\varepsilon_0 \mathbf{E}} = \chi_e \tag{A2.1}$$

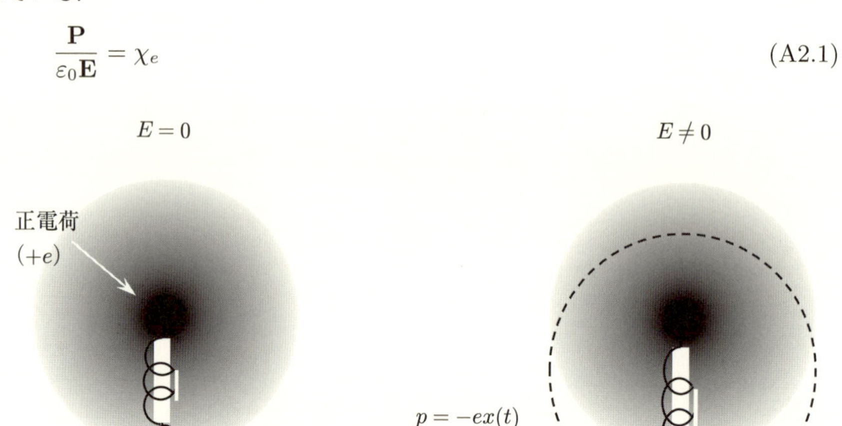

図 A2.1　分極する誘電体中の粒子モデル

システム応答という視点から捉えると，ω の関数である $\chi_e(\omega)$ は $\mathbf{E}$ に対する $\mathbf{P}$ の周波数伝達関数を与えている．伝達関数が求まれば電気感受率の特性を把握できる．伝達関数 $\chi_e(\omega)$ は，外部電場 $E(t) = E_0\delta(t)$ を印加したときに誘導電極 $\mathbf{P}$ が示すインパルス応答に他ならない．ミクロな分極の様子を図 A2.1 に示す．誘電体中では電場が印加されていないときには，同図 (a) のように中心にある重い正電荷（原子）の周りを電子雲が取り巻いている．電場 E が印加されると同図 (b) のごとく質量の軽い電子は容易に x だけ変位する．外部電場によって生じた電子の変位に対する運動方程式は，

$$m\ddot{x} + \kappa\dot{x} + kx = -eE(t) = -eE_0\delta(t) \tag{A2.2}$$

と記述できる．κ は束縛に伴って派生する速度に比例した抵抗力，k はバネ定数に相当している．双極子モーメント $p(t) = -ex(t)$ を使って (A2.2) を表すと

$$m\ddot{p} + \kappa\dot{p} + kp = e^2E_0\delta(t) \tag{A2.3}$$

誘電体が単位体積あたり N 個の粒子から構成されているとすると，全体のモーメントを $P(t) = Np(t)$ と置き，初期値 $\dot{x}(0) = x(0) = 0$ としてラプラス変換を施して，

$$\left[s^2 + 2\varsigma s + {\omega_n}^2\right] P(\omega) = \frac{Ne^2}{m}E_0, \quad 2\varsigma = \kappa/m, \quad \omega_n = \sqrt{k/m} \tag{A2.4}$$

が得られる．ζ は減衰率（damping factor），ω_n は固有角振動周波数 (natural frequency) である．ζ が小さいほど共振ピークを示し，不安定となる．$s = j\omega$ に置き換えて，$\chi_e(\omega) =$ 伝達関数 $P(\omega)/\varepsilon_0E_0$ を求めると，

$$\frac{P(\omega)}{\varepsilon_0E_0} = \chi_e(\omega) = \frac{Ne^2}{m\varepsilon_0[-\omega^2 + j2\varsigma\omega + \omega_n^2]} \tag{A2.5}$$

が得られる．$\chi_e(\omega)$ が複素数であることを示しているので，$\chi_e(\omega) = \chi^{re}(\omega) - j\chi^{im}(\omega)$ と置くと，実部と虚部はそれぞれ，

$$\chi^{re}(\omega) = \frac{Ne^2}{m\varepsilon_0}\frac{\omega_n^2 - \omega^2}{(\omega_n^2 - \omega^2)^2 + (2\varsigma\omega)^2} \tag{A2.6-1}$$

$$\chi^{im}(\omega) = \frac{Ne^2}{m\varepsilon_0}\frac{2\varsigma\omega}{(\omega_n^2 - \omega^2)^2 + (2\varsigma\omega)} \tag{A2.6-2}$$

と表すことができる．$\varepsilon = \varepsilon_0(1 + \chi_e)$ に代入すると，

$$\varepsilon = \varepsilon_0(1 + \chi^{re} - j\chi^{im}) = \varepsilon^{re} - j\varepsilon^{im} \tag{A2.7}$$

$$\varepsilon^{re} \equiv \varepsilon_0(1 + \chi^{re}) \tag{A2.7-1}$$

$$\varepsilon^{im} \equiv \varepsilon_0\chi^{im} \tag{A2.7-2}$$

が得られる．式 (A2.5) で表されるシステムは ζ の大きさによって不足制動から過制動まで様々な振る舞いをする．さらにこの自由応答系に外部電場が ω の振動項で与えられると，それに応じた強制応答項が加わることになる．誘電体の束縛電子の応答が電気感受率を支配しており，複素誘電率の正体は束縛電子の応答そのものであることに気づかされる．

A3. 複素電気感受率に起因する誘電体損失

R = G = 0 からなる無損失伝送線路を正方向へ伝搬する信号を考える．位相パラメータ β は，$\beta = \omega\sqrt{\varepsilon\mu}$ なので式 (A2.6) を代入すると，

$$\begin{aligned}\beta &= \omega\sqrt{\varepsilon_0(1 + \chi^{re} - j\chi^{im})\mu} = \omega\sqrt{\varepsilon_0\mu}\sqrt{(1 + \chi^{re} - j\chi^{im})} \\ &= (\omega/c)\sqrt{(1 + \chi^{re} - j\chi^{im})}\end{aligned} \tag{A3.1}$$

と変形できる．一方，位相パラメータは，比誘電率，電気感受率との間で

$$\varepsilon_r = 1 + \chi_e = (\beta c/\omega)^2 \tag{A3.2}$$

の関係で結ばれている．通常，吸収の巨視的理論を論じた教科書では，式 (A3.2) の平方根を

$$\beta c/\omega = n - j\kappa_\alpha \tag{A3.3}$$

と書いて，n と κ_α とはそれぞれ屈折率と消衰係数と呼ばれている．式 (A3.2) を介して (A3.1) と (A3.3) とを結びつけると，

$$1 + \chi^{re} = n^2 - \kappa_\alpha^2 \tag{A3.4}$$

$$2n\kappa_\alpha = \chi^{im} \tag{A3.5}$$

となる．これを上記信号 $V(z) = V_0^+ e^{-j\beta z}$ へ代入すると，

$$V(z) = V_0^+ \exp\left\{-j\frac{\omega}{c}(n - j\kappa_\alpha)z\right\} = V_0^+ \exp\left(-j\frac{n\omega}{c}z\right)\exp\left(-\frac{\omega\chi^{im}}{2nc}z\right) \tag{A3.6}$$

が得られる．$\alpha \equiv \omega\chi^{im}/(2nc)$ は，電気感受率の虚部が減衰パラメータを与えることを示している．オーム損失による損失はゼロであることを仮定しているので，誘電体における分極応答遅延が損失をもたらしていることを意味する．これを力学系になぞらえると，速度に比例する摩擦力に伴い運動エネルギーが熱エネルギーとして消費されるのと等価である．電界が誘電体中を伝搬するとき誘電分極を誘発し，電子が束縛されているが故に分極振動エネルギーが一部熱エネルギーに変換される，と捉えることができる．

式 (3.2.10) では，減衰定数 α を異なる角度から求め，誘電体損失による減衰分が $\alpha = (1/2)\sqrt{\mu/\varepsilon^{re}}\omega\varepsilon^{im}$ であった．この式は，

$$\alpha = \sqrt{\mu/\varepsilon^{re}}\omega\varepsilon^{im} = \frac{1}{2}\omega\sqrt{\frac{\mu}{\varepsilon_0(1+\chi^{re})}}\varepsilon_0\chi^{im} = \frac{1}{2}\frac{\omega}{c}\frac{\chi^{im}}{n\sqrt{1-(\kappa_\alpha/n)^2}} \tag{A3.7}$$

と変形できて，$(\kappa_\alpha/n)^2 \ll 1$ のとき一致する．

演習問題　解答

第　1　章

問題 1.1

(1)　三角関数の性質により，

$$\sin\left(\omega t + \frac{\pi}{2}\right) = \cos \omega t$$

すなわち，与えられた信号は，

$$f(t) = \sin \omega t + \cos \omega t$$

ところで，

$$\sin \frac{\pi}{4} = \frac{1}{\sqrt{2}},\quad \cos \frac{\pi}{4} = \frac{1}{\sqrt{2}}$$

であるから，$f(t)$ は次のようにも書ける．

$$f(t) = \sqrt{2} \sin \omega t \cdot \cos \frac{\pi}{4} + \sqrt{2} \cos \omega t \cdot \sin \frac{\pi}{4}$$

三角関数の加法定理は，次式の通りである．

$$\sin(A + B) = \sin A \cos B + \cos A \sin B$$

この定理によって，

$$f(t) = \sqrt{2} \sin\left(\omega t + \frac{\pi}{4}\right)$$

したがって，$A = \sqrt{2}$，$\theta = \pi/4$.

(2)　与えられた正弦波の複素数表示は，

$$f(t) = e^{j\omega t} + e^{j\left(\omega t + \frac{\pi}{2}\right)}$$

これを変形すると，

$$f(t) = e^{j\omega t}(1 + e^{j\frac{\pi}{2}}) = e^{j\omega t}(1 + j)$$

複素数 $1 + j$ は絶対値 $\sqrt{2}$，偏角 $\pi/4$ だから上の式は，

$$f(t) = \sqrt{2}e^{j\omega t}e^{j\frac{\pi}{4}} = \sqrt{2}e^{j\left(\omega t + \frac{\pi}{4}\right)}$$

この虚数部をとれば $A = \sqrt{2}$，$\theta = \pi/4$ であることが分かる．

問題 1.2

(1)　三角関数の公式を利用して，次のとおり．

$$\overline{a(t)b(t)} = \frac{1}{T}\int_0^T A\cos(\omega t + \theta_a)B\cos(\omega t + \theta_b)dt$$
$$= \frac{AB}{2T}\int_0^T \{\cos(2\omega t + \theta_a + \theta_b) + \cos(\theta_a - \theta_b)\}dt = \frac{AB\cos(\theta_a - \theta_b)}{2}$$

(2)　$a(t)$, $b(t)$ の定義式から，

$$\overline{a(t)b(t)} = \frac{1}{T}\int_0^T \frac{A'e^{j\omega t} + (A')^*e^{-j\omega t}}{2} \cdot \frac{B'e^{j\omega t} + (B')^*e^{-j\omega t}}{2}dt$$
$$= \frac{AB}{4T}\int_0^T \{e^{j(\theta_a+\theta_b)}e^{2j\omega t} + e^{j(\theta_a-\theta_b)} + e^{-j(\theta_a-\theta_b)} + e^{-j(\theta_a+\theta_b)}e^{-2j\omega t}\}dt$$
$$= \frac{AB}{4T} \cdot \{e^{j(\theta_a-\theta_b)} + e^{-j(\theta_a-\theta_b)}\} \cdot T = \frac{AB\cos(\theta_a - \theta_b)}{2}$$

となり，三角関数の公式を使わずに (1) と同じ結果が得られる．

(3)　このように定義した $a(t)$ と $b(t)$ の積をとって実部をとった値は，(1) のように定義した $a(t)$ と $b(t)$ の積と一致しないので同じ結果は得られない．

問題 1.3

(1)　$\delta(t)$ は $t = 0$ 以外で 0 なので，

$$2^{t+2}\delta(t) = 2^{0+2}\delta(t) = 4\delta(t)$$

(2)　$\delta(t-2)$ は $t = 2$ 以外で 0 なことを利用して，

$$\int_{-\infty}^{\infty} 2^t\delta(t-2)dt = \int_{-\infty}^{\infty} 2^2\delta(t-2)dt = 4\int_{-\infty}^{\infty}\delta(t-2)dt = 4$$

(3)　$\delta(1-t)$ は $t = 1$ 以外で 0 なことを利用して，

$$\int_{-\infty}^{\infty} e^t \delta(1-t)dt = e\int_{-\infty}^{\infty} \delta(1-t)dt$$

ここで $x = 1 - t$ とすると,

$$\int_{-\infty}^{\infty} \delta(1-t)dt = \int_{\infty}^{-\infty} \delta(x)\frac{dt}{dx}dx = \int_{-\infty}^{\infty} \delta(x)dx = 1$$

したがって,

$$\int_{-\infty}^{\infty} e^t \delta(1-t)dt = e$$

問題 1.4 与えられた関数は単位ステップ関数を使えば,

$$f(t) = u(t)e^{-t}$$

と書ける. これを微分して,

$$f'(t) = u'(t)e^{-t} + u(t)(e^{-t})' = \delta(t)e^{-t} - u(t)e^{-t} = \delta(t) - u(t)e^{-t}$$

問題 1.5 式 (1.24) に従って,

$$P = \frac{1}{T}\int_{-T/2}^{T/2} \cos^2 \frac{2\pi t}{T} dt = \frac{1}{T}\int_{-T/2}^{T/2} \frac{1}{2}\left(1 + \cos\frac{4\pi t}{T}\right)dt$$
$$= \frac{1}{T}\left[\frac{t}{2} + \frac{T}{8\pi}\sin\frac{4\pi t}{T}\right]_{-T/2}^{T/2} = \frac{1}{2}$$

問題 1.6 式 (1.26) に従って,

$$E = \int_{-\infty}^{0} (-e^t)^2 dt + \int_{0}^{\infty} (e^{-t})^2 dt = \int_{-\infty}^{0} e^{2t} dt + \int_{0}^{\infty} e^{-2t} dt$$
$$= \left[\frac{1}{2}e^{2t}\right]_{-\infty}^{0} + \left[-\frac{1}{2}e^{-2t}\right]_{0}^{\infty} = \frac{1}{2} + \frac{1}{2} = 1$$

問題 1.7

(1) X で 2.5 km 伝送した場合, 信号強度は $-10 \times 2.5 = -25$ dB. Y で 2 km 伝送した場合は $-13 \times 2 = -26$ dB なので, Y で 2 km の方がより信号が減衰する.

(2) X で 2.5 km 伝送した場合，信号強度は

$$\left(\frac{1}{10}\right)^{2.5} \approx 0.003162$$

Y で 2 km 伝送した場合は,

$$\left(\frac{1}{20}\right)^{2} = 0.0025$$

Y で 2 km の方が大きな減衰となる（こちらの方法ではべき乗の計算が必要なことに注意！）.

問題 1.8 式 (1.43) の展開について係数 C_n を求める．式 (1.39) によって

$$C_n \int_0^{2\pi} r^n e^{jn\theta} r^n e^{-jn\theta} d\theta = \int_0^{2\pi} f(re^{j\theta} + z_0) r^n e^{-jn\theta} d\theta$$

$$\therefore 2\pi r^{2n} C_n = \int_0^{2\pi} f(re^{j\theta} + z_0) r^n e^{-jn\theta} d\theta$$

$$\therefore C_n = \frac{1}{2\pi} \int_0^{2\pi} \frac{f(re^{j\theta} + z_0)}{r^n e^{jn\theta}} d\theta$$

ここで $z - z_0 = re^{j\theta}$，および

$$\frac{dz}{d\theta} = jre^{j\theta} = j(z - z_0)$$

なので，C を z_0 を中心とする半径 r の円周として

$$C_n = \frac{1}{2\pi j} \oint_C \frac{f(z)}{(z - z_o)^{n+1}} dz$$

正則関数の無限回微分定理により

$$C_n = \frac{f^{(n)}(z_0)}{n!}$$

これは式 (1.41) と一致している.

問題 1.9 内積を計算すると，次の通り直交性を確認できる.

$$\int_{-T/2}^{T/2} u_{2m}(t)u_{2n}(t)dt = \int_{-T/2}^{T/2} \sin\frac{2\pi mt}{T}\sin\frac{2\pi nt}{T}dt$$
$$= -\frac{1}{2}\int_{-T/2}^{T/2}\left\{\cos\frac{2\pi(m+n)t}{T} - \cos\frac{2\pi(n-m)t}{T}\right\}dt$$
$$= -\frac{1}{2}\left[\frac{T}{2\pi(m+n)}\sin\frac{2\pi(m+n)t}{T} - \frac{T}{2\pi(n-m)}\sin\frac{2\pi(n-m)t}{T}\right]_{-T/2}^{T/2}$$
$$= -\frac{T}{2\pi(m+n)}\sin\pi(m+n) + \frac{T}{2\pi(n-m)}\sin\pi(n-m) = 0$$

$$\int_{-T/2}^{T/2} u_{2m+1}(t)u_{2n+1}(t)dt = \int_{-T/2}^{T/2} \cos\frac{2\pi mt}{T}\cos\frac{2\pi nt}{T}dt$$
$$= \frac{1}{2}\int_{-T/2}^{T/2}\left\{\cos\frac{2\pi(m+n)t}{T} + \cos\frac{2\pi(n-m)t}{T}\right\}dt$$
$$= \frac{1}{2}\left[\frac{T}{2\pi(m+n)}\sin\frac{2\pi(m+n)t}{T} + \frac{T}{2\pi(n-m)}\sin\frac{2\pi(n-m)t}{T}\right]_{-T/2}^{T/2}$$
$$= \frac{T}{2\pi(m+n)}\sin\pi(m+n) + \frac{T}{2\pi(n-m)}\sin\pi(n-m) = 0$$

問題 1.10

(1) 与えられた条件から直ちに $T = 2$.

(2) 複素フーリエ係数 c_n は次のように求められる．$n \neq 0$ のとき，

$$c_n = \frac{1}{2}\int_{-1}^{1} f(t)e^{-jn\pi t}dt = \frac{1}{2}\int_{0.5}^{1} e^{-jn\pi t}dt$$
$$= -\frac{1}{2jn\pi}\left[e^{-jn\pi t}\right]_{0.5}^{1}$$
$$= -\frac{1}{2jn\pi}\{\cos n\pi - j\sin n\pi - \cos 0.5n\pi + j\sin 0.5n\pi\}$$
$$= \begin{cases} \dfrac{1-j}{2jn\pi}, & n = 1, 5, 9, \dots \\ -\dfrac{1}{jn\pi}, & n = 2, 6, 10, \dots \\ \dfrac{1+j}{2jn\pi}, & n = 3, 7, 11, \dots \\ 0, & n = 4, 8, 12 \dots \end{cases}$$

また $n=0$ では，

$$c_0 = \frac{1}{2}\int_{-1}^{1} f(t)dt = \frac{1}{2}\int_{0.5}^{1} 1dt = \frac{1}{2}[t]_{0.5}^{1} = \frac{1}{4}$$

以上の c_n を使って，

$$f(t) = \sum_{n=-\infty}^{\infty} c_n e^{jn\pi t}$$

(3)　求める値は，

$$\frac{|c_2|}{|c_1|} = \frac{\left|-\frac{1}{2j\pi}\right|}{\left|\frac{1-j}{2j\pi}\right|} = \frac{1}{|1-j|} = \frac{1}{\sqrt{2}}$$

問題 1.11　フーリエ変換の定義から次のとおり．

$$\begin{aligned} F(\omega) &= \int_{-\infty}^{\infty} f(t)e^{-j\omega t}dt = \int_{0}^{\infty} e^{-t}(e^{jt} + e^{-jt})e^{-j\omega t}dt \\ &= \frac{2j\omega + 2}{-\omega^2 + 2j\omega + 2} \end{aligned}$$

問題 1.12

(1)　フーリエ変換の定義から次の通り．

$$F(\omega) = \int_{0}^{\infty} e^{-t}e^{-j\omega t}dt = \left[-\frac{e^{-(j\omega+1)t}}{j\omega + 1}\right]_{0}^{\infty} = \frac{1}{j\omega + 1}$$

(2)　与えられた関数 $g(t)$ は，$f(t)$ との間に

$$g(t) = tf(t)$$

の関係がある．一方，関数 $-jtf(t)$ のフーリエ変換は $F(\omega)$ の導関数であることと，フーリエ変換の線形性によって，

$$G(\omega) = -\frac{1}{j}F'(\omega) = \frac{1}{(j\omega + 1)^2} = \frac{1}{-\omega^2 + 2j\omega + 1}$$

(3)　フーリエ変換の性質から直ちに，

$$h(t) = f'(t)$$

である．単位ステップ関数 $u(t)$ を使えば

$$f(t) = u(t)e^{-t}$$

なので，

$$h(t) = u'(t)e^{-t} - u(t)e^{-t} = \delta(t) - u(t)e^{-t}$$

問題 1.13

(1)　周期信号として $\cos t$ と $\sin\sqrt{2}t$ を含んでいて，

$$\cos t = \frac{e^{jt} + e^{-jt}}{2}, \quad \sin\sqrt{2}t = \frac{e^{\sqrt{2}jt} - e^{-\sqrt{2}jt}}{2j}$$

であるから，

$$\omega = \pm 1, \quad \pm\sqrt{2}$$

で線スペクトルが発生する．

(2)　例題 1.15 の結果と 1.6.2 項で述べた性質によって，

$$F(\omega) = \frac{1}{\omega^2 + 1} + \pi\delta(\omega + 1) + \pi\delta(\omega - 1) - j\pi\delta(\omega + \sqrt{2}) - j\pi\delta(\omega - \sqrt{2})$$

問題 1.14　スペクトルはフーリエ変換であるので，例題 1.15 の結果と定理 1.4 を使って，

$$F(\omega) = \frac{2e^{-j\omega T}}{1 + \omega^2}$$

問題 1.15

(1)　ラプラス変換の定義より以下のとおり．

$$U(s) = \int_0^\infty 1 \cdot e^{-st} dt = \left[-\frac{e^{-st}}{s} \right]_0^\infty = \frac{1}{s}$$

(2)　関数 $f(t)$ は，

$$f(t) = u(t-1) - u(t-2)$$

と書けるので，(1) の結果と，ラプラス変換の性質 1（線形性）と性質 4（時間

移動）を使い，

$$F(s) = \frac{e^{-sT} - e^{-2sT}}{s}$$

問題 1.16 標本化周波数は少なくとも 200 Hz 以上であることが必要で，ビットレート r は

$$r = 200 \times 16 = 3200 \ [\text{b/s}]$$

第 2 章

問題 2.1

(1) 式 (2.2) を確かめれば，線形性の成立を示すことができる．同じ形で時刻が τ だけ移動した波形が入力されたとき，振幅は $e^{-\tau}$ 倍に変化するので時不変性は成立しない．

(2) 式 (2.2)，式 (2.3) は満たされており，線形性，時不変性とも成立する．

(3) 入力の振幅が $a(a \neq 1)$ 倍になったとき，出力の振幅は a^2 倍になるので線形性は成立しない．式 (2.3) の関係は満たされるので時不変性は成立する．

問題 2.2

(1) キャパシタに流れる電流を $i(t)$ とすると，

$$L\frac{di(t)}{dt} + Ri(t) + g(t) = f(t)$$
$$i(t) = C\frac{dg(t)}{dt}$$

上の 2 式から $i(t)$ を消去し，L, C, R の数値を代入すると次式を得る．

$$6g''(t) + 5g'(t) + g(t) = f(t)$$

(2) (1) の結果から $h(t)$ は，

$$6h''(t) + 5h'(t) + h(t) = \delta(t) \qquad \text{(a)}$$

を満たす関数である．その同次方程式

$$6g''(t) + 5g'(t) + g(t) = 0$$

の解を $g_n(t)$ とする．

$$g_n(t) = A_1 e^{-t/2} + A_2 e^{-t/3}$$

であり，定数 A_1，A_2 は次のように決定できる．$t < 0$ では 0 状態であり，$t = 0$ 以降 $h(t)$ は $g_n(t)$ の値をとるので，

$$h(t) = g_n(t)u(t) \tag{b}$$

と書ける．ここで $h(t)$ が $t = 0$ で不連続な値をとるなら，$h'(t)$ に $\delta(t)$ の項が含まれ，$h''(t)$ には $\delta'(t)$ の項が含まれる．ところが式 (a) 右辺に $\delta'(t)$ の項はないので，左辺においても $\delta'(t)$ の項は 0 である．このためには $h(t)$ が $t = 0$ で連続であることが必要で，$h(0)$ は 0 である．これが式 (b) で成立するためには，

$$g_n(0) = A_1 + A_2 = 0 \tag{c}$$

また，$h'(t)$ が 0 から $h'(0)$ に不連続に変化したとき，$h''(t)$ には $g_n'(0)\delta(t)$ の項が含まれ，式 (a) が成立するには，

$$6g_n'(0)\delta(t) = \delta(t)$$

$$\therefore g_n'(0) = -\frac{1}{2}A_1 - \frac{1}{3}A_2 = \frac{1}{6} \tag{d}$$

式 (c)，(d) を満たす A_1 は -1，A_2 は 1 であるので，

$$h(t) = (-e^{-t/2} + e^{-t/3})u(t)$$

(3) $$H(\omega) = \int_0^\infty (-e^{-t/2-j\omega t} + e^{-t/3-j\omega t})dt = \frac{1}{-6\omega^2 + 5j\omega + 1}$$

(4) ステップ応答の傾きはインパルス応答であり，(2) の結果から直ちに $t = 6\log_e(3/2)$ のとき最大値 $4/27 = 0.148148$ をとることが分かる．

問題 2.3

(1) 入力信号と出力信号の間に成り立つ微分方程式は次のとおり．

$$g''(t) + 5g'(t) + 4g(t) = f''(t)$$

強制応答を

$$g_f(t) = B\sin(2t + \theta)$$

と仮定して上の微分方程式に代入すると，

$$10B\cos(2t + \theta) = -4\sin 2t$$

上の関係から，

$$g_f(t) = 0.4\sin\left(2t + \frac{\pi}{2}\right)$$

(2)　自由応答は，

$$g_n(t) = A_1e^{-t} + A_2e^{-4t}$$

の形式である．一方，入力 $f(t)$ は単位ステップ関数を使って，

$$f(t) = u(t)\sin 2t$$

と書け，2 回微分すると，

$$f''(t) = -4u(t)\sin 2t + 2\delta(t)$$

である．$g(t)$ が $t = 0$ で不連続であるとすると，(1) で示した微分方程式の左辺に $\delta'(t)$ の項が含まれる．ところが右辺にその項は無いので，$g(t)$ は連続である．したがって

$$g(t) = g_n(0) + g_f(0) = 0$$

である．一方，$g'(t)$ は $t = 0$ では不連続で，微分方程式における $\delta(t)$ の項を比較して，

$$g'(0) = g_n'(0) + g_f'(0) = 2$$

である．以上の関係から，

$$A_1 + A_2 + 0.4 = 0$$

$$-A_1 - 4A_2 = 2$$

$$\therefore A_1 = \frac{2}{15}, \quad A_2 = -\frac{8}{15}$$

この結果,

$$g_n(t) = \frac{2}{15}e^{-t} - \frac{8}{15}e^{-4t}$$

(3) 図のとおり.

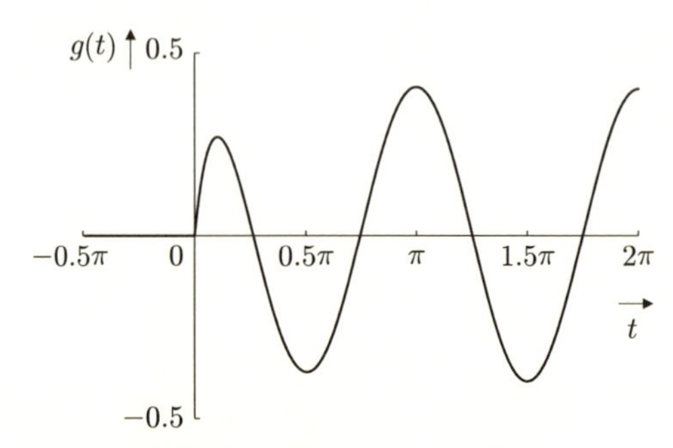

図 E2.1 問題 2.3(3) の解答

(4) (1) と同じように強制応答を求めると,

$$g_f(t) = 0.4\cos\left(2t + \frac{\pi}{2}\right)$$

微分方程式の右辺は,

$$f''(t) = -4u(t)\cos 2t + \delta'(t)$$

であるので, $g(t)$ は $t = 0$ で不連続であり,

$$g(t) = u(t)\left\{A_1e^{-t} + A_2e^{-4t} + 0.4\cos\left(2t + \frac{\pi}{2}\right)\right\}$$

の形で書ける. これを微分方程式に代入し, $\delta(t)$, $\delta'(t)$ の項を両辺で比較すると,

$$A_1 = -\frac{1}{15}, \quad A_2 = \frac{16}{15}$$

が求められ,

$$g(t) = u(t)\left\{-\frac{1}{15}e^{-t} + \frac{16}{15}e^{-4t} + 0.4\cos\left(2t + \frac{\pi}{2}\right)\right\}$$

図示すると次のとおり．

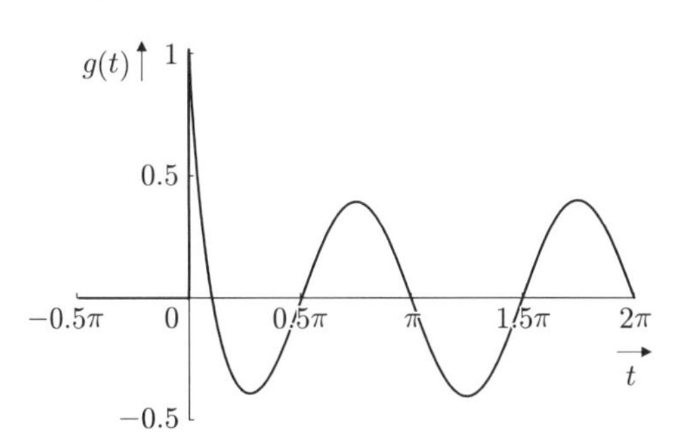

図 E2.2 問題 2.3(4) の解答

問題 2.4 入力 $e^{j\omega t}$ に対する強制応答が $H(\omega)e^{j\omega t}$ である．入力と強制応答を式 (2.4) に代入し，$e^{j\omega t}$ を n 回微分すると $(j\omega)^n e^{j\omega t}$ になることを使うと，

$$\begin{aligned}&(j\omega)^N H(\omega)e^{j\omega t} + (j\omega)^{N-1}a_1 H(\omega)e^{j\omega t} + \cdots + a_N H(\omega)\\&= (j\omega)^M b_{N-M}e^{j\omega t} + \cdots + b_N e^{j\omega t}\end{aligned}$$

これを $H(\omega)$ について解けば，

$$H(\omega) = \frac{(j\omega)^M b_{N-M} + \cdots + b_N}{(j\omega)^N + (j\omega)^{N-1}a_1 + \cdots + a_N}$$

問題 2.5

(1) $H_3(\omega)$ の振幅特性を求めると，

$$|H_3(\omega)| = \frac{1}{\sqrt{\omega^4 + 4}}$$

この振幅特性は ω の増加に対し，減少するので $H_3(\omega)$ は低域通過特性である．

(2) $H_1(\omega)$ の振幅特性を求めると，

$$|H_1(\omega)| = \frac{2\omega}{\sqrt{\omega^4 + 4}}$$

この振幅特性は $\omega = \sqrt{2}$ で最大値 1 をとり，ω が $\sqrt{2}$ より減少しても，増加してもそれより減少し，帯域通過特性を持っている．

(3)　$H_2(\omega)$ の振幅特性を求めると，

$$|H_2(\omega)| = 1$$

である一方，位相特性は ω に対し一定ではないので，全域通過フィルタの特性を持っている．

問題 2.6

(1)　現在時刻よりも未来の時刻 $t+1$ における入力に出力が依存するので，因果律を満たさない．

(2)　出力は現在時刻 t と過去の時刻 $t-1$ の入力だけで決まるので，因果律は満たされる．

(3)　インパルス応答 $h(t)$ を $H(\omega)$ のフーリエ逆変換により求めると，

$$h(t) = \frac{1}{1+t^2}$$

このインパルス応答は，単位インパルスが加えられる時刻（$t=0$）以前から応答が始まっていることを意味しているので，因果律は満たされない．

問題 2.7

(1)　インパルス応答をフーリエ変換して，

$$H(\omega) = \frac{1}{j\omega+1} - \frac{1}{j\omega+3} = \frac{2}{-\omega^2+4j\omega+3}$$

(2)　$h(t) \geq 0$ なので，$|h(t)| = h(t)$ である．そこで $h(t)$ の最大値を求める．$h(t)$ が最大になるのは，$h'(t)=0$ となるときで，このとき t は，

$$h'(t) = -e^{-t} + 3e^{-3t} = 0$$

を解いて，$t = (\log_e 3)/2$．これを $h(t)$ に代入し，

$$\max_t |h(t)| = \frac{2}{3\sqrt{3}}$$

(3)　まず，

$$\int_{-\infty}^{\infty} h(t)dt = \int_0^{\infty} (e^{-t} - e^{-3t})dt = \frac{2}{3}$$

この結果と (2) の結果を式 (2.25) に代入し，

$$T_h = \left|\frac{2}{3}\right| \cdot \frac{3\sqrt{3}}{2} = \sqrt{3}$$

(4)　(1) の結果から

$$H(0) = \frac{2}{3}$$

この結果と (2) の結果を式 (2.27) に代入し，次の通り (3) の結果と一致する．

$$T_h = \left|\frac{2}{3}\right| \cdot \frac{3\sqrt{3}}{2} = \sqrt{3}$$

問題 2.8　例題 2.12 のステップ応答を時刻で微分すると，

$t \geq 0$ では，

$$y'(t) = -\left(-\frac{1}{CR}\right) e^{-\frac{t}{CR}} = \frac{1}{CR} e^{-\frac{t}{CR}}$$

また $t < 0$ では $y'(t) = 0$ である．一方，単位ステップ関数を微分したものは単位インパルスであるから，定理 2.4 が成立すれば $y'(t)$ はインパルス応答である．この回路のインパルス応答は例題 2.11 で求められており，上に求めた $y'(t)$ と一致している．このことから定理 2.4 の成立を確認できる．

問題 2.9

(1)　例題 1.14 の結果を使うと，この伝達関数は，式 (1.83) で $a = 1$ としたものであることが分かる．伝達関数はインパルス応答のフーリエ変換であるから，式 (1.74) で $a = 1$ と置いたときの右辺であり，

$$h(t) = e^{-\frac{t^2}{2}}$$

(2)　(1) の結果より，$h(t) > 0$ かつ $h(t)$ が最大になるのは $t = 0$ のときであり，

$$\max_{r} |h(t)| = h(0) = 1$$

(3)　$H(0) = \sqrt{2\pi}$ であることと，式 (2.31) を使って，

$$\omega_B = \pi/\sqrt{2\pi} = \sqrt{\frac{\pi}{2}}$$

(4)　定理 2.5 と (3) の結果を使い，立ち上がり時間 T_r の下界値は次式右辺の通り．

$$T_r \geq \sqrt{2\pi}$$

問題 2.10 y_∞ の 0.1 倍から 0.9 倍になるまでの単位時間あたり出力変化は，波形の接線の傾き $|h(t)|$ の最大値を超えないので，

$$\frac{(0.9-0.1)|H(0)|}{T_r} \leq \max_t |h(t)|$$

$$\therefore T_r \geq \frac{0.8|H(0)|}{\max_t |h(t)|} \geq \frac{0.8\pi}{\omega_B}$$

問題 2.11

(1) まず $f(t)$ のフーリエ変換 $F(\omega)$ を求める．信号 $f(t)$ は式 (2.23) のナイキスト波形で ω_0 を π にしたものであるから，$F(\omega)$ は直ちに，

$$F(\omega) = \begin{cases} 1, & |\omega| \leq \pi \\ 0, & |\omega| > \pi \end{cases}$$

この結果から，式 (2.43) を使い，

$$\varepsilon_f(\omega) = |F(\omega)|^2 = \begin{cases} 1, & |\omega| \leq \pi \\ 0, & |\omega| > \pi \end{cases}$$

(2) エネルギーの定義（式 (1.26)）とパーセバルの定理（式 (1.103)）によって，

$$E_f = \int_{-\infty}^{\infty} |f(t)|^2 dt = \frac{1}{2\pi}\int_{-\infty}^{\infty} |F(\omega)|^2 d\omega = \frac{1}{2\pi}\int_{-\pi}^{\pi} 1 \cdot d\omega = 1$$

(3) 与えられた伝達関数から，

$$|H(\omega)|^2 = \frac{1+\cos\omega}{2}$$

出力のエネルギー E_g は，

$$E_g = \frac{1}{2\pi}\int_{-\infty}^{\infty} \frac{1+\cos\omega}{2}\varepsilon_f(\omega) d\omega = \frac{1}{2\pi}\int_{-\pi}^{\pi} \frac{1+\cos\omega}{2} d\omega$$

$$= \frac{1}{4\pi}\Big[\omega - \sin\omega\Big]_{-\pi}^{\pi} = \frac{1}{2}$$

すなわちエネルギーは 1/2 になる．

問題 2.12

(1)　この信号は $\omega = \pm\pi$ および $\omega = \pm 0.5\pi$ のみで線スペクトルを持つ．これらの角周波数で，与えられた理想ローパスフィルタは無歪み伝送の条件を満たすので波形歪みは発生しない．

(2)　この信号は $|\omega| \leq 2\pi$ と $|\omega| > 2\pi$ のどちらの範囲にもスペクトル成分を持っていることを確かめることができ，この 2 つの範囲で伝達関数の振幅特性は異なるので波形歪みが発生する．

問題 2.13　システムの伝達関数 $H(\omega)$ は次の形に書ける．

$$H(\omega) = e^{-j\omega t_0}\hat{H}(\omega)$$

ここで，$\hat{H}(\omega)$ は実数の関数である．インパルス応答は $H(\omega)$ の逆フーリエ変換により求められるが，時間移動定理（定理 1.4）によれば，これは $\hat{H}(\omega)$ の逆フーリエ変換を t_0 だけ遅らせた波形である．一方，1.6.1 項で述べたフーリエ変換の性質 4 によれば，$\hat{H}(\omega)$ が実数であるためには，その逆フーリエ変換は偶関数である必要がある．したがって，位相特性が式 (2.56) を満たすシステムのインパルス応答は，時間軸上で t_0 を中心に左右対称な形の波形となる．

問題 2.14

(1)　無限の過去から入力は 0 なので，$n < 0$ のシステムは 0 状態で $h[n] = 0$ である．

式 (2.71) の $\delta[n]$ を入力として加えれば，

$$h[0] = \delta[0] + \frac{1}{2}h[-1] = 1$$

$$h[1] = \delta[1] + \frac{1}{2}h[0] = \frac{1}{2}$$

$$h[2] = \delta[2] + \frac{1}{2}h[1] = \frac{1}{4}$$

$$\cdots$$

のようになるので，

$$h[n] = \begin{cases} 0\,, & n < 0 \\ \dfrac{1}{2^n}, & n \geq 0 \end{cases}$$

(2)　定理 2.6 を使うと，

$$g[n] = \sum_{m=-\infty}^{\infty} f[m]h[n-m] = \sum_{m=0}^{1} f[m]h[n-m] = h[n] + 2h[n-1]$$

上式と (1) の結果を使って，

$$g[n] = \begin{cases} 0\,, & n < 0 \\ 1\,, & n = 0 \\ \dfrac{5}{2^n}, & n > 0 \end{cases}$$

問題 2.15　入力として $f[n] = e^{jn\omega T}$ を仮定すると

$$g[n] = e^{jn\omega T} + 2e^{j(n-1)\omega T} + e^{j(n-2)\omega T}$$

$$\therefore H(\omega) = \frac{e^{jn\omega T} + 2e^{j(n-1)\omega T} + e^{j(n-2)\omega T}}{e^{jn\omega T}} = 1 + 2e^{-j\omega T} + e^{-2j\omega T}$$

上式を変形して，

$$H(\omega) = e^{-j\omega T}(e^{j\omega T} + 2 + e^{-j\omega T}) = 2e^{-j\omega T}(1 + \cos\omega T)$$

したがって，振幅特性，位相特性は次のとおり．

$$|H(\omega)| = 2(1 + \cos\omega T)$$

$$\arg H(\omega) = -j\omega T$$

第 3 章

問題 3.1

(1)　$v(t) = \sqrt{2}\cos(\omega t + \tan^{-1} 1)$

(2)　$v(t) = 5\sqrt{10}\cos(\omega t + \tan^{-1} 3)$

問題 3.2　$\lambda_1 = 3\,\mathrm{m},\ \lambda_2 = 10\,\mathrm{cm}$

問題 3.3　$v_p = \dfrac{\omega}{\beta} = \dfrac{2\pi \times 4 \times 10^3\ [\mathrm{rad/s}]}{1.14 \times 10^{-4}\ [\mathrm{rad/m}]} \simeq 2.2 \times 10^8\ [\mathrm{m/s}]$

$\varepsilon_r = 2$ なので $v_p = c/\sqrt{\varepsilon_r} = 2.1 \times 10^8\ [\mathrm{m/s}]$

問題 3.4　$1.5\,\mathrm{m}/2.2 \times 10^8\ [\mathrm{m/s}] = 6.8\,\mathrm{nsec}$，$\lambda@300\,\mathrm{MHz} = (c/300\,\mathrm{MHz})/\sqrt{2} = 0.707\,\mathrm{m}$ なので，$2\pi \times (1.5/0.707) = 4.24\pi\ [\mathrm{rad}]$ となる．

問題 3.5　多くの教科書に掲載されているので，自ら調べられたい．

問題 3.6　ヒント；α と β に関する次の対称な関係を利用すると簡便に解ける．

$$\alpha^2 + \beta^2 = \gamma \cdot \gamma^*$$

$$(\alpha + j\beta)^2 = \alpha^2 - \beta^2 + j\alpha\beta = \gamma^2$$

問題 3.7　(1)　$-0.41 + j0.43$　　(2)　-0.33　　(3)　$-0.24 + j0.45$

(4)　$0.2 - j0.4$

問題 3.8　順に $\Gamma = -1,\ 1/3,\ 0,\ 1/3,\ 1,\quad \rho = \infty,\ 2,\ 1,\ 2,\ \infty$

問題 3.9　$65\,\Omega$，$100\,\Omega$

問題 3.10　式 (3.6.8) を式 (3.6.9) に代入して変形すると，

$$P = \frac{1}{2}\frac{|V_i|^2}{Z_C}\left\{1 - |\Gamma(0)|^2\right\} = \frac{|V_i|(1 + |\Gamma(0)|)|V_i|(1 - |\Gamma(0)|)}{2Z_C}$$
$$= \frac{|V|_{\max}|V|_{\min}}{2Z_C}$$

が得られる．

問題 3.11　$\beta l = 3\pi/2$ なので，$\tan\beta l = -\infty$．負荷の規格化インピーダンスは $r_l = 2 + j1$．規格化入力インピーダンスは式 (3.7.5) にしたがって，

$$r_{in} = \frac{r_l + j\tan\beta l}{1 + jr_l\tan\beta l} = \frac{1/\tan\beta l + j}{1/\tan\beta l + j(2+j1)} = \frac{j}{j(2+j1)} = \frac{2-j}{5}$$

入力インピーダンス Z_{in} は，

$Z_{in} = 300\,[\Omega] \times (2-j)/5 = 120 - j60\,[\Omega]$ が得られる．

問題 3.12　(1)　$y_{in} = \dfrac{y_L + \tan\beta l_1}{1 + jy_L\tan\beta l_1}$

(2)　$y_{stub} = -j/\tan\beta l_2$

(3)　整合条件は $1 = y_{in} + y_{stub} = \dfrac{y_L + j\tan\beta l_1}{1 + jy_L\tan\beta l_1} - j\dfrac{1}{\tan\beta l_2}$

(4)　$a = \tan\beta l_1$, $b = \tan\beta l_2$ とおいて式を整理すると，$\dfrac{1 + jz_l a}{z_l + ja} - j\dfrac{1}{b} = 1 \to$ $\dfrac{z_l(1+a^2)}{{z_l}^2 + a^2} + j\left\{\dfrac{a({z_l}^2 - 1)}{{z_l}^2 + a^2} - \dfrac{1}{b}\right\} = 1$ となって，実部と虚部についてそれぞれ等しいと置くと $\dfrac{z_l(1+a^2)}{{z_l}^2 + a^2} = 1$ と $\dfrac{z_l(1+a^2)}{{z_l}^2 + a^2} = 1$ となる．a と b を求めると，$a = \tan\beta l_1 = \sqrt{R_L/R_C}$, $b = \tan\beta l_2 = \sqrt{R_L R_C}/(R_L - R_C)$ となる．したがって，$l_1 = \lambda/(2\pi)\tan^{-1}\sqrt{R_L/R_C}$ と求まる．l_2 は R_L と R_C との大小関係に依る．

$$R_L > R_C \to \tan\beta l_2 > 0 \to 0 < \beta l_2 < \pi/2 \to$$
$$l_2 = \lambda/2\pi\tan^{-1}\sqrt{R_L R_C}/(R_L - R_C)$$
$$R_L < R_C \to \tan\beta l_2 < 0 \to \pi/2 < \beta l_2 < \pi \to 0 < \pi - \beta l_2 < \pi/2 \to$$
$$\pi - \beta l_2 = \tan^{-1}\sqrt{R_L R_C}/(R_C - R_L)$$
$$\therefore l_2 = (\lambda/2\pi)(\pi - \tan^{-1}\sqrt{R_L R_C}/(R_C - R_L))$$

問題 3.13

(1)　$\beta y = 2\pi(0.4\lambda/\lambda) = 0.8\pi$ であるので，$\tan\beta y = -0.727$ となる．式 (3.7.5) に代入すると，$z_L(0.4\lambda) = \dfrac{(50 + j75)/50 - j0.727}{1 - j0.727\cdot(50 + j75)/50} = 0.31 + j0.48$ となるので，インピーダンスは，$z_L(0.4\lambda) = 50 \times (0.31 + j0.048) = 15.5 + j24\,\Omega$ と

求まる．したがって，アドミタンス $Y(l_1) = 1/z_L = 1/(15.5 + j24) = 0.02 - j0.03$ [S] と求まる．

$$\Gamma(0) = \frac{Z_L - Z_C}{Z_L + Z_C} = \frac{50 + j75 - 50}{50 + j75 + 50} = \frac{j75}{100 + j75} = \frac{j3}{4 + j3}$$

ゆえに，$|\Gamma(0)| = \sqrt{\dfrac{9}{25}} = 0.6$

(3)　同様にして，$Z_{L2}(0.32\lambda) = 50 \times (0.174 - j0.27) = 8.7 - j13.5$ [Ω], $Y_{L2}(0.32\lambda) = 0.034 + j0.052$

(5)　$Y(l_1) + Y(l_2) = (0.02 - j0.03) + (0.034 + j0.052) = 0.054 + j0.022$, $Z(l_1) + Z(l_2) = 1/(0.054 + j0.022) = 15.87 - j6.92$

問題 3.14　AA' から右を見たとき分布定数線路 III では複素反射係数 $\Gamma(0)$ を求めると，

$$\Gamma(0) = \frac{Z_L - Z_C}{Z_L + Z_C} = \frac{50 + j75 - 50}{50 + j75 + 50} = \frac{j75}{100 + j75} = \frac{j3}{4 + j3},$$

$|\Gamma(0)| = \sqrt{\dfrac{9}{25}} = 0.6$，したがって，VSWR$\rho_{\mathrm{III}} = 4$

同様に伝送線路 II では，

$\Gamma(0) = \dfrac{Z_L - Z_C}{Z_L + Z_C} = \dfrac{75 - j125 - 50}{75 - j125 + 50} = \dfrac{25 - j125}{125 - j125} = \dfrac{1 - j5}{5 - j5}$ となり，

$|\Gamma(0)| = \sqrt{\dfrac{26}{50}} = 0.721$ と求まるので，$\rho_{\mathrm{II}} = 6.17$

同様に伝送線路 I では，問題 3.13(3) の答より

$$\Gamma(0) = \frac{Z_L - Z_C}{Z_L + Z_C} = \frac{15.87 - j6.92 - 50}{15.87 - j6.92 + 50} = \frac{-34.13 - j6.92}{65.87 - j6.92},$$

$$|\Gamma(0)| = \sqrt{\frac{1213}{4387}} = 0.525$$

なので，$\rho_{\mathrm{III}} = 3.2$

問題 3.15　AA' の点で $|\Gamma(0)| = 0.525$ なので $0.525 * 0.525 = 0.2765$ の比率で電力が反射される．負荷で消費される電力合計は，

$100(1 - 0.277) = 72.3\ \mathrm{W} = P_{L1} + P_{L2}$

一方，$P_{L1}+P_{L2}=\mathrm{Re}[\mathrm{I}^2 Z_{total}]=\mathrm{Re}[\mathrm{V}^2/Z_{total}]=\mathrm{V}^2\mathrm{Re}[1/Z_{total}]$ の関係がある．

$\mathrm{Re}[1/Z_{total}]=\mathrm{Re}[Z_{total}{}^*/\mathrm{Abs}(Z_{total})^2]=0.053$ となる．

ここで，$Z_{total}=Z(l_1)+Z(l_2)=1/(0.05+j0.02)=15.87-j6.92$ である．

したがって，$\mathrm{V}^2=(P_L+P_{stub})/0.053=1383.11$ [W/Ω]

負荷での消費電力は，実抵抗成分によるものとして定義されているので，

$\mathrm{P_{L_1}}=\mathrm{Re}[\mathrm{I_1V}]=\mathrm{Re}[1/Z_{L_1}]\mathrm{V}^2=(0.96/50)\mathrm{V}^2=26.2$ [W]

同様に，

$P_{L_2}=\mathrm{Re}[\mathrm{I_2V}]=\mathrm{Re}[1/Z_{L_2}]\mathrm{V}^2=(1.70/50)=46.2$ [W]

となる．

問題 3.16　例題 3.10 に倣うと $\mathbf{Y}\left(\mathbf{V}^+ + \mathbf{V}^-\right)=\left(\mathbf{I}^+ - \mathbf{I}^-\right)$ から出発することになる．ここからの導出は読者に任せ，ここでは，例題 3.10 の結論である式 (3.9.20) を活用する．

$\mathbf{S}=(\mathbf{Z}-Z_C\mathbf{E})(\mathbf{Z}+Z_C\mathbf{E})^{-1}$ かつ $\mathbf{E}=\mathbf{ZY}=\mathbf{YZ}$ であるので，$(\mathbf{Z}+Z_C\mathbf{E})\mathbf{S}=(\mathbf{Z}-Z_C\mathbf{E})$ と変形できて，$(\mathbf{Z}+Z_C\mathbf{ZY})\mathbf{S}=(\mathbf{Z}-Z_C\mathbf{ZY})\rightarrow \mathbf{Z}^{-1}(\mathbf{Z}+Z_C\mathbf{ZY})\mathbf{S}=\mathbf{Z}^{-1}(\mathbf{Z}-Z_C\mathbf{ZY})\rightarrow(\mathbf{E}+Z_C\mathbf{Y})\mathbf{S}=(\mathbf{E}-Z_C\mathbf{Y})$ となり，$\mathbf{S}=(\mathbf{E}+Z_C\mathbf{Y})^{-1}(\mathbf{E}-Z_C\mathbf{Y})$ が得られる．

第 4 章

問題 4.1　受信器におけるスペースパルスの振幅を 0，マークパルスの振幅を V_H とする．雑音はスペースパルスとマークパルスに等しく付加されるので，最適な閾値 V_{SH} はスペースパルス振幅とマークパルス振幅の中間レベル値

$$V_{SH}=\frac{V_H}{2}$$

と決まる．符号誤り率は式 (4.4) より

$$\begin{aligned}P_e&=p_0\cdot P(0\rightarrow 1)+p_1\cdot P(1\rightarrow 0)\\&=p_0\cdot Q\left(\frac{V_{SH}}{\sigma}\right)+p_1\cdot Q\left(\frac{V_H-V_{SH}}{\sigma}\right)=Q\left(\frac{V_H}{2\sigma}\right)\end{aligned}$$

スペース時の電力は 0，マークパルスの電力は ${V_H}^2$ であるから，全信号の平

均電力 S は ${V_H}^2/2$ となる．したがって，上式の括弧の中は

$$\frac{V_H}{2\sigma}=\frac{\sqrt{2S}}{2\sqrt{N}}=\frac{1}{\sqrt{2}}\sqrt{\frac{S}{N}}$$

よって，符号誤り率 $P_e=Q\left(\sqrt{\dfrac{SNR}{2}}\right)$

問題 4.2　再生中継器構成例を示す．

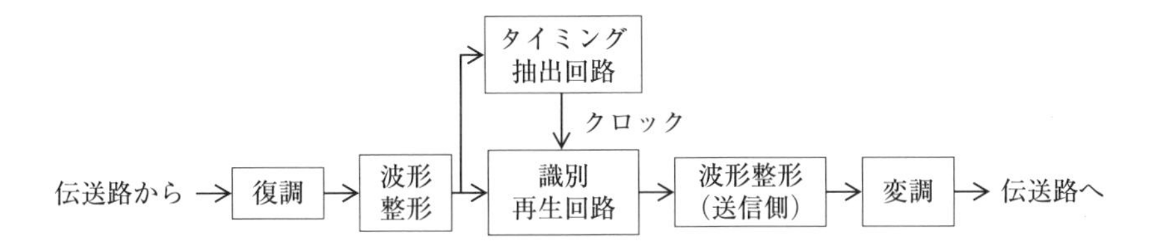

問題 4.3

(1)　式 (4.19) を参照して，$F(\omega)=f(0)\dfrac{T}{2}\mathrm{sinc}\left(\dfrac{\omega T}{4}\right)$

(2)　識別再生器に入力するパルスのスペクトルは次式のナイキストスペクトルを満足する必要がある．

$$G(\omega)=\begin{cases} T\cos^2\left(\dfrac{\omega T}{4}\right) & 0\le|\omega|\le\dfrac{2\pi}{T} \\ 0 & \dfrac{2\pi}{T}\le|\omega| \end{cases}$$

受信側波形整形フィルタの伝達関数 $\mathrm{G}_R(\omega)$ は $F(\omega)\mathrm{G}_R(\omega)=\mathrm{G}(\omega)$ を満足するので，

$$G_R(\omega)=\frac{G(\omega)}{F(\omega)}=\begin{cases} \dfrac{2\cos^2\left(\dfrac{\omega T}{4}\right)}{f(0)\sin\mathrm{c}\left(\dfrac{\omega T}{4}\right)} & 0\le|\omega|\le\dfrac{2\pi}{T} \\ 0 & \dfrac{2\pi}{T}\le|\omega| \end{cases}$$

問題 4.4

(1) フィルタへの入力がインパルスのとき，フィルタ出力パルスの波形は，フィルタの伝達関数 $G_T(\omega)$ のフーリエ逆変換により与えられる．したがってフィルタ出力波形 $g_{\mathrm{T}}(t)$ は，以下の式で与えられる．

$$g_T(t) = \frac{1}{2\pi}\int_{-\infty}^{\infty} G_T(\omega)e^{i\omega t}d\omega = \frac{1}{2\pi}\int_{-\pi B}^{2\pi B} e^{j\omega t}d\omega = 2B\sin\mathrm{c}(2\pi Bt)$$

(2) 式 (4.53) より，受信側に置く整合フィルタの伝達関数 $G_R(\omega)$ は，$G_R(\omega) = G_T{}^*(\omega)$．したがって，送信フィルタと同じ，帯域幅 B [Hz] の矩形フィルタとなる．

(3) 整合フィルタの出力パルス波形は，送信側波形整形フィルタの伝達関数とその整合フィルタの伝達関数の積のフーリエ逆変換により与えられる．したがって，

$$\begin{aligned} g(t) &= \frac{1}{2\pi}\int_{-\infty}^{\infty} G_T(\omega)G_T{*}(\omega)e^{j\omega t}d\omega = \frac{1}{2\pi}\int_{-\infty}^{\infty} |G_T(\omega)|^2 e^{j\omega t}d\omega \\ &= \frac{1}{2\pi}\int_{-\infty}^{\infty} G_T(\omega)e^{j\omega t}d\omega \end{aligned}$$

より，送信光パルス波形と同様なシンク波形となる．

問題 4.5

(1) 符号周期は 1/40 G = 25 ps（G［ギガ］は 10^9，p［ピコ］は 10^{-12}）．よって，パルス幅（半値全幅 τ_{FWHM}）は 12.5 ps.

(2) 光パワー波形を与える式 (4.69) において，パワー波形の半値全幅を τ_{FWHM} と置くと

$$P_{in}(\tau_{FHHM}/2) = \frac{P_{in}(0)}{2} \quad \therefore \tau_{FWHM} = \tau_{in}\sqrt{\log_e 2}$$

電力密度スペクトルの半値全幅を Ω_{FWHM} と置くと，式 (4.70) より

$$S_f(\Omega_{FWHM}/2) = \frac{S_f(0)}{2} \quad \therefore \tau_{in}\Omega_{FWHM} = 4\sqrt{\log 2}$$

よって，時間帯域幅（ここでは，パワー波形の半値全幅と電力密度スペクトルの半値全幅 $\Delta f(= 2\pi\Omega_{FWHM})$ の積）は $\tau_{FWHM}\cdot\Delta f_{FWHM} = 0.441$ となる．

$$\Delta\lambda \simeq \left|\left(\frac{d\lambda}{df}\right)\Delta f\right| = \frac{\lambda^2}{c}\Delta f, \quad \text{これらから波長拡がり}\ \Delta\lambda \fallingdotseq 0.283\,\text{nm}.$$

(3)　式 (4.76) を用いる.

(4)　式 (4.78) を用いて計算すると，約 10 km となる．本文記載の計算例と比較して，送信光パルス幅が 1/4，光ファイバの分散が 1/2 となり，分散制限距離はそれぞれの寄与により 1/16，2 倍となるため，全体として 1/8 となった.

索　引

■さ

■は

■ま

■や

■ら

【著者紹介】

古賀（こが） 正文（まさふみ） （第 3 章担当）

1983 年　九州工業大学大学院電子工学専攻博士前期課程修了
同　　年　日本電信電話公社（現 日本電信電話株式会社）入社
1993 年　博士（工学） 大阪大学
2006 年　大分大学教授

太田（おおた） 聡（さとる） （第 1 章，第 2 章担当）

1983 年　東京工業大学大学院理工学研究科博士前期課程修了
同　　年　日本電信電話公社（現 日本電信電話株式会社）入社
1996 年　博士（工学） 東京工業大学
2006 年　富山県立大学教授

高田（たかだ） 篤（あつし） （第 4 章担当）

1984 年　大阪大学大学院基礎工学研究科博士前期課程修了
同　　年　日本電信電話公社（現 日本電信電話株式会社）入社
2005 年　博士（工学） 大阪大学
2009 年　徳島大学教授

基礎 情報伝送工学
Information Transmission Basics

2016 年 9 月 25 日　初版 1 刷発行
2021 年 9 月 10 日　初版 2 刷発行

著　者　古賀正文
太田　聡　© 2016
高田　篤

発行者　南條光章

発　行　**共立出版株式会社**
東京都文京区小日向 4 丁目 6 番 19 号
電話　03-3947-2511 番（代表）
〒112-0006／振替口座 00110-2-57035 番
URL　www.kyoritsu-pub.co.jp

印　刷　大日本法令印刷
製　本　協栄製本

検印廃止
NDC 547.4

ISBN 978-4-320-08646-3

一般社団法人
自然科学書協会
会員

Printed in Japan